多媒体制作（影视技术方向）

一体化课程教学指导手册

主　　编　吴　锐　陈　矗

副 主 编　胡文凯　何　淦　谢奇肯　欧阳敏琪

参　　编　陈　冰　杨晓玲　朱妮迈　王　云

童　莹　刘灵波　李彦麟　吴　滨

吴云兰　寿丽君　庞少杰

编　　辑　林　枫　李　夏

校　　对　甘素文　廖婷婷

封面设计　林　枫　李燕东

图书在版编目（CIP）数据

多媒体制作（影视技术方向）一体化课程教学指导手册 / 吴锐，陈矗主编. —成都：西南交通大学出版社，2022.10
ISBN 978-7-5643-8958-1

Ⅰ. ①多… Ⅱ. ①吴… ②陈… Ⅲ. ①多媒体技术 – 职业教育 – 教学参考资料 Ⅳ. ①TP37

中国版本图书馆 CIP 数据核字（2022）第 193206 号

Duomeiti Zhizuo (Yingshi Jishu Fangxiang) Yitihua Kecheng Jiaoxue Zhidao Shouce

多媒体制作（影视技术方向）一体化课程教学指导手册

主编　吴 锐　陈 矗

责任编辑	李华宇
封面设计	林　枫　李燕东
出版发行	西南交通大学出版社 （四川省成都市金牛区二环路北一段 111 号 西南交通大学创新大厦 21 楼）
发行部电话	028-87600564　028-87600533
邮政编码	610031
网　　址	http://www.xnjdcbs.com
印　　刷	四川玖艺呈现印刷有限公司
成品尺寸	210 mm × 260 mm
印　　张	21
字　　数	682 千
版　　次	2022 年 10 月第 1 版
印　　次	2022 年 10 月第 1 次
书　　号	ISBN 978-7-5643-8958-1
定　　价	150.00 元

广州市工贸技师学院
一体化课程教学指导手册

编写委员会

主　任　李红强

副主任　陈海娜

委　员　周志德　陈志佳　吴多万
周红霞　王正旭　高小秋
朱　漫　刘炽平　伍尚勤
黄颂杰　甘　路　张扬吉
陈静君　李文远　宋　雄
陈　冰　符　强　杨　旭
李　江　寿丽君　陈　波

前言

为贯彻落实习近平总书记在学校思想政治理论课教师座谈会上的重要讲话和中共中央办公厅、国务院办公厅印发的《关于深化新时代学校思想政治理论课改革创新的若干意见》文件精神，挖掘其他课程和教学方式中蕴含的思想政治教育资源，发挥所有课程育人功能，构建全面覆盖、类型丰富、层次递进、相互支撑的课程体系，使各类课程与思政课同向同行，形成协同效应，实现全员全程全方位育人，广州市工贸技师学院在不断深入推进以职业活动为导向、以校企合作为基础、以综合职业能力培养为核心，理论教学与实践教学相融通、学习岗位与工作岗位相对接、职业能力与岗位能力相对接的一体化课程教学改革基础上，构建了一专业一特点的一体化课程与思政教育相互融合的课程与教学体系。

为帮助教师全面系统把握思政融合逻辑、课程内部结构，扎实推进思政融合一体化课程的教学实施，学院以专业为单位组织编写了《一体化课程教学指导手册》共 15 册。系列手册中，各专业系统梳理了一体化课程中蕴涵的国家意识、人文素养、技术思想、职业素养和专业文化五个领域的思政教育资源，精心选取思政元素，合理布局融合点，深化教学融合设计，结构化地呈现了专业人才培养目标、课程思政方案、课程标准、教学活动等，从而帮助教师快速把握融合思政元素的一体化课程设计思路、教学目标、教学模式、课堂活动及其评价方式。

同时，《人力资源社会保障部办公厅关于推进技工院校学生创业创新工作的通知》（人社厅发〔2018〕138 号）明确指出，要加强技工教育创业创新课程体系建设，将创业创新课程纳入技工院校教学计划，将创业创新意识教育课程与公共课程相结合，将创业创新实践课程与专业课程相结合。系列手册中，各专业在部分工学结合的一体化学习任务基础上，融合了商机发掘、团队组建、市场调查、产品制造、商业模式设计、财务预测、项目路演等创新创业知识与技能，在日常专业教学过程中渗透培养创新意识和创业精神，从而提高学生创新创业能力。

思政融合、专创融合的一体化课程设计及其教学实施在技工院校尚属探索阶段，加之编者水平有限，手册存在的不足之处，恳请批评指正。

广州市工贸技师学院

2022 年 10 月

人才培养目标

◆ 培养定位

培养适应电影、广告、新闻传媒、电商、动漫等文化创意产业发展需求的，具有创新思维与方法，能了解与表现中国优秀传统文化，能根据行业发展变化不断自我提升的影视专业技能人才。

◆ 就业面向的行业企业类型

面向与影视制作、广告、电视台、摄影、传媒、电商、动漫、游戏等相关的企事业单位就业。

◆ 适应的岗位或岗位群

适应摄影摄像技术、影视后期制作等岗位工作。

◆ 能胜任的工作任务

能胜任商业摄影、影视摄像、剧本编写、分镜头脚本设计、影视特效后期制作、电视栏目包装制作等工作任务。

◆ 需具备的通用职业能力

具备自我学习、解决问题、团队合作能力，并具有市场意识和敬业精神。

多媒体制作（影视技术方向）专业思政特点

创新影视技术，融合传统文化，突出行业流程规范与职业素养，加强中国传统文化与家国情怀素养教育，培养有技术、有能力、有操守、有情怀的影视摄影摄像以及后期处理专业技术人才。

多媒体制作（影视技术方向）课程思政方案

思政领域	融合的思政元素	课程名称	学习任务	思政内容
国家意识	国情观念（传统文化）	三维特效制作	《神笔》三维特效制作	通过收集、学习传统文化中的“文房四宝”知识，掌握毛笔的制作工艺等知识，制作毛笔特效，加深对传统文化的认知。
	爱国情怀	三维特效制作	《彩旗飘扬》三维特效制作	通过彩旗三维特效制作，了解彩旗设计规格，增强爱国情怀。
	国情观念（传统文化）	二维电视栏目包装	二维电视栏目整体包装策划与制作	通过布置新中式风格的电视栏目包装任务，理解、运用新中式风格，加深对传统文化的理解和运用。
	爱国情怀	三维电视栏目包装	三维主题栏目包装策划与制作	通过以新冠疫情防控“90 后”逆行者为主题的短片，做一个带三维的文字效果片头，增强国家观念、集体意识和家国情怀。

思政领域	融合的思政元素	课程名称	学习任务	思政内容
人文素养	人文积淀	产品摄影	普通材质产品摄影	通过中秋元素产品的拍摄，收集、分析中秋节元素产品相关案例资料，培养人文素养，增加人文积淀。
	审美情趣	人像摄影	多人合照拍摄	通过多人人像摄影案例的收集、分析和学习，了解人像构图审美，提升审美情趣。

多媒体制作（影视技术方向）课程思政方案

思政领域	融合的思政元素	课程名称	学习任务	思政内容
人文素养	审美情趣	图像处理	风光图像处理	通过学习和收集中国国画常见配色、构图等资料，处理图片构图，进行色彩搭配。
	文化积淀	广告片摄像	古法白酒广告片制作	以剧组的形式进行角色扮演及拍摄调研，在拍摄策划过程中善于发现产品背后的文化与匠人精神，增加文化积淀。
	厚德精技	广告片摄像	中华传统美食广告片制作	通过制作传统美食小短片，角色扮演和调研，发掘传统美食制作过程中厚德精技的文化内涵。
	人文积淀	剧本与分镜设计	基础剧本写作方法	在剧本项目制作中，学习国内优秀影片案例，搜集、融入历史文化元素和当下正能量的文化元素进行制作，了解历史变迁，培养深厚的历史文化归属感。
	环保意识	二维特效制作	AE 合成进阶（含《垃圾虫》特效合成）	通过观看和制作公益广告特效案例，倡导社会公德。在制作、讨论及答疑等环节提高环保意识。
	砥砺知行	二维电视栏目包装	简单文字效果节目片头制作	以校园电视台的“砥砺”新闻节目为学习任务载体，在任务训练过程中体会和培养砥砺知行的品质。
	健全人格（体育精神）	二维电视栏目包装	二维电视台呼号片制作	通过体育节目栏目包装任务，在素材收集、拍摄、剪辑等环节中，融入足球代表人物案例素材，学习历经磨难依然努力拼搏的体育精神，促进人格健全，培养不畏挫折的精神、正确积极的价值信仰。

思政领域	融合的思政元素	课程名称	学习任务	思政内容
技术思想	实证求真	纪实片摄像	电影画面解构	通过解构《肖申克的救赎》节选片段，学习电影语法解构技巧，并把片段转化为拍摄脚本，在完成解构任务之后对所得的视听语法进行实拍求证。
	技术运用	纪实片摄像	经典影片桥段模仿	通过模仿拍摄电影经典桥段，学习摄影技术的运用，循序渐进掌握拍摄设备、拍摄技术、拍摄思维的运用，理解技术运用的重要性，提高技术运用的能力。
	工匠精神	二维特效制作	PR 剪辑基础、影片剪辑、镜头蒙太奇剪辑	以工匠精神为指导，遵守剪辑设计规范，把握影片节奏，进行视频剪辑，精益求精。

多媒体制作（影视技术方向）课程思政方案

思政领域	融合的思政元素	课程名称	学习任务	思政内容
职业素养	团队合作	产品摄影	透明、半透明材质产品摄影	在案例拍摄流程中，通过分工执行拍摄任务，培养团队合作精神。
	规则意识	产品摄影	复合材质产品摄影	在文创产品拍摄任务中，收集、分析行业规则、版权知识，增强规则意识。
	规则意识	人像摄影	证件人像摄影	通过学习证件照摄影规范、肖像权、版权知识等行业规则，提高规则意识。
专业文化	专业特色（微电影拍摄实践）	毕业设计（微电影拍摄制作）	微电影拍摄制作	根据设计的文字脚本、分镜头进行短片拍摄制作，掌握影视设计—拍摄—输出的专业流程、规范及各环节技术要点，了解专业特色，增强专业能力。

目录

思政融合

专创任务

课程 1　图像处理 ········ 1
学习任务 1　产品图像处理 ········ 2
学习任务 2　风光图像处理 ········ 14
学习任务 3　人像图像处理 ········ 26
学习任务 4　综合图像制作 ········ 38

课程 2　产品摄影 ········ 50
学习任务 1　普通材质产品摄影 ········ 52
学习任务 2　高反光材质产品摄影 ········ 62
学习任务 3　透明、半透明材质产品摄影 ········ 72
学习任务 4　复合材质产品摄影 ········ 82

课程 3　人像摄影 ········ 94
学习任务 1　证件人像拍摄 ········ 96
学习任务 2　多人合照拍摄 ········ 106
学习任务 3　单人肖像拍摄 ········ 116

课程 4　纪实片摄像 ········ 128
学习任务 1　电影画面解构 ········ 130
学习任务 2　经典影片桥段模仿 ········ 140

初级工
新手

课程 5 广告片摄像 …… 152
学习任务 1 中华传统美食广告片制作 …… 154
学习任务 2 古法白酒广告片制作 …… 164

课程 6 二维特效制作 …… 176
学习任务 1 PR 剪辑基础、影片剪辑、镜头蒙太奇剪辑 …… 178
学习任务 2 AE 合成进阶（含《垃圾虫》特效合成） …… 186

中级工
生手

课程 7 二维电视栏目包装 …… 196
学习任务 1 简单文字效果节目片头制作 …… 198
学习任务 2 二维电视台呼号片制作 …… 208
学习任务 3 二维电视栏目整体包装策划与制作 …… 218

课程 8 三维特效制作 …… 228
学习任务 1 《神笔》三维特效制作 …… 230
学习任务 2 《垃圾虫》三维特效制作 …… 238
学习任务 3 《彩旗飘扬》三维特效制作 …… 246

课程 9 三维电视栏目包装 …… 256
学习任务 1 三维台标呼号片策划与制作 …… 258
学习任务 2 三维主题栏目包装策划与制作 …… 268

课程 10 剧本与分镜头设计 …… 280
学习任务 1 基础剧本写作方法 …… 282
学习任务 2 电影分镜头绘制解构 …… 290

课程 11 毕业设计（微电影拍摄制作） …… 300
学习任务 微电影拍摄制作 …… 302

专创融合学习任务 …… 312
学习任务 校园时光胶囊影像定制 …… 312

高级工
熟手

职业能力成长阶梯

课程 1　图像处理

学习任务 1	学习任务 2	学习任务 3	学习任务 4
产品图像处理	风光图像处理	人物图像处理	综合图像制作
（24）课时	（30）课时	（42）课时	（24）课时

课程目标

学习完本课程后，学生应当能够胜任后期图像处理常见工作任务，了解图像处理方面的专业术语和基础理论知识，掌握 Photoshop（简称“PS”）的操作技巧，了解图像处理流程，具备独立分析与解决专业问题的能力；能根据规范要求对产品类、风景类、人像类及综合类图像进行后期修图处理的职业能力。具体包括：

1. 能够认真阅读任务书，明确工作时间及要求。能使用图像处理方面的专业术语与项目主管进行沟通，获取图像风格等信息，以及图像输出和交付时间等要求；通过任务书培养学生的解读与反馈沟通能力。
2. 能够根据设计要求，通过花瓣网、百度网等渠道，进行图像收集，分析原片现存问题以及客户要求的图像风格的特点，制订一份图像处理计划表，合理安排图像处理进度，培养学生收集、分析信息和案例的能力。
3. 能根据设计要求及所学美学知识和摄影知识，对原片进行转档调色、镜头矫正、修正曝光、锐化图像等图像基础调整，并对图像整体细节深度刻画进行后期修图处理，掌握图像处理操作技巧。
4. 能根据客户要求，进行元素搜集，合成满足客户功能性需求和审美性需求的图像。
5. 能合理安排个人工作时间，提高图像处理的工作效率，在保证图像质量的基础上按时交稿，并按公司文件管理制度对输出图像进行命名和存储；培养学生的自我管理与工作规划的能力。
6. 能接收项目主管对工作的反馈修改要求，能够在团队内进行沟通协调，最终完成项目提交验收；培养学生沟通交流、团队协作及解决问题的能力。
7. 在实施工作任务过程中，能严格遵守企业相关操作流程规范、安全管理制度等管理规定；培养学生的职业操作规范。
8. 能够遵守行业相关法律法规与市场规则，培养学生具备诚信、工匠精神和良好的职业道德素养。

课程内容

对照课程目标，学生应当掌握以下知识、技能，并拥有相应的职业素养：

1. 图像处理基础理论：图像处理的概念；色彩原理；分辨率、位图、矢量图等专业术语概念。
2. PS 的功能及使用方法：PS 的操作界面；选框、橡皮、魔棒、蒙版、钢笔等不同工具的功能及使用；不同类型图层的功能和使用；蒙版、通道、滤镜的功能及使用。
3. 图像处理技巧：产品图像处理方法、流程及技巧；风光图像（山河、故乡等旅游风光图像）处理方法、流程及技巧；人像图像处理方法、流程及技巧；综合图像处理方法、流程及技巧。
4. 图像处理工作规范：文件尺寸、分辨率、色彩模式等规范，文件命名与存储规范。
5. 相关图像版权与法规章程。
6. 新时代下修图行业的新趋势、发展变化及对从业者的新要求。

学习任务 1　产品图像处理

任务描述

学习任务课时：24 课时

任务情境：

某公司为了宣传旗下系列产品，决定制作一张杂志插页，该公司已完成产品素材的拍摄，并确认杂志尺寸为 A4 大小。现公司与我院沟通能否完成图像后期处理去除背景，并按照所提供的杂志模板进行排版的任务，制作时间为 4 周。我院影视专业教师认为我们学生现有水平可以制作，准备接受该任务，带领同学共同完成该任务。

具体要求见下页。

工作流程和标准

工作环节 1

获取信息，明确任务

1

根据公司提供的素材与模板，明确设计要求，记录任务要点，包含图像用途、图像尺寸、分辨率、色彩模式、输出格式、排版模板、交付时间。

主要成果：

任务要求的要点记录表。

工作环节 2

制订计划

2

1. 分别根据图像分辨率、图像大小、图像打印尺寸进行判断，从得到的素材中筛选图像，整理成文件夹，与教师取得共识，以确保素材能正常使用。
2. 了解产品图像处理方法与流程，制订一份工作流程计划表，合理安排图像处理进度，提高处理图像的工作效率，确保完成的任务符合要求。其中工作流程应包括整理图像素材、制作杂志内页、输出文件、文档管理等必要的环节。

主要成果：

1. 适用后期处理的图像的文件夹；
2. 工作流程计划表。

工作环节 3

图像素材处理

3

根据客户要求，了解 PS 的基本功能和工作区界面，能运用 PS 打开文件，根据 RGB、CMYK、Lab 等颜色模式的特点和使用环境，选择适合的颜色模式，设置合适的分辨率、画布大小及存储格式。运用快捷键或窗口切换视频显示模式，使用抓手、导航器、放大缩小工具来调整视图范围。了解 PS 中图层的概念及图层、图层样式的作用，运用图像的基本编辑功能，使用画布大小、图像大小调整图像尺寸。学会使用变换、裁剪等命令调整图像，会对图层样式中各参数进行调整，能够使用图层样式创建图像叠加、投影、发光、浮雕等各类效果，能根据图像用途及图像自身特点，选择运用选框、橡皮、魔棒、蒙版、钢笔等不同工具，对图像进行高效、高质量的去底处理，并按照格式要求输出处理过的 jpg 文件。

主要成果：

1. 经过抠图处理，得到边缘平整、无损坏的 jpg 文件；
2. 不同工具的抠图方式的优劣势列表。

工作环节 4

制作杂志内页，输出文件

4

依据给定的模板与设计要求，新建文件，运用移动工具、图像辅助工具（标尺、参考线及测量工具）将处理过的图像按照给定的模板进行图像排版。运用横排、直排文字工具创建点文字、段落文字，使用字体、段落调板，为文字排版，并按照格式要求输出 jpg 效果预览文件。

主要成果：

按照模板编排好图像和文字的 jpg 文件。

工作环节 5

文档管理，展示总结

5

1. 按公司文件管理制度对文件进行快速归档。
2. 制作汇报 PPT（包含制作杂志过程中的技术难点与技术要点），对输出的图像进行展示，分享制作过程，陈述制作的心得、经验，回顾图像处理中遇到的问题，进行总结和分析，描述或图示问题现象和原因，并给出解决措施。

主要成果：

1. 归档好的文件夹；
2. 用来展示杂志内页成果的汇报 PPT。

学习内容

知识点	1.1 分辨率、图像大小、图像打印尺寸，矢量图与位图的概念，以及不同颜色模式的特点和使用环境； 1.2 常见的几种图像文件保存格式及其特点	2.1 根据标准（分辨率、图像大小）判断照片适用性； 2.2 产品图像处理方法与流程
技能点		
工作环节	工作环节 1 获取信息，明确任务	制订计划 工作环节 2
成果	1.1 任务要求的要点记录表	2.1 适合后期处理的图像文件夹； 2.2 工作流程计划表
素养	1.1 网络信息收集能力	2.1 信息分类能力； 2.2 制订计划能力

学习任务 1　产品图像处理

3.1 PS 的基本功能与工作区界面； 3.2 调整视图范围的方法； 3.3 PS 中图层的概念，图层、图层样式的作用； 3.4 选框类工具的功能及使用方法； 3.5 色彩智能类工具的功能及使用方法； 3.6 橡皮类工具的功能及使用方法； 3.7 蒙版类工具的功能及使用方法； 3.8 钢笔路径类工具的功能及使用方法	4.1 图像辅助工具的功能及使用方法； 4.2 文字类工具、字符、段落面板的功能及使用方法	5.1 杂志内页制作流程与技术要点
3.1 图像的基本编辑技巧； 3.2 窗口切换视频显示模式技巧； 3.3 图层编辑和管理的技巧以及图层样式的使用技巧； 3.4 灵活运用选框、魔棒、橡皮、蒙版、钢笔等不同工具，对图像进行高效、高质量的抠图使用技巧	4.1 图像辅助工具的使用技巧； 4.2 文字排版的技巧	
工作环节 3 图像素材处理	工作环节 4 制作杂志内页，输出文件	工作环节 5 文档管理，展示总结
3.1 经过抠图处理无损坏的 jpg 文件； 3.2 不同工具的抠图方式的优劣势列表	4.1 按照模板编排好的 jpg 文件	5.1 归档文件夹； 5.2 用来展示杂志内页成果的汇报 PPT
3.1 网络信息收集能力； 3.2 解决问题能力； 3.3 沟通表达能力； 3.4 团队合作意识	4.1 网络信息收集能力； 4.2 解决问题能力； 4.3 沟通表达能力； 4.4 团队合作意识	5.1 文件整理能力； 5.2 团队合作意识； 5.3 语言表达能力； 5.4 沟通表达能力； 5.5 审美意识

课程 1　图像处理

学习任务 1　产品图像处理

1 获取信息，明确任务　2 制订计划　3 图像素材处理　4 制作杂志内页，输出文件　5 文档管理，展示总结

<table>
<tr><th></th><th>工作子步骤</th><th>教师活动</th><th>学生活动</th><th>评价</th></tr>
<tr><td rowspan="2">获取信息，明确任务</td><td>阅读任务书，撰写任务要求要点记录表。</td><td>1. 说明本课程任务与学习要求。
2. 以设计总监的身份发放产品图像处理任务书，引导学生解读任务书，明确任务设计要求，提出记录任务书要点的规则。
3. 讲解任务要求要点、分辨率、图像大小、图像打印尺寸，矢量图与位图的概念以及不同颜色模式的特点和使用环境。
4. 要求学生上网查找图像文件保存格式及其各自特点。
5. 通过提问抽检学生对不同图像格式特点的掌握情况。
6. 巡回检查学生记录情况，提供帮助。
7. 提供任务记录表参考答案。</td><td>1. 认真听本课程任务与学习要求。
2. 学生以后期图像处理员的身份接受任务书，明确产品图像处理要求。
3. 认真听教师关于分辨率、图像大小、图像打印尺寸、矢量图与位图的概念以及不同颜色模式的特点和使用环境的讲解，并做好笔记。
4. 学生个人通过网络自主查阅图像文件保存格式及其特点，并做好笔记（网络信息收集能力）。
5. 回答问题。
6. 按要求撰写任务要求要点记录表（包括图像用途、图像尺寸、分辨率、颜色模式、输出格式、排版模板和交付时间）。
7. 对照任务记录表参考答案，个人自检任务记录表。</td><td>1. 教师点评：回答关于不同图像格式运用的问题。
2. 学生自检：任务书要点记录文本是否详细，并与参考答案比较。</td></tr>
<tr><td colspan="4">课时：1.5 课时
1. 硬资源：图形工作站等。
2. 软资源：Adobe 系列软件、Office 系列软件、参考教材、任务书、工作页、数字资源等。
3. 教学设施：多媒体教学系统、白板、白板笔、白板擦等。</td></tr>
<tr><td rowspan="2">制订计划</td><td>1. 筛选适用后期处理的图像。</td><td>1. 出示正误图像素材案例，要求观察并选出适合当素材的图像，说明原因。
2. 发放素材图像，提出整理要求，并巡回指导，对个别同学出现的问题进行指导。
3. 抽查学生整理的文件夹并将其作为案例，分析其适合性。
4. 点评学生工作情况，小结强调整理规范及要点。</td><td>1. 观察、比较，选出优秀案例并说明原因。
2. 个人对提供的图像进行分析与整理，筛选出适用后期处理的图像，统一存放到指定文件夹。
3. 认真听教师对于整理的图像是否符合后期处理的要求的点评。
4. 听取小结。</td><td>教师点评：根据分辨率、图像大小适用性进行评价。</td></tr>
<tr><td colspan="4">课时：0.5 课时
1. 硬资源：图形工作站等。
2. 软资源：Adobe 系列软件、Office 系列软件、参考教材、任务书、工作页、数字资源等。
3. 教学设施：多媒体教学系统、白板、白板笔、白板擦等</td></tr>
</table>

基准课时：24

1 获取信息，明确任务 → 2 制订计划 → 3 图像素材处理 → 4 制作杂志内页，输出文件 → 5 文档管理，展示总结

	工作子步骤	教师活动	学生活动	评价
制订计划	2. 制订工作流程计划表。	1. 提问全班同学产品图像处理有哪些流程，通过提问吸引学生的注意力。 2. 教师讲解产品图像处理的方法与流程。 3. 讲解工作流程计划表的制订方法和要点，指导学生制订工作流程计划表。 4. 抽取学生对拟定好的计划进行流程展示。 5. 点评学生的工作计划表是否合理。	1. 思考问题并回答。 2. 认真听教师讲解图像处理的方法与流程。 3. 制订工作流程计划表。 4. 被抽取的学生对拟定好的计划进行流程展示，其余学生认真观看该同学展示。 5. 听取教师点评，根据点评对工作计划进行修改。	教师点评：工作流程计划表是否完善、可执行性及合理程度。
	课时： 0.5 课时 1. 硬资源：图形工作站等。 2. 软资源：Adobe 系列软件、Office 系列软件、参考教材、任务书、工作页、数字资源等。 3. 教学设施：多媒体教学系统、白板、白板笔、白板擦等			
图像素材处理	抠图处理。	1. 要求学生认真阅读教材和工作页，提出阅读要求：了解 PS 的基本功能并能够辨别不同工作区以及了解调整视图范围的方法。 2. 通过提问抽查观看效果：PS 有哪些基本功能，正确指出工作区名称，以及调整视图范围有哪些方法，检查学生的掌握情况。 3. 展示合成图像和原素材，介绍这张图像是由不同素材相互掩盖合成起来的，引出图层的概念。 4. 要求认真阅读工作页上关于图层的概念和使用方法，并在网上查阅图层样式的作用。 5. 通过提问抽检学生对图层的概念及图层、图层样式的作用的掌握情况。 6. 教师讲解并示范图像的基本编辑、窗口切换视频显示模式、图层编辑和管理、图层样式的使用技巧。 7. 教师巡回指导。 8. 及时对同学操作过程中出现的问题进行总结点评。 9. 设疑导入(提问全班学生觉得在抠图时，会运用到 PS 工具栏里哪些工具)。	1. 按要求认真阅读教材和工作页。 2. 被抽学生回答问题。 3. 认真观察图像。 4. 学生个人阅读工作页相关知识，并通过网络（如百度、我要自学网等同类网站）自主查阅图层样式的作用，并做好笔记（网络信息收集能力）。 5. 思考问题并回答。 6. 认真听教师讲解并做好笔记。 7. 思考教师问题并回答。 8. 认真听教师总结点评。 9. 思考问题并回答。	1. 教师点评：PS 的基本功能回答是否完善，PS 不同工作区名称以及调整视图范围的方法是否正确。 2. 教师点评：回答关于图层的概念及图层、图层样式的作用问题。 3. 教师点评：通过观察点评学生软件操作是否规范。检查学生所学知识是否遗忘。 4. 教师点评：回答选框类工具、色彩智能类工具、橡皮类工具、蒙版类工具、钢笔路径类工具的功能及使用方法的问题，检查学生是否集中注意力和所学知识是否遗忘。

课程 1　图像处理

学习任务 1　产品图像处理

1 获取信息，明确任务 → 2 制订计划 → 3 图像素材处理 → 4 制作杂志内页，输出文件 → 5 文档管理，展示总结

图像素材处理

工作子步骤	教师活动	学生活动	评价
抠图处理	10. 认真阅读工作页以及教材中关于选框类工具、色彩智能类工具、橡皮类工具、蒙版类工具、钢笔路径类工具的功能及使用方法。	10. 认真阅读工作页以及教材。	5. 教师点评：通过观察学生软件操作是否规范，参数设置是否合适，练习效果图与参考图是否一致，检查学生是否掌握所学技能。
	11. 教师随机抽取学生提问上述工具的功能和使用方法。	11. 回答问题。	
	12. 教师讲解并示范选框类工具、色彩智能类工具、橡皮类工具、蒙版类工具、钢笔路径类工具，提出观看要求：记住操作中使用工具的快捷键。	12. 认真听取教师讲解。	6. 教师点评：不同工具的抠图方式的优劣势列表是否符合实际情况。
	13. 布置相关小练习，巡回指导。	13. 上机操作相关工具的抠图小练习。	学生组间互评：图像处理效果是否达到抠图质量标准。
	14. 教师随机抽取学生练习效果图并对其进行点评。	14. 认真听教师点评。	7. 教师点评：观察学生软件操作是否规范，参数设置是否合适，是否高质、高效地完成抠图，抠的图形边缘是否干净、平滑。
	15. 引导并组织学生小组讨论，最后列出不同工具的抠图方式的优劣势列表。	15. 分小组讨论，并列出不同工具的抠图方式的优劣势列表。	
	16. 抽查点评学生小组的列表。	16. 提交列表，听取教师点评意见。	
	17. 组织学生完成经过抠图处理的 jpg 文件，巡回指导。	17. 个人根据图像用途及图像自身特点，选择运用选框、钢笔、蒙版等不同工具，对图像进行去底处理，并按照格式要求输出处理过的 jpg 文件（举一反三，解决问题的能力）。	
	18. 提供抠图质量评分标准，组织学生组内相互指导。	18. 组内根据抠图质量标准进行讨论并给出指导意见，接受指导意见的学生进行修改（团队合作意识，沟通表达能力）。	
	19. 提供抠图质量评分标准表，组织学生组间互评并填写互评表。	19. 小组之间根据抠图质量评分标准表进行互评并填写互评表。	
	20. 汇总各小组经过抠图处理的 jpg 文件，教师点评。	20. 汇报评分结果，并认真听教师点评，总结经验。	

课时： 12 课时

1. 硬资源：图形工作站等。
2. 软资源：Adobe 系列软件、Office 系列软件、参考教材、任务书、工作页、数字资源等。
3. 教学设施：多媒体教学系统、白板、白板笔、白板擦等。

基准课时：24

1 获取信息，明确任务 → 2 制订计划 → 3 图像素材处理 → 4 制作杂志内页，输出文件 → 5 文档管理，展示总结

制作杂志内页，输出文件

工作子步骤	教师活动	学生活动	评价
按照模板编排文字。	1. 出示优劣杂志内页编排案例，要求观察并选出优秀案例，说明原因。 2. 通过网络（如百度等网站）自主学习图像辅助工具的功能及使用方法。 3. 点名学生提问 PS 有哪些图像辅助工具。 4. 情境创设，教师展示 2 张图像分别加文字和未加文字，让学生指出优劣并说明原因，引入课题。 5. 教师讲解文字类工具、字符、段落面板的功能及使用方法。 6. 点名学生提问指出文字工具、字符、段落属性面板的不同含义。 7. 展示案例图像，提出问题：为图中添加文字并排版，应选择什么工具。 8. 教师讲解并示范图像辅助工具的使用技巧和文字排版技巧，强调学生记住工具的快捷键。 9. 布置相关小练习，巡回指导。 10. 教师随机抽取学生练习效果图并对其进行点评。 11. 发放任务素材，组织学生完成素材处理并按照模板编排好图像和文字 jpg 文件，巡回指导。 12. 组织学生组内互相指导。 13. 提供杂志排版模板，组织学生组间互评。	1. 思考问题并回答。 2. 通过网络（如百度等网站）自主学习图像辅助工具的功能及使用方法（网络信息收集能力）。 3. 思考教师问题并回答。 4. 欣赏图像并思考，发表意见。 5. 认真听教师讲解并做好笔记。 6. 思考教师问题并回答。 7. 思考教师问题并回答。 8. 按要求认真观看教师演示。 9. 上机操作相关工具的小练习。 10. 认真听教师点评。 11. 个人选择合适的工具，将图像素材抠图并按照模板运用相关工具进行排版（举一反三，解决问题的能力）。 12. 组内将组员排版好的杂志与模板进行对比，相互帮助给出指导意见，接受指导意见的学生进行修改（沟通表达能力、团队合作意识）。 13. 小组之间将组员排版好的杂志与模板对比，进行互评。	1. 教师点评：回答关于 PS 有哪些图像辅助工具的问题。检查学生所学知识是否遗忘。 2. 教师点评：回答关于文字工具、字符、段落属性面板的不同含义的问题。 3. 教师点评：回答关于选择的文字工具是否正确。 4. 教师点评：观察学生软件操作是否规范，参数设置是否合适，练习效果图与参考图是否一致。 5. 学生组间互评：杂志排版效果是否与模板一致。

课时： 6 课时

1. 硬资源：图形工作站等。
2. 软资源：Adobe 系列软件、Office 系列软件、参考教材、任务书、工作页、数字资源等。
3. 教学设施：多媒体教学系统、白板、白板笔、白板擦等。

图像处理

学习任务 1　产品图像处理

1 获取信息，明确任务 → 2 制订计划 → 3 图像素材处理 → 4 制作杂志内页，输出文件 → 5 文档管理，展示总结

文档管理，展示总结

工作子步骤	教师活动	学生活动	评价
1. 提交归档文件夹。	指导学生整理归档文件资料并上交。	整理归档任务过程中所有相关文件与资料并上交。	教师点评：杂志排版效果是否与模板一致，上交文件夹是否按照要求整理。
2. 制作 PPT 展示汇报。	1. 组织学生讨论，提出讨论要求，并监控学生小组讨论的过程。 2. 分析制作总结 PPT 的要点、原则与要求（包含杂志内页制作流程与技术要点）。 3. 监控学生是否按要求完成 PPT 制作。 4. 引导学生进行总结 PPT 展示。 5. 提供《PPT 参照评价表》，组织每组进行互评并填写学生互评表，填写教师评价表。 6. 教师点评学生陈述展示时使用的专业术语是否准确，总结杂志内页制作流程与技术要点，并点评验收成果。	1. 小组内部进行讨论，归纳、总结、分析杂志内页制作流程与技术要点（团队合作意识）。 2. 听取教师讲授制作总结 PPT 的要点、原则与要求。 3. 每人都制作总结 PPT，并且组内选出最优秀的 PPT （团队合作意识和沟通表达能力）。 4. 上台展示汇报（语言表达能力）。 5. 针对其他各组的总结 PPT 进行评价，填写学生互评表（审美意识）。 6. 认真听教师点评。	1. 学生互评：各小组参照《PPT 参照评价表》对总结 PPT 进行评价。《PPT 参照评价表》包括 PPT 制作画面是否美观，语言表达是否清晰流畅，杂志内页是否与模板一致等。 2. 教师点评：PPT 制作画面是否美观，学生陈述展示时使用的专业术语是否准确，学生展示时的仪态是否大方得体，语言表达是否清晰流畅，讨论过程中各组组员是否全部参与，总结杂志内页制作流程与技术要点是否正确，并参照《教师评价记录表》对任务成果进行点评。《教师评价记录表》包括任务资料是否齐全，形式是否符合要求，效果是否理想，杂志内页与模板是否一致等。

课时： 4 课时

1. 硬资源：图形工作站等。
2. 软资源：Adobe 系列软件、Office 系列软件、参考教材、任务书、工作页、数字资源等。
3. 教学设施：多媒体教学系统、白板、白板笔、白板擦等。

基准课时：24

学习任务 2　风光图像处理

任务描述

学习任务课时：30 课时

任务情境：

某旅游局拍摄了一系列用于网站宣传的中国风光图像，现需要对图像进行处理，在了解中国国画常见构图形式与中国画色彩特点的基础上，通过图像处理，进一步展现中国名胜风光之美，以便吸引更多游客；通过图像引导人民热爱祖国，并为之感到自豪，提升审美情趣，提高审美能力，增强文化自信。现旅游局与我院沟通委托专业团队完成产品图像后期处理部分，制作时间为 5 周。我院影视专业教师认为我们学生现有水平可以制作，准备接受该任务，带领同学共同完成该任务。

具体要求见下页。

图像处理

工作流程和标准

工作环节 1

获取信息，明确任务

1

根据教师提供的任务要求，明确图像输出格式、制作风格和交付时间等设计要求。师生沟通后，学生收集相对应的优秀风光照片，感知优秀风光之美，总结此优秀风光照片要素，撰写优秀风光照片要素分析表并填写任务要求的要点记录表，与教师取得共识。

主要成果：

1. 优秀风光照片要素分析表；
2. 任务要求的要点记录表。

工作环节 2

制订计划

2

根据设计要求，总结图像现存问题，制作工作流程计划表，合理安排图像处理进度，提高处理图像的工作效率，确保完成的任务符合要求。其中工作流程应包括基础调整、光线控制、色彩调整以及锐化处理、输出文件等必要的环节。

主要成果：

工作流程计划表。

工作环节 3

风光图像处理

3

1. 基础调整：了解中国国画常见构图形式，根据美学原理和设计要求，能够使用裁剪、标尺、镜头校正等工具完善照片构图，能够运用修复类工具修补照片瑕疵，能够利用绘画工具、修饰类工具、渐变类工具对图像局部进行修饰及美化，进行图像基础调整。
2. 光线控制：了解色彩原理、色彩关系以及通道原理。会观察图像直方图，根据所学素描知识（三大调）和美学知识，能灵活利用通道、曲线、色阶、亮度 / 对比度，曝光度、阴影高光等调整命令和调整层，修复曝光问题，增加对比度，结合图层蒙版控制图像光线精确处理，达到预期影调效果。
3. 色彩调整：了解中国画色彩特点，根据色彩知识（色彩三要素、颜色冷暖），利用色相 / 饱和度、可选颜色、色彩平衡、照片滤镜等色彩调整命令及 Adobe Camera Raw 修改照片色彩，让画面的色彩更加和谐统一。

工作环节 4

文档管理，展示总结

4

1. 按公司文件管理制度对文件进行快速归档。
2. 对输出的图像进行展示，分享制作过程，陈述制作的心得经验，回顾图像处理中遇到的问题，进行总结和分析，描述或图示问题现象和原因，并给出解决措施。

主要成果：

归档好的文件夹。

工作环节 3

风光图像处理

3

4. 锐化处理：根据图像特点和使用方式，选择合适的锐化方式，进行锐化处理。
5. 按公司文件管理制度对输出图像进行正确的命名和存储，保证按时交稿。

主要成果：

1. 经过基础调整的 jpg 图像；
2. 经过光线控制的 jpg 练习图像；
3. 经过色彩调整的 jpg 图像；
4. 经过锐化处理的 jpg 图像；
5. 风光图像处理任务 jpg 文件。

职业素养：

网络信息收集能力、审美能力、沟通表达能力、团队合作意识。

学习内容

知识点	1.1 优秀风光照片要素	2.1 风光图像处理的方法与流程	3.1 裁剪、标尺、镜头校正的功能及使用方法； 3.2 修复类工具的功能及使用方法； 3.3 图章类工具的功能及使用方法； 3.4 画笔类工具的功能及使用方法； 3.5 修饰类工具的功能及使用方法； 3.6 渐变类工具的功能及使用方法； 3.7 中国画构图形式及在图像处理中的应用
技能点			3.1 风光图像基础调整（包含完善构图、瑕疵修补、局部精修）的技巧
 工作环节	工作环节 1 获取信息，明确任务	制订计划 工作环节 2	3.1 基础调整
成果	1.1 优秀风光照片要素分析表 1.2 填写任务要求的要点记录表	2.1 工作流程计划表	3.1 经过基础调整的 jpg 图像
素养	1.1 网络信息收集能力； 1.2 分析能力	2.1 审美能力； 2.2 制订计划能力	
	思政元素：通过对优秀风光照片的搜集，培养学生感知美的能力，提升审美情趣		

学习任务 2　风光图像处理

4.1 色彩原理和色彩关系； 4.2 通道的原理和使用方法； 4.3 直方图的概念和使用方法； 4.4 曲线、色阶、亮度 / 对比度、曝光度、阴影高光等调整命令和调整层的功能及使用方法	5.1 Adobe Camera Raw 的功能及使用方法； 5.2 中国画色彩特点及在图像处理中的应用	6.1 PS 锐化的作用和常用锐化方法； 6.2 风光图像处理综合技术要点	7.1 风光图像处理流程与技术要点
4.1 PS 光线控制综合技巧	5.1 PS 色彩调整综合技巧	6.1 PS 锐化处理的综合技巧	

4.1 光线控制	5.1 色调调整	6.1 锐化处理，文件输出	
4.1 经过光线控制的 jpg 图像	5.1 经过色彩调整的 jpg 图像	6.1 经过锐化处理的 jpg 图像； 6.2 风光图像处理任务 jpg 文件	7.1 归档文件夹
4.1 网络信息收集能力； 4.2 审美能力； 4.3 沟通表达能力； 4.4 团队合作意识			7.1 文件整理能力； 7.2 语言表达能力； 7.3 审美意识
思政元素：通过祖国风光图像处理技能实操培训，培养学生精益求精的工匠精神与爱岗敬业的职业素养。处理后的照片，能体现中国山河风光之美，传达中国人文精神，增强学生的文化自豪感，提升关于国画常见配色、构图、图像处理等方面的审美情趣			

课程 1 图像处理

学习任务 2 风光图像处理

1 获取信息，明确任务　2 制订计划　3 风光图像处理　4 文档管理，展示总结

	工作子步骤	教师活动	学生活动	评价
获取信息，明确任务	阅读任务书，撰写优秀风光照片要素分析表和任务要求要点记录表。	1. 以设计总监的身份发放风光图像处理任务书，引导学生解读任务书，明确任务设计要求。 2. 布置任务给学生，收集中国名胜风光相对应的优秀风光照片，并提出分析优秀的风光照片有哪些要素的要求。 3. 随机抽取一名学生展示收集的照片并提问分析结果。 4. 通过案例分析优秀风光照片要素，引导学生感知中国名胜风光之美，并撰写优秀风光照片要素分析表。 5. 教师提出记录任务书要点的规则，指导学生记录任务书要点，完成任务要求要点记录表。 6. 提供任务记录书参考答案。	1. 学生以后期图像处理员的身份接受任务书，明确风光图像处理的要求（沟通表达能力）。 2. 小组通过网络（如百度、花瓣等网站），收集中国名胜风光相对应的优秀风光照片，并根据自己见解进行分析(网络信息收集能力，分析能力）。 3. 回答教师提出的问题。 4. 认真听教师讲解，并填写优秀风光照片要素分析表（培养学生感知美的能力，提升审美情趣，增强学生的文化自豪感）。 5. 按要求填写任务要求要点记录表（包括图像用途、图像尺寸、分辨率、照片类型、输出格式等）。 6. 对照任务要求要点记录表参考答案，个人自检查任务记录本。	教师点评： 1. 对优秀风光照片要素的分析是否准确。 2. 中国名胜风光相关资料是否准确、全面。 学生自检：任务书要点记录文本是否详细，并与参考答案比较。
	课时： 1 课时 1. 硬资源：图形工作站等。 2. 软资源：Adobe 系列软件、Office 系列软件、参考教材、任务书、工作页、数字资源等。 3. 教学设施：多媒体教学系统、白板、白板笔、白板擦等。			
制订计划	制订工作流程计划表。	1. 展示有无后期处理的风光照片案例，要求观察并选出优秀案例，并说明原因。 2. 教师讲解风光图像处理的方法与流程。 3. 引导学生分析原片问题，制订工作流程计划表。 4. 教师抽取学生对拟定好的计划进行流程展示。 5. 点评学生的工作计划表是否合理。	1. 观察、比较，选出优秀案例并说明原因（审美能力）。 2. 认真听教师讲解风光图像处理的方法与流程。 3. 分析原片中存在的问题，制订工作流程计划表，明确工作步骤、时间节点等（计划制订能力）。 4. 被抽取的学生对拟定好的计划进行流程展示，其余学生认真听该同学的讲解。 5. 听取教师点评，根据点评对工作计划进行修改。	教师点评：对原片存在问题是否分析到位，工作流程计划表是否完善、可执行性及合理程度。
	课时： 1 课时 1. 硬资源：图形工作站等。 2. 软资源：Adobe 系列软件、Office 系列软件、参考教材、任务书、工作页、数字资源等。 3. 教学设施：多媒体教学系统、白板、白板笔、白板擦等。			

工作子步骤	教师活动	学生活动	评价
1. 基础调整。	1. 设疑导入（提问全班学生觉得在对图像素材进行基础调整时，PS 工具栏里哪些工具会运用到）。 2. 要求学生阅读工作页和参考教材上关于裁剪、标尺、镜头校正、图章类工具、修复类工具、绘画类工具、色彩修饰类工具、渐变类工具的功能及使用方法，提出要求：记住工具的功能和使用方法以及快捷键。 3. 提问抽检学生的掌握情况。 4. 教师布置任务：学生通过百度等网站搜索常见国画构图方式。 5. 教师提问全班同学常见国画构图方式有哪些。 6. 教师通过案例讲解国画构图方式在图像处理中的应用。 7. 教师运用案例讲解并示范风光图像基础调整的方法及技巧。 8. 布置运用裁剪、标尺、镜头校正、图章类工具、绘画类工具、修复类工具进行风光基础调整的操作练习，巡回指导（反复强调处理作品时需精益求精）。 9. 组织学生组内互相指导。 10. 教师随机抽取学生练习效果图并对其进行点评。 11. 总结风光图像基础调整方法及技巧。	1. 思考并回答问题。 2. 按要求认真阅读工作页上相关工具的功能和使用方法。 3. 被抽学生回答问题。 4. 学生按要求上网搜索国画中常见的构图方式(网络信息收集能力)。 5. 全班同学集体回答。 6. 认真听教师讲解并做好笔记（提升东方审美情趣，增强文化自信）。 7. 认真观看教师运用案例演示。 8. 上机操作，完成练习（工匠精神、爱岗敬业精神、审美能力）。 9. 组内成员互相帮助，根据练习效果图给出指导见，接受指导意见的学生进行修改（沟通表达能力、团队合作意识）。 10. 认真听教师点评。 11. 认真听教师关于图像基础调整的总结。	1. 教师点评：回答图章类工具、绘画类工具、色彩修复类工具、渐变类工具的功能、用法和快捷键的问题，检查学生是否集中注意力，所学知识是否遗忘。 2. 教师点评：常见国画构图方式是否完整。 3. 教师点评：观察学生软件操作是否规范，参数设置是否合适，练习效果图与参考图是否一致，检查学生是否掌握所学技能。

课时： 6 课时

1. 硬资源：图形工作站等。
2. 软资源：Adobe 系列软件、Office 系列软件、参考教材、任务书、工作页、数字资源等。
3. 教学设施：多媒体教学系统、白板、白板笔、白板擦等。

课程 1　图像处理

学习任务 2　风光图像处理

1 获取信息，明确任务　2 制订计划　3 风光图像处理　4 文档管理，展示总结

工作子步骤	教师活动	学生活动	评价
2. 光线控制。	1. 展示调色前后图像案例，要求学生区分优劣。 2. 教师根据素描知识和美学知识分析照片，说明颜色的重要性，由此导入课程，讲解调色一般分光线控制（明暗调整）和色调调整。 3. 讲解色彩原理和色彩关系。 4. 提问抽检学生的掌握情况。 5. 教师讲解通道的原理，并案例演示讲解通道使用方法。 6. 发放案例素材，要求学生完成案例练习并巡回指导。 7. 教师随机抽取学生练习完成图并对其进行点评。 8. 以实例讲解直方图的概念。 9. 出示图像，提问抽检学生的掌握情况。 10. 提出要求：记住工具的功能和使用方法以及快捷键。 11. 提问抽检学生的掌握情况。 12. 教师运用案例讲解利用曲线、色阶、亮度 / 对比度、曝光度、阴影高光等调整命令和调整层进行光线控制综合技巧。 13. 布置利用曲线、色阶、亮度 / 对比度、曝光度、阴影高光等调整命令，进行光线控制的操作练习，巡回指导（反复强调处理作品时需精益求精）。 14. 组织学生组内互相指导进行修改。 15. 教师随机抽取学生练习效果图并对其进行点评。 16. 总结风光图像光线控制方法及技巧。	1. 思考分析图像并回答问题。 2. 认真听教师分析。 3. 认真听色彩原理和色彩关系，并做好笔记。 4. 被抽学生回答问题。 5. 认真听课并做好笔记。 6. 上机操作完成案例练习。 7. 认真听教师点评。 8. 听教师直方图的概念，能读懂直方图。 9. 被抽学生回答问题。 10. 按要求认真阅读相关工具的使用方法。 11. 被抽学生回答问题。 12. 认真观看教师运用案例演示。 13. 上机操作相关工具的操作练习（审美能力，工匠精神与爱岗敬业）。 14. 组内成员互相帮助，根据练习效果图给出指导意见，接受指导意见的学生进行修改（沟通表达能力、团队合作意识）。 15. 认真听教师点评。 16. 认真听教师关于光线控制的总结。	1. 教师点评：回答 RGB 三色的色彩关系。 2. 教师点评：观察学生软件操作是否规范，参数设置是否合适，练习效果图与参考图是否一致。 3. 教师点评：学生能否利用直方图分析展示图像的颜色问题。 4. 教师点评回答曲线、色阶、阴影高光、曝光度的功能、用法以及快捷键的问题，检查学生是否集中注意力，所学知识是否遗忘。 5. 教师点评：观察学生软件操作是否规范，参数设置是否合适，练习效果图与参考图是否一致。

课时： 8 课时

1. 硬资源：图形工作站等。
2. 软资源：Adobe 系列软件、Office 系列软件、参考教材、任务书、工作页、数字资源等。
3. 教学设施：多媒体教学系统、白板、白板笔、白板擦等。

工作子步骤	教师活动	学生活动	评价
3. 色调调整。	1. 设问导入，吸引学生注意力：提问学生觉得哪些命令可以调整图像颜色。 2. 教师讲解色相 / 饱和度、可选颜色、色彩平衡、照片滤镜、通道混合器的功能和使用方法，提出要求：记住工具的功能和使用方法以及快捷键。 3. 提问抽检学生的掌握情况。 4. 教师发放关于 Adobe Camera Raw 的常用功能及使用方法的 PPT。 5. 提问抽检学生的掌握情况。 6. 教师通过案例讲解中国画色彩特点及在图像处理中的应用。 7. 教师运用案例讲解并示范利用色相 / 饱和度、可选颜色、色彩平衡、照片滤镜、通道混合器调整命令和调整层以及 Adobe Camera Raw 插件进行风光图像色彩调整的综合技巧。 8. 布置运用色相 / 饱和度、可选颜色、色彩平衡、照片滤镜、通道混合器等调整命令和调整层以及 Adobe Camera Raw 插件的调色操作练习，巡回指导（反复强调处理作品时需精益求精）。 9. 组织学生组内互相指导。 10. 教师随机抽取学生练习效果图并对其进行点评。 11. 总结风光图像色彩调整综合技巧。	1. 思考并回答问题。 2. 按要求阅读相关调整命令和调整层的功能和使用方法。 3. 被抽学生回答问题。 4. 认真阅读 PPT 中关于 Adobe Camera Raw 的常用功能及使用方法。 5. 被抽学生回答问题。 6. 认真听教师讲解并做好笔记（提升审美情趣，增强文化自信）。 7. 认真观看教师运用案例讲解和示范色彩调整的综合技巧，并做好笔记。 8. 上机操作相关工具色调调整的操作练习（工匠精神与爱岗敬业，提升审美情趣，增强文化自信）。 9. 组内成员互相帮助，根据色彩调整标准给出指导见，接受指导意见的学生进行修改（沟通表达能力、团队合作意识）。 10. 认真听教师点评。 11. 认真听教师关于色彩调整的总结。	1. 教师点评：回答色相 / 饱和度、可选颜色、色彩平衡、照片滤镜、通道混合器的功能和使用方法以及快捷键的问题，检查学生是否集中注意力，所学知识是否遗忘。 2. 教师点评：回答关于 Adobe Camera Raw 软件的功能与使用方法的问题。 3. 教师点评：观察学生软件操作是否规范，参数设置是否合适，练习效果图与参考图是否一致。

课时： 6 课时

1. 硬资源：图形工作站等。
2. 软资源：Adobe 系列软件、Office 系列软件、参考教材、任务书、工作页、数字资源等。
3. 教学设施：多媒体教学系统、白板、白板笔、白板擦等。

课程 1　图像处理

学习任务 2　风光图像处理

1 获取信息，明确任务　2 制订计划　3 风光图像处理　4 文档管理，展示总结

工作子步骤	教师活动	学生活动	评价
4. 锐化处理，文件输出。	1. 情景创设，展示经过锐化的图像和未锐化的图像，让学生指出优劣并说明原因，引入课题。 2. 要求学生阅读 PS 锐化的作用和常用锐化滤镜的功能和使用方法。 提出讲解要求：了解 USM 锐化滤镜各参数的含义。 3. 提问抽检学生的掌握情况。 4. 教师运用案例讲解并示范风光图像锐化处理综合技巧。 5. 布置锐化滤镜操作练习，巡回指导。 6. 教师随机抽取学生练习效果图并对其进行点评。 7. 教师发放需要综合处理的任务图像，让学生自己尝试处理。 8. 教师演示并讲解风光图像处理任务综合技法，巩固之前所学知识。 9. 组织学生完成对人物图像的处理，巡回指导（反复强调处理作品时需精益求精）。 10. 组织学生组内互相指导。 11. 组织学生自评和小组同学相互填写风光图像处理评价表。	1. 欣赏图像并思考，发表意见（审美能力）。 2. 按要求阅读锐化滤镜的功能和使用方法。 3. 被抽学生回答问题。 4. 认真观看教师运用案例讲解和示范锐化处理的综合技巧，并做好笔记。 5. 上机操作锐化滤镜操作练习。 6. 认真听教师点评。 7. 学生自己尝试处理任务图像。 8. 学生认真观看教师演示，回顾所学知识。 9. 上机操作完成任务图像 jpg 文件（工匠精神与爱岗敬业）。 10. 组内成员互相帮助，根据任务效果图给出指导意见，接受指导意见的学生进行修改（沟通表达能力、团队合作意识）。 11. 改完后，学生自评和小组同学相互填写风光图像处理评价表。	1. 教师点评：回答 USM 锐化滤镜各参数的含义，检查学生是否集中注意力，所学知识是否遗忘。 2. 教师点评：观察学生软件操作是否规范，参数设置是否合适，练习效果图与参考图是否一致。 3. 学生自评和互评：按照图像基础调整标准、图像光线控制标准、图像色调调整标准、图像锐化处理标准，填写风光图像处理评价表。

课时： 6 课时

1. 硬资源：图形工作站等。
2. 软资源：Adobe 系列软件、Office 系列软件、参考教材、任务书、工作页、数字资源等。
3. 教学设施：多媒体教学系统、白板、白板笔、白板擦等。

1 获取信息，明确任务　2 制订计划　3 风光图像处理　4 文档管理，展示总结

文档管理，展示总结

工作子步骤	教师活动	学生活动	评价
提交归档文件夹，展示汇报成果，教师点评并总结。	1. 指导学生整理归档文件资料并检查。 2. 组织学生上台展示成果。 3. 组织每组进行互评，填写学生互评表。填写教师评价表。 4. 教师对学生的成果进行适当的点评，并带领学生一起总结风光图像处理流程与技术要点。	1. 整理归档任务过程中所有相关文件与资料（文件整理能力。） 2. 上台展示成果并汇报（语言表达能力）。 3. 针对其他各组的职责和成果进行评价，填写学生互评表（审美意识）。 4. 认真听教师点评，跟教师一起总结风光图像处理流程与技术要点。	1. 教师抽查：上交文件夹是否按要求整理。 2. 学生互评：各小组参照《学生互评记录表》中评价具体内容进行评价（包括成果是否符合设计要求，语言表达是否清晰流畅等）。 3. 教师点评：学生陈述展示时使用的专业术语是否准确，学生展示时的仪态是否大方得体，语言表达是否清晰流畅，讨论过程中各组组员是否全部参与，成果是否符合设计要求等。

课时： 2 课时
1. 硬资源：图形工作站等。
2. 软资源：Adobe 系列软件、Office 系列软件、参考教材、任务书、工作页、数字资源等。
3. 教学设施：多媒体教学系统、白板、白板笔、白板擦等。

学习任务 3　人像图像处理

任务描述

学习任务课时：42 课时

任务情境：

某婚纱影楼拍摄了三套不同风格的人像婚纱图像，分别为复古风、韩式风和中国风，现需要对这三套照片进行调色、修图等后期处理。现影楼与我院沟通是否可以完成图像后期处理部分，制作时间为 7 周。我院影视专业教师认为我们学生现有水平可以制作，准备接受该任务，带领同学共同完成该任务。

具体要求见下页。

工作流程和标准

工作环节 1

获取信息，明确任务

1

根据公司提供的资料，明确图像输出格式、制作风格和交付时间等设计要求。师生沟通后，学生收集相关资料（类似风格图像），结合收集的信息，总结此风格特点，填写风格分析表并填写任务要求的要点记录表（要点包含图像用途、图像风格、图像尺寸、分辨率、输出格式和交付时间），与教师取得共识。

主要成果：

任务要求的要点记录表。

工作环节 2

制订计划

2

根据设计要求，分析原片现存问题，制订一份工作流程计划表，进行任务分配、人员分工，合理安排图像处理进度，提高处理图像的工作效率，确保完成的任务符合要求。其中工作流程应包括分析原片光影、确定图像风格、粗调（Raw转档输出高质量原图）、形体调整、基础修饰（瑕疵、背景穿帮等）、整体细节深度刻画（五官修饰、发型调整、皮肤处理、服饰处理）、整体氛围强化（整体影调和色调调整）、输出文件等。

主要成果：

工作流程计划表。

工作环节 3

人物图像处理

3

1. 原片粗调：根据设计要求及所学美学知识和摄影知识，能够使用 Adobe Camera Raw 插件，转档调色，镜头矫正，修正曝光，锐化图像，输出高质量原图，对图像进行修复及美化，进行图像基础调整。
2. 形体调整，基础修饰：根据所学素描知识和美学知识，了解人物的基本比例，形体动态的美化原则，利用选区、变形、液化等工具对人物进行形体调整，并且利用图章、选区、蒙版、污点修复画笔等工具对图像瑕疵和穿帮镜头进行修饰。
3. 细节深度刻画：能根据图像特点、用途和五官、头型结构以及五官头发的美化原则，设置观察图层，对人物进行细节修饰。掌握多种磨皮（中性灰磨皮、双曲线磨皮、高反差磨皮、高低频磨皮、高斯模糊磨皮、仿制图章磨皮）和肤色的调整技巧，选择合适的磨皮方式，提高皮肤质感。根据人物特点，利用选区、变形、液化、

工作环节 4

文档管理，展示总结

4

1. 按公司文件管理制度对文件进行快速归档。
2. 对输出的图像进行展示，分享制作过程，陈述制作的心得经验，回顾图像处理中遇到的问题，进行总结和分析，描述或图示问题现象和原因，并给出解决措施。

主要成果：

归档好的文件夹。

工作环节 3

人物图像处理

3

画笔、仿制图章等工具，修饰五官，给人物面部上妆。填补人物缺失头发，加强头部光泽，减少衣物皱褶和瑕疵，进行头发和服饰的修饰，让人物变得更加精致。

4. 整体氛围强化：根据设计要求，利用蒙版、通道、色彩调整等命令，进行不同风格的影调处理和色调调整。按照格式要求输出 jpg 效果预览文件，并进行正确的命名。

主要成果：

1. Raw 转档调色输出的 jpg 图像；
2. 经过形体调整、基础修饰的 jpg 图像；
3. 经过整体细节深度刻画的 jpg 图像；
4. 经过整体氛围强化的不同风格的 jpg 图像。

学习内容

知识点	1.1 复古风、韩式式、中国风三种风格照片特点	2.1 人物图像处理流程	
技能点			3.1 Raw 转档调色，镜头矫正，修正曝光，锐化图像，输出高质量原图的技巧
工作环节	工作环节 1 获取信息，明确任务	制订计划 工作环节 2	3.1 原片粗调
成果	1.1 复古风、韩式式、中国风三种风格特点的分析表； 1.2 填写任务要求的要点记录表	2.1 工作流程计划表	3.1 Raw 转档调色输出的 jpg 图像
素养	1.1 沟通表达能力； 1.2 分类能力	2.1 审美能力； 2.2 制订计划能力	3.1 审美能力； 3.2 沟通表达能力； 3.3 团队合作意识

4.1 人物的基本比例，形体动态的美化原则； 4.2 人像修饰中常用工具（画笔、仿制图章、污点修复画笔、减淡等）的设置参数	5.1 皮肤修饰方法； 5.2 面部、五官、头型结构、美化原则和修饰方法； 5.3 后期上妆方法； 5.4 人物服饰修饰方法		7.1 人物图像处理流程与技术要点
4.1 人物形体调整技巧； 4.2 画面基础（瑕疵和穿帮镜头）修饰技巧	5.1 皮肤修饰技巧； 5.2 面部、五官、头发修饰技巧； 5.3 后期上妆技巧； 5.4 人物服装修饰技巧	6.1 复古风、韩式风、中国风三种风格照片的调色技巧； 6.2 追色技巧	
工作环节 3 人物图像处理			工作环节 4 文档管理，展示总结
4.1. 形体调整，基础修饰（瑕疵、背景穿帮等）	5.1. 细节深度刻画（五官修饰，发型调整，皮肤处理）	6.1. 整体氛围强化（整体影调和色调调整）输出文件	
4.1 经过形体调整，基础修饰的 jpg 图像	5.1 经过整体细节深度刻画的 jpg 图像	6.1 经过整体氛围强化的 jpg 图像	7.1 归档文件夹
4.1 审美能力； 4.2 网络信息收集能力； 4.3 沟通表达能力； 4.4 团队合作意识	5.1 审美能力； 5.2 沟通表达能力； 5.3 团队合作意识	6.1 审美能力； 6.2 沟通表达能力； 6.3 团队合作意识	7.1 文件整理能力； 7.2 语言表达能力； 7.3 审美意识

课程 1　图像处理

学习任务 3　人像图像处理

1 获取信息，明确任务　2 制订计划　3 人像图像处理　4 文档管理，展示总结

	工作子步骤	教师活动	学生活动	评价
获取信息，明确任务	阅读任务，获取客户设计要求并记录要点。	1. 教师讲解商业人像修图市场行情。 2. 教师讲解任务，安排学生进行角色扮演，模拟接受任务过程。 3. 教师点评学生扮演情况，并引导学生明确任务设计要求。 4. 教师展示系列照片，让学生尝试进行分类。 5. 随机抽问学生分类方式，并进行点评。 6. 通过展示三类照片案例引导学生分析复古风、韩式风、中国风三种婚纱照片风格特点。 7. 教师提出记录任务书要点的规则，指导学生记录任务书要点，完成任务要求要点记录表。 8. 提供任务记录书参考答案。	1. 认真听教师讲解，做好笔记。 2. 学生进行角色扮演（沟通表达能力）。 3. 认真听教师点评，明确人物图像处理的要求。 4. 欣赏照片，正确给照片进行风格分类（信息分类能力）。 5. 回答教师提出的问题。 6. 跟随教师分析复古风、韩式风、中国风三种婚纱照片在构图、光影色调、创意表达等方面的风格特点，并做好笔记。 7. 按要求填写任务要求要点记录表（包括图像用途图像尺寸分辨率、照片风格、输出格式等）。 8. 对照任务记录本参考答案，学生自己检查任务记录本。	1. 教师点评：是否通过沟通获取到任务有效信息。 2. 教师点评：对婚纱照片类型分类方式是否准确。 3. 学生自检：任务书要点记录文本是否详细，并与参考答案比较。

课时： 1 课时

1. 硬资源：图形工作站等。
2. 软资源：Adobe 系列软件、Office 系列软件、参考教材、任务书、工作页、数字资源等。
3. 教学设施：多媒体教学系统、白板、白板笔、白板擦等。

	工作子步骤	教师活动	学生活动	评价
制订计划	制订工作流程计划表。	1. 出示有无后期处理的人物照片案例，要求观察并选出优秀案例，说明原因。 2. 教师讲解人物图像处理的方法与流程。 3. 引导学生分析原片问题，制订工作流程计划表。 4. 教师抽取学生对拟定好的计划进行流程展示。 5. 点评学生的工作计划表是否合理。	1. 观察、比较，选出优秀案例并说明原因（审美能力）。 2. 认真听教师讲解人物图像处理的方法与流程。 3. 分析原片中存在的问题，制订工作流程计划表，明确工作步骤、时间节点等（计划制订能力）。 4. 被抽取的学生对拟定好的计划进行流程展示，其余学生认真观看该同学的展示。 5. 听取教师点评，根据点评进行工作计划修改。	教师点评：对原片存在问题是否分析到位，工作流程计划表是否完善、可执行性及合理程度。

课时： 1 课时

1. 硬资源：图形工作站等。
2. 软资源：Adobe 系列软件、Office 系列软件、参考教材、任务书、工作页、数字资源等。
3. 教学设施：多媒体教学系统、白板、白板笔、白板擦等。

1 获取信息，明确任务　2 制订计划　3 人像图像处理　4 文档管理，展示总结

工作子步骤	教师活动	学生活动	评价
1. 原片粗调。	1. 展示案例图像，带领学生分析照片问题，并提问 Adobe Camera Raw 中哪些工具可以解决这些问题，复习 Adobe Camera Raw 的常用功能及使用方法。 2. 教师通过示范案例，讲解如何使用 Adobe Camera Raw 进行 Raw 转档调色，镜头矫正，修正曝光，锐化图像，输出高质量原图。 3. 布置 Adobe Camera Raw 相关练习，并巡回指导。 4. 组织学生组内互相指导。 5. 选择原片粗调优秀的学生上台演示自己操作方法。 6. 教师对其操作进行点评，对操作不当的地方进行演示纠正。 7. 总结利用 Adobe Camera Raw 镜头矫正，修正曝光，锐化图像，输出高质量原图，完成原片粗调的方法及技巧。	1. 思考并回答问题（审美能力），跟随教师一起复习 Adobe Camera Raw 的常用功能及使用方法。 2. 认真观看教师演示 raw 转档调色，镜头矫正，修正曝光，锐化图像，输出高质量原图的方法及技巧，并做好笔记。 3. 利用 Adobe Camera Raw 完成教师布置的相关练习。 4. 组内成员互相帮助给出指导意见，接受指导意见的学生进行修改(沟通表达能力、团队合作意识)。 5. 被抽取的学生上台演示，其余学生认真观看该同学的演示。 6. 认真听教师点评，修改自己不足之处。 7. 认真听教师关于原片粗调的总结。	1. 教师点评：回答关于 Adobe Camera Raw 软件的功能与使用方法的问题。 2. 教师点评：观察学生软件操作是否规范，参数设置是否合适，练习效果图与参考图是否一致。

课时： 6 课时
1. 硬资源：图形工作站等。
2. 软资源：Adobe 系列软件、Office 系列软件、参考教材、任务书、工作页、数字资源等。
3. 教学设施：多媒体教学系统、白板、白板笔、白板擦等。

课程 1　图像处理

学习任务 3　人像图像处理

1 获取信息，明确任务 → 2 制订计划 → 3 人像图像处理 → 4 文档管理，展示总结

工作子步骤	教师活动	学生活动	评价
2. 对图像进行形体调整，基础修饰。	1. 情景创设，展示人物图像，让学生指出哪个人物身材好，引入课题。	1. 欣赏图像并思考，发表意见（审美能力）。	1. 教师点评：回答关于人物的基本比例、形体动态的美化标准的问题。 2. 教师点评：学生回答所用工具设置的数值是否正确。 3. 教师点评：观察学生软件操作是否规范，参数设置是否合适，练习效果图与参考图是否一致，检查学生是否掌握所学技能。 4. 教师点评：通过观察学生软件操作是否规范，参数设置是否合适，人物的基本比例是否标准，是否符合形体动态的美化原则，画面是否有瑕疵和穿帮镜头。
	2. 组织学生利用网络资源(如百度等网站)查阅人物的基本比例及形体动态的美化原则。	2. 利用网上资源学习人物的基本比例和形体动态的美化原则（网络信息收集能力）。	
	3. 提问抽检学生的掌握情况。	3. 被抽学生回答教师关于人物的基本比例、形体动态的美化标准的相关问题。	
	4. 教师补充学生回答人物的基本比例和形体动态的美化原则的疏漏知识，强调重点。	4. 学生认真听讲并做好笔记。	
	5. 教师展示有、无后期修饰的人物图像，提问全部学生以上修图运用了哪些工具，导入知识点。	5. 思考并回答教师问题。	
	6. 布置形体调整和基础修饰相关练习，巡回指导。	6. 上机操作，完成教师布置的相关小练习。	
	7. 组织学生组内互相指导。	7. 组内成员互相帮助，并根据人体比例和美化原则给出指导意见，接受指导意见的学生进行修改（沟通表达能力、团队合作意识）。	
	8. 教师随机抽取学生练习效果图并对其进行点评。	8. 认真听教师点评。	
	9. 讲解人像修饰中常用工具和设置。	9. 认真听教师讲解人像修饰中常用工具的设置并做好笔记。	
	10. 点名学生提问常用工具设置数值。	10. 被抽学生回答问题。	
	11. 教师运用案例讲解基础修饰的方法及技巧。	11. 认真观看教师运用案例讲解和示范人画面基础修饰技巧，并做好笔记。	
	12. 布置基础修饰相关练习，巡回指导。	12. 上机操作，完成教师布置的相关练习。	
	13. 组织学生组内互相指导。	13. 组内成员互相帮助，给出指导意见，接受指导意见的学生进行修改（沟通表达能力、团队合作意识）。	
	14. 教师随机抽取学生练习效果图并对其进行点评。	14. 认真听教师点评。	
	15. 总结形体调整和基础修饰的方法及技巧。	15. 认真听教师关于对图像进行形体调整、基础修饰的总结。	

课时： 4 课时

1. 硬资源：图形工作站等。
2. 软资源：Adobe 系列软件、Office 系列软件、参考教材、任务书、工作页、数字资源等。
3. 教学设施：多媒体教学系统、白板、白板笔、白板擦等。

工作子步骤	教师活动	学生活动	评价
3. 对图像进行整体细节深度刻画。	1. 情景创设，展示人物图像，让学生指出哪个人物美，引入课题。 2. 教师讲解皮肤修饰方法，强调要求注意修饰方法和使用工具。 3. 提问学生皮肤修饰相关问题，检查学生注意力。 4. 布置相应练习，教师观察课堂动手能力差的学生，及时督促和辅导。 5. 教师随机抽取学生上机操作并对其进行点评、总结。 6. 组织学生在网上（如百度等网站）查阅面部、五官、头型结构和美化标准。 7. 提问检阅学生的掌握情况。 8. 教师补充学生回答人物的面部、五官、头型结构和美化标准的疏漏知识，强调重点。 9. 教师通过示范案例，讲解五官、皮肤、发型修饰技巧。 10. 操作练习，巡回指导。 11. 教师随机抽取学生练习效果图并对其进行点评。 12. 展示有、无上妆的人物图像，要求学生指出哪张比较好看，导入课题。 13. 教师讲解不同脸型的上妆方法。 14. 抽检提问检阅学生的掌握情况。 15. 教师运用案例讲解后期上妆技巧。 16. 布置相应小练习，巡回指导。 17. 教师随机抽取学生练习效果图并对其进行点评。总结知识点，对巡回指导中出现的普遍性问题进行指导。 18. 教师展示有、无服装修饰的图像，让学生判断照片好坏，进行课程导入。 19. 教师讲解人物的服装修饰方法。 20. 抽检提问检阅学生的掌握情况。	1. 欣赏图像并思考，发表意见（审美能力）。 2. 按要求认真观看教师运用案例讲解皮肤修饰的方法和技巧，并做好笔记。 3. 集中注意力回答教师的提问。 4. 上机操作，完成相对应的练习。 5. 认真听教师点评与总结。 6. 利用网上资源学习面部、五官、头型结构和美化原则（网络信息收集能力）。 7. 回答教师关于人物面部、五官、头型结构和美化原则的相关问题。 8. 学生认真听讲，并做好笔记。 9. 认真观看教师演示和讲解五官、皮肤、发型、修饰方技巧，并做好笔记。 10. 上机操作，完成练习。 11. 认真听教师点评。 12. 回答教师问题。 13. 认真听教师讲解并做好笔记。 14. 被抽检学生回答教师关于妆容的问题。 15. 认真观看教师运用案例讲解后期上妆技巧，并做好笔记。 16. 上机操作，完成相对应的小练习。 17. 认真听教师点评总结，并检查自身做练习时是否出现相应问题。 18. 判断图像好坏。 19. 认真听教师讲解并做好笔记。 20. 被抽检学生回答教师关于服装修饰方法的问题。	1. 教师点评：回答皮肤修饰的方法是否正确。 2. 教师点评：回答关于面部、五官、头型结构和美化原则的问题。 3. 教师点评：观察学生软件操作是否规范，参数设置是否合适，练习效果图与参考图是否一致。 4. 教师点评：回答不同脸型的上妆方法的问题。 5. 教师点评：观察学生软件操作是否规范，参数设置是否合适，练习效果图与参考图是否一致。 6. 教师点评：回答服装修饰的方法是否正确。 7. 教师点评：观察学生软件操作是否规范，参数设置是否合适，练习效果图与参考图是否一致。

学习任务 3 人像图像处理

1 获取信息，明确任务 → 2 制订计划 → 3 人像图像处理 → 4 文档管理，展示总结

人像图像处理

工作子步骤	教师活动	学生活动	评价
	21. 教师运用案例讲解服装修饰技巧。 22. 布置相应小练习，巡回指导。 23. 组织学生组内互相帮助。 24. 随机抽取个别同学的文件进行点评。 25. 总结整体细节深度刻画的方法和技巧。	21. 认真观看教师运用案例讲解服装修饰技巧并做好笔记。 22. 上机操作，完成相对应的小练习。 23. 组内成员相互帮助并给出指导见，接受指导意见的学生进行修改（沟通表达能力、团队合作意识）。 24. 认真听取教师对被抽取学生的文件点评的意见。 25. 认真听取教师关于对图像进行整体细节深度刻画的总结。	
课时： 16 课时 1. 硬资源：图形工作站等。 2. 软资源：Adobe 系列软件、Office 系列软件、参考教材、任务书、工作页、数字资源等。 3. 教学设施：多媒体教学系统、白板、白板笔、白板擦等。			
4. 对图像进行整体氛围强化，输出文件。	1. 展示照片，让学生回顾三种风格特点，导入课程。 2. 教师分别演示并讲解复古风、韩式风、中国风三种风格照片的调色技巧。 3. 布置学生模仿教师步骤完成案例调色的任务，教师观察课堂动手能力差的学生，及时督促和辅导。 4. 教师随机抽取学生图像对其进行点评。 5. 教师讲解并演示追色技巧。 6. 布置学生模仿教师步骤完成案例追色的任务，教师观察课堂动手能力差的学生，及时督促和辅导。 7. 教师随机抽取学生图像对其进行点评。 8. 总结复古风、韩式风、中国风三种风格照片的调色技巧和追色技巧。 9. 教师组织学生完成任务人物图像处理，教师巡回指导。 10. 组织学生组内互相帮助。	1. 跟随教师一起回顾三种风格的特点。 2. 认真观看教师演示复古风、韩式风、中国风三种风格照片的调色技巧。 3. 学生上机操作，模仿教师步骤完成案例调色。 4. 认真听教师点评，接受指导意见的学生进行修改。 5. 认真观看教师演示追色技巧。 6. 学生上机操作，模仿教师步骤完成案例追色。 7. 认真听教师点评，接受指导意见的学生进行修改。 8. 认真听教师总结。 9. 上机操作，完成任务人物图像处理。 10. 组内成员相互帮助并给出指导见，接受指导意见的学生进行修改（沟通表达能力、团队合作意识）。	1. 教师点评：观察学生软件操作是否规范，参数设置是否合适，是否符合任务要求和审美原则。 2. 学生自评和互评：按照图像原片粗调标准、图像形体调整标准、基础修饰标准、图像整体细节深度刻画标准、图像整体氛围强化标准。

	工作子步骤	教师活动	学生活动	评价
人像图像处理		11. 组织学生自评，以及小组同学相互填写人像图像处理评价表。	11. 改完后，学生自评和小组同学相互填写人像图像处理评价表。	
	课时： 12 课时 1. 硬资源：图形工作站等。 2. 软资源：Adobe 系列软件、Office 系列软件、参考教材、任务书、工作页、数字资源等。 3. 教学设施：多媒体教学系统、白板、白板笔、白板擦等。			
文档管理，展示总结	提交归档文件夹，展示汇报成果，教师点评并总结。	1. 指导学生整理归档文件资料并上交。 2. 组织学生上台展示成果。 3. 组织每组进行互评，填写学生互评表。填写教师评价表。 4. 教师对学生的成果进行适当的点评，并进行点评，带领学生一起总结人像图像处理流程与技术要点。	1. 整理归档任务过程中所有相关文件与资料并上交(文件整理能力)。 2. 上台展示成果并汇报（语言表达能力）。 3. 针对其他各组的职责和成果进行评价，填写学生互评表（审美意识、沟通表达能力）。 4. 认真听教师点评， 跟教师一起总结人像图像处理流程与技术要点。	1. 教师抽查：上交文件夹是否按要求整理。 2. 学生互评：各小组参照《学生互评记录表》中评价具体内容进行评价（包括成果是否符合设计要求，语言表达是否清晰流畅等）。 3. 教师点评：学生陈述展示时使用的专业术语是否准确，学生展示时的仪态是否大方得体，语言表达是否清晰流畅，讨论过程中各组组员是否全部参与，成果是否符合设计要求等。
	课时： 2 课时 1. 硬资源：图形工作站等。 2. 软资源：Adobe 系列软件、Office 系列软件、参考教材、任务书、工作页、数字资源等。 3. 教学设施：多媒体教学系统、白板、白板笔、白板擦等。			

学习任务 4　综合图像制作

任务描述

学习任务课时：24 课时

任务情境：

某电影公司需要为即将上映的电影制作系列海报，海报内容为一个热血的幻想战士场景。前期海报设计师已经对海报进行了概念设计，现公司与我院沟通是否可以完成海报制作部分，制作时间为 3 周。我院影视专业教师认为我们学生现有水平可以制作，准备接受该任务，带领同学共同完成该任务。

具体要求见下页。

工作流程和标准

工作环节 1

获取信息，明确任务

1

根据海报制作的基本要求和注意事项，结合公司提供的资料，明确图像输出格式、制作风格和交付时间等设计要求。师生沟通后，学生收集相关资料，结合收集的信息，填写任务要求的要点记录表（要点包含海报风格、海报尺寸、分辨率、输出格式、交付时间），与教师取得共识。

主要成果：

任务要求的要点记录表。

工作环节 2

制订计划

2

根据设计要求及教师给定其他条件，制订一份工作流程计划表，进行任务分配、人员分工，合理安排图像处理进度，提高处理图像的工作效率，确保完成的任务符合要求。其中工作流程应包括分析设计要求、确定海报内容、收集处理素材、整体调整光影色、调合成场景画面、精细调节图像、给场景添加元素、制作特效、图像最终调整、添加海报文字、文字排版、输出文件、文件归档等。

主要成果：

工作流程计划表。

工作环节 3

图像处理

3

1. 收集处理素材：能根据图像用途及图像自身特点，利用 PS 进行精准、高效的抠图，进行素材整理。
2. 合成场景画面：根据设计要求与所学美术基础知识，有效利用调整图层调整图像光影色调，有效地将多张图像合成为一个完整的场景画面。
3. 精细调节图像，添加元素：根据设计要求与所学美术基础知识，利用 PS 对海报人物进行处理修饰，让人物形象更加符合海报主题。利用 PS 绘制功能，给场景添加元素，添加衣服血迹，更换兵器，添加铠甲高光增加质感。
4. 制作特效，图像调整：根据设计要求与所学美术基础知识，利用 PS 制作烟雾、火星、光效三种特效，对整个场景进行最终微调及调色。

工作环节 4

文档管理，展示总结

4

1. 按公司文件管理制度对文件进行快速归档。
2. 对输出的图像进行展示，分享制作过程，陈述制作的心得经验，回顾图像处理中遇到的问题，进行总结和分析，描述或图示问题现象和原因，并给出解决措施。

主要成果：

归档好的文件夹。

工作环节 3

图像处理

3

5. 添加海报文字：使用图层样式和文字变形工具，制作出文字的特殊效果。使用字体 / 段落调板，为海报中的文字排版。按照格式要求输出 jpg 效果预览文件，并进行正确的命名。

主要成果：

1. 经过抠图处理的 jpg 文件；
2. 经过合成场景画面的 jpg 文件；
3. 经过精细调节，添加元素的 jpg 文件；
4. 解决问题能力 、沟通表达能力 、团队合作意识、审美能力；
5. 添加特效文字的 jpg 文件。

学习内容

知识点	1.1 海报概念、海报制作基本要求和注意事项	2.1 海报制作的方法流程	3.1 PS 处理素材的方法	4.1 整体调整光影色调合成场景画面方法
技能点			3.1 PS 处理素材的技巧	4.1 整体调整光影色调合成场景画面的技巧
工作环节	工作环节 1 获取信息，明确任务	制订计划 工作环节 2	3.1 收集处理素材	4.1 合成场景画面
成果	1.1 任务要求的要点记录表		3.1 经过抠图处理的 jpg 文件	4.1 经过合成场景画面的 jpg 文件
素养	1.1 网络信息收集能力； 1.2 分析能力	2.1 制订计划能力	1. 网络信息收集能力； 2. 解决问题能力； 3. 沟通表达能力； 4. 团队合作意识； 5. 审美意识	

学习任务 4　综合图像制作

5.1 PS 精细调节，添加元素的方法	6.1 PS 制作烟雾、火星、光效特效的方法	7.1 PS 制作特效文字的方法	8.1 海报制作流程与技术要点
5.1 PS 精细调节，添加元素的技巧	6.1 利用 PS 制作烟雾、火星、光效特效的技巧	7.1 PS 制作特效文字的技巧	
工作环节 3 图像处理			工作环节 4 文档管理，展示总结
5.1 精细调节图像，添加元素	6.1 制作特效，图像调整	7.1 添加海报文字，输出文件	
5.1 经过精细调节，添加元素的 jpg 文件	6.1 经过制作特效，图像调整的 jpg 文件	7.1 添加特效文字的 jpg 文件	8.1 归档文件夹
			8.1 文件整理能力； 8.2 语言表达能力； 8.3 审美意识

课程 1　图像处理

学习任务 4　综合图像制作

1 获取信息，明确任务　2 制订计划　3 图像处理　4 文档管理，展示总结

	工作子步骤	教师活动	学生活动	评价
获取信息，明确任务	阅读任务，获取客户设计要求并记录要点。	1. 以设计总监的身份发放综合图像处理任务书，引导学生解读任务书，明确任务设计要求。 2. 布置给学生任务，查询海报概念。 3. 随机抽取一名学生提问海报的概念。 4. 点评学生回答，通过案例补充讲解海报概念、海报制作基本要求和注意事项。 5. 展示海报正、反例，引导学生在构图、色彩搭配、创意表达等方面进行海报优劣分析，指导学生在工作页上填写归纳出的优质海报、劣质海报的特点。 6. 随机抽取学生讲解自己分析成果，教师简单点评并小结。 7. 教师提出记录任务书要点的规则，指导学生记录任务书要点，完成任务要求要点记录表。 8. 提供任务记录书参考答案。	1. 学生以后期图像处理员的身份接受任务书，根据公司提供的海报概念设计，明确任务要求（包含海报尺寸大小、配色方案、海报美术风格等）。 2. 小组通过网络（如百度、花瓣等网站）查询海报概念（网络信息收集能力）。 3. 回答教师提出的问题。 4. 认真听教师讲课并做好笔记。 5. 跟随教师在构图、色彩搭配、创意表达、平面构成、色彩构成方面分析海报，分析出自己收集海报的优劣点，并归档文件夹，填好工作页（分析能力）。 6. 被抽取学生上台讲解自己分析成果，听取点评和小结。 7. 按要求填写任务要求要点记录（包含海报尺寸大小、配色方案、海报美术风格等）。 8. 对照任务记录本参考答案，自查任务记录本。	1. 教师点评：海报的概念是否准确。 2. 教师点评：教师从构图、色彩搭配、创意表达等方面评价学生对海报的分析是否准确。 3. 学生自检：任务书要点记录文本是否详细，并与参考答案比较。
	课时： 1 课时 1. 硬资源：图形工作站等。 2. 软资源：Adobe 系列软件、Office 系列软件、参考教材、任务书、工作页、数字资源等。 3. 教学设施：多媒体教学系统、白板、白板笔、白板擦等。			
制订计划	制订工作流程计划表。	1. 教师展示任务海报和原素材，提问全班同学猜想这张海报制作有哪些流程？通过提问吸引学生注意力。 2. 教师讲解海报制作的方法与流程。 3. 要求学生记录海报制作的方法与流程。	1. 思考问题并回答。 2. 认真听教师讲解海报制作的方法与流程。 3. 按教师要求认真做笔记。	教师点评：工作流程计划表是否完善、可执行性及合理程度。
	课时： 1 课时 1. 硬资源：图形工作站等。 2. 软资源：Adobe 系列软件、Office 系列软件、参考教材、任务书、工作页、数字资源等。 3. 教学设施：多媒体教学系统、白板、白板笔、白板擦等。			

基准课时：24

1 获取信息，明确任务 2 制订计划 3 图像处理 4 文档管理，展示总结

工作子步骤	教师活动	学生活动	评价
1. 收集处理素材。	1. 教师展示素材图像，要求学生观察并回答处理该素材需要用哪些工具，进行导入。 2. 讲解 PS 处理素材的方法。 3. 要求学生记录刚刚的操作方法。 4. 教师通过示范案例，讲解 PS 处理素材的技巧。 5. 布置学生模仿教师步骤完成素材处理任务，并巡回指导。 6. 教师随机抽取学生图像对其进行点评。	1. 回答教师问题。 2. 认真听教师讲解 PS 处理素材的方法，并做好笔记。 3. 学生记录操作方法。 4. 认真观看教师讲解并演示 PS 处理素材的技巧。 5. 学生上机操作，模仿教师步骤完成案例。 6. 认真听教师点评，接受指导意见的学生进行修改。	1. 教师点评：回答处理素材用的工具是否正确。 2. 教师点评：观察学生软件操作是否规范，参数设置是否合适，素材处理是否到位。

课时： 4 课时
1. 硬资源：图形工作站等。
2. 软资源：Adobe 系列软件、Office 系列软件、参考教材、任务书、工作页、数字资源等。
3. 教学设施：多媒体教学系统、白板、白板笔、白板擦等。

工作子步骤	教师活动	学生活动	评价
2. 合成场景画面。	1. 要求阅读工作页中关于智能对象和后期光影效果处理手法相关知识，回答工作页中的问题。 2. 教师运用案例讲解整体调整光影色调，合成场景画面的技巧。 3. 布置学生按任务要求对素材进行整体光影色调，合成基本场景画面，巡回指导动手能力差的学生。 4. 根据海报概念图和任务要求，组织学生组内互助，分享意见，教师巡回指导。 5. 根据学生表现情况，补充讲解并演示合成基本背景画面及整体调整光影色调的技巧。 6. 组织学生修改自己文件，对个别操作有问题的学生进行指导。 7. 随机抽取个别同学调整后的 jpg 文件进行点评，并总结整体调整光影色调合成场景画面的方法和技巧。	1. 认真阅读思考并回答教师问题。 2. 认真听教师讲解并做好笔记。 3. 上机操作，完成经过合成场景画面的 jpg 文件（解决问题能力）。 4. 组内成员互相帮助，并给出指导见，接受指导意见的学生进行修改（沟通表达能力、团队合作意、审美意识）。 5. 认真观看教师讲解，观察是否有自己处理不到位的地方，总结技巧。 6. 修改自己处理不到位的地方，保存经过合成基本背景画面的 jpg 素材文件。 7. 认真听教师点评、总结并做好笔记。	1. 教师点评：回答 PS 组合成智能对象图层跟合并图层有什么区别，合成画面时有哪些注意事项，列举 PS 调整画面光影色调时，运用的工具命令是否准确。 2. 教师点评：观察学生软件操作是否规范，参数设置是否合适。根据美学原理和设计要求，判断文件图像光影是否正确，色调是否符合设计要求的气氛，颜色搭配是否和谐镜。

课时： 4 课时
1. 硬资源：图形工作站等。
2. 软资源：Adobe 系列软件、Office 系列软件、参考教材、任务书、工作页、数字资源等。
3. 教学设施：多媒体教学系统、白板、白板笔、白板擦等。

图像处理

课程 1　图像处理

学习任务 4　综合图像制作

1 获取信息，明确任务　2 制订计划　3 图像处理　4 文档管理，展示总结

图像处理

工作子步骤	教师活动	学生活动	评价
3. 精细调节图像，添加元素。	1. 要求阅读工作页中提供的精细调色基础知识及相关知识，回答工作页中的问题。 2. 教师讲解 PS 精细调节、添加元素的方法。 3. 布置任务：学生按任务要求添加画面元素，并对图中素材进行修饰，教师巡回指导。 4. 根据海报概念设计图和任务要求，组织学生组内互助，分享意见。 5. 根据学生表现情况，补充讲解并演示 PS 修饰物品图像的技巧。 6. 组织学生修改自己的文件，对个别操作有问题的学生进行指导。 7. 随机抽取个别同学经过精细调节、添加元素的 jpg 素材文件进行点评，并总结精细调节、添加元素的方法和技巧。	1. 认真阅读思考并回答问题。 2. 认真听教师讲解并做好笔记。 3. 个人按任务要求添加画面元素，并对图中素材进行修饰（解决问题能力）。 4. 组内成员相互帮助并给出指导意见，接受指导意见的学生进行修改（沟通表达能力、团队合作意、审美意识）。 5. 认真观看教师讲解，观察是否有自己处理不到位的地方，总结操作技巧。 6. 修改自己处理不到位的地方，保存经过物品修饰的 jpg 素材文件。 7. 认真听教师总结，并做好笔记。	1. 教师点评：回答关于精细调节所用工具是否正确的问题。 2. 教师点评：观察学生软件操作是否规范，参数设置是否合适，添加元素海报设计要求，是否存在瑕疵，是否融入海报氛围。

课时： 4 课时

1. 硬资源：图形工作站等。
2. 软资源：Adobe 系列软件、Office 系列软件、参考教材、任务书、工作页、数字资源等。
3. 教学设施：多媒体教学系统、白板、白板笔、白板擦等。

工作子步骤	教师活动	学生活动	评价
4. 制作特效，图像调整。	1. 展示添加了烟雾、火星、光效特效的图像，吸引学生注意，导入课程。 2. 讲解 PS 制作烟雾、火星、光效特效的方法。 3. 要求学生记录刚刚的操作方法。 4. 教师通过案例演示 PS 制作烟雾、火星、光效特效的技巧。 5. 布置制作烟雾、火星、光效特效的相关练习，巡回指导。 6. 对个别操作有问题的学生进行指导。 7. 随机抽取个别同学文件进行点评，并总结制作特效的方法与技巧。	1. 欣赏图像。 2. 认真听教师讲解，并做好笔记。 3. 认真记录操作方法。 4. 认真听教师讲解，并做好笔记，牢记其中运用的技巧。 5. 上机操作，完成经过制作特效、图像调整的 jpg 文件（解决问题能力）。 6. 组内成员互相帮助，并给出指导意见，接受指导意见的学生进行修改（沟通表达能力、团队合作意识、审美意识）。 7. 认真观看教师点评，观察是否有自己处理不到位的地方，总结并记录操作技巧。	1. 教师点评：学生回答制作烟雾、火星、光效特效的方法的正确性，检查学生注意力。 2. 教师点评：观察学生软件操作是否规范，参数设置是否合适，特效是否符合设计要求，画面是否符合美学原理。

课时： 4 课时

1. 硬资源：图形工作站等。
2. 软资源：Adobe 系列软件、Office 系列软件、参考教材、任务书、工作页、数字资源等。
3. 教学设施：多媒体教学系统、白板、白板笔、白板擦等。

基准课时：24

1 获取信息，明确任务　2 制订计划　3 图像处理　4 文档管理，展示总结

	工作子步骤	教师活动	学生活动	评价
图像处理	5. 添加海报文字，输出文件。	1. 情境创设，教师展示文字图像（分别加特效和未加特效），让学生指出优劣并说明原因，引入课题。 2. 抽检提问学生添加特效的文字运用了哪些工具、命令和制作方法。 3. 教师点评并补充讲解 PS 制作特效文字的方法。 4. 教师演示上述加特效文字的制作方法，讲解 PS 制作特效文字的技巧。 5. 布置制作特效文字相关练习，巡回指导。 6. 组织学生组内互助，分享意见，对个别操作有问题的学生进行指导。 7. 随机抽取个别同学添加海报文字的 jpg 素材文件进行点评，并总结特效文字的制作方法和技巧。	1. 欣赏图像并思考，发表意见。 2. 认真思考教师问题，并回答。 3. 认真听教师讲解并做好笔记。 4. 认真观看演示并做好笔记。 5. 上机操作，完成教师布置的相关练习。 6. 组内成员相互帮助并给出指导意见，接受指导意见的学生进行修改(沟通表达能力、团队合作意识、审美意识)。 7. 认真听取教师点评，思考自己是否有处理不到位的地方，总结并记录操作技巧。	1. 教师点评：对文字图像的审美是否正确。 2. 教师点评：学生添加特效文字所运用的工具、命令和制作方法是否正确。 3. 教师点评：观察学生软件操作是否规范，参数设置是否合适，文字特效是否与效果图一致。
	课时： 4 课时 1. 硬资源：图形工作站等。 2. 软资源：Adobe 系列软件、Office 系列软件、参考教材、任务书、工作页、数字资源等。 3. 教学设施：多媒体教学系统、白板、白板笔、白板擦等。			
文档管理，展示总结	提交归档文件夹，展示汇报成果，教师点评并总结。	1. 指导学生整理归档文件资料并上交。 2. 组织学生上台展示成果。 3. 组织每组进行互评，填写学生互评表。填写教师评价表。 4. 教师对学生的成果进行适当的点评，并带领学生一起总结海报图像处理流程与技术要点。	1. 整理归档任务过程中所有相关文件与资料并上交（文件整理能力）。 2. 上台展示成果并汇报。（语言表达能力） 3. 针对其他各组的职责和成果进行评价，填写学生互评表（审美意识）。 4. 认真听教师点评，跟教师一起总结海报图像处理流程与技术要点。	1. 教师点评：上交文件夹是否按照文件管理制度整理。 2. 学生互评：各小组参照《学生互评记录表》中评价具体内容进行评价（包括成果是否符合设计要求，语言表达是否清晰流畅等）。 3. 教师点评：学生陈述展示时使用的专业术语是否准确，学生展示时的仪态是否大方得体，语言表达是否清晰流畅，讨论过程中各组组员是否全部参与，成果是否符合设计要求等。
	课时： 2 课时 1. 硬资源：图形工作站等。 2. 软资源：Adobe 系列软件、Office 系列软件、参考教材、任务书、工作页、数字资源等。 3. 教学设施：多媒体教学系统、白板、白板笔、白板擦等。			

考核标准

任务名称：

某影楼图像处理。

情境描述：

某影楼公司拍摄了多张人像照片，现根据客户要求，需要对这些照片进行后期处理，处理成中国风工笔，现需要个人在 2 周时间内将这些照片处理完毕，输出 PSd 格式和 jpg 格式交给客户，并制作 PPT 将制作过程思路进行汇报。

任务要求：

1. 该工作任务以个人形式完成。
2. 处理后的照片，要做到镜头无变形，曝光正确，画面干净清晰、无瑕疵、无穿帮，突出主体，影调色调控制得当，了解中国工笔画艺术审美特点，能准确将照片调出中国工笔风格（即：画面线条感强，饱和度低，光影弱，人物与道具呈平面感，照片肌理感和照片元素选择上能符合国画特点，让照片呈现中国工笔画效果），并符合现代大众审美。
3. 在了解国人精气神基础上，对人物进行美化修饰，包括人物形体调整，使其人物形体优美，对皮肤进行磨皮，使其皮肤无瑕疵、自然，对五官修饰上妆，使其精致、立体，对头型进行修饰，使头型自然，头发无缺失、光泽自然，根据画面需求对人物服饰进行修饰，使画面中人物具有中国人独特的韵味。
4. 制作 PPT 要包括原图（并在原图中标明存在问题）、参考素材及处理后图像。
5. 最终交付客户的资料要包含处理后照片的 psd 源文件、jpg 文件和汇报 PPT，并以文件夹形式上交，在文件名上填上姓名、班级。

参考资料：

中国工笔风图像范例、范例处理源文件、工作页、参考教材、个人笔记、互联网、相关学习平台资源、微课小视频等。

评价方式及标准：

考核分数主要由任课教师根据评分规范进行评价，评价标准如下：

图像处理评价表

序号	项目	配分	评分标准	得分
1	操作过程	10	能独立完成工作内容，能竭尽全力解决遇到的困难，以认真负责的态度保证工作的质量	
2	基础要求	5	输出格式正确，图层、文件按要求命名	
3	基础修饰	15	构图合理，曝光正确，镜头无变形，画面干净无瑕疵、无穿帮	
4	形体调整	15	人物比例合理，形体自然优美	
5	细节刻画	20	皮肤自然光滑，无瑕疵，五官精致，人物妆容符合设计要求风格，头型圆滑，头发无缺失、光泽自然，服饰无瑕疵，使画面中人物具有中国人独特的韵味	
6	表现效果	35	画面清晰，影调色调符合中国工笔风（画面线条感强，饱和度低，光影弱，人物与道具呈平面感，照片肌理感和照片元素选择上能符合国画特点，让照片呈现中国工笔画效果），色彩协调，视觉效果较好	
合计				

课程 2　产品摄影

学习任务 1
普通材质产品摄影
（20）课时

学习任务 2
高反光材质产品摄影
（20）课时

学习任务 3
透明、半透明材质产品摄影
（20）课时

课程目标

学习完本课程后，学生应当能够完成各类商业产品摄影工作任务，具备操作专业数码单反及相关拍摄设备器材，对拍摄对象进行布光设计及执行拍摄，对拍摄所得照片根据规范要求进行后期修图处理的职业能力，具体包括：

1. 能够认真阅读任务书，明确工作时间及要求。能使用摄影与修图方面的专业术语与项目主管进行沟通，获取图片风格等信息，以及图像输出和交付时间等要求，通过任务书培养学生的解读与反馈沟通能力。

2. 能够按照使用说明规范操作使用数码单反、闪光灯等拍摄设备器材，培养学生规范操作专业设备器材的能力。

3. 能够结合现有市面上的产品布光，进行普通材质、高反光材质、透明材质、复合材质产品拍摄布光设计，通过四大学习任务培养学生的摄影布光能力。

4. 能够使用 Photoshop 软件对照片进行后期修图处理；培养学生的图像后期修图流程规范。

5. 能合理安排个人工作时间，提高图片拍摄的工作效率，在保证图片质量的基础上按时交稿，并按公司文件管理制度对输出图片进行命名和存储；培养学生的自我管理与工作规划。

6. 能接收项目主管对工作的反馈修改要求，能够在团队内进行沟通协调，最终完成项目提交验收；培养学生沟通交流、团队协作、解决问题的能力。

7. 能够在实施工作任务过程中严格遵守企业相关操作流程规范、安全管理制度等管理规定，培养学生的职业操作规范。

8. 能够遵守行业相关法律法规与市场规则，培养学生具备诚信、工匠精神和良好的职业道德素养。

9. 对新设备、新技术能及时更新掌握，能够使用新软件、新技术对制作流程进行优化，简化制作步骤，缩短制作周期，提升制作效率，培养学生的创新思维能力。

10. 能够具备职业发展意识，对职业生涯进行合理规划及了解相关创业信息。

课时：80

学习任务 4

复合材质产品摄影

（20）课时

课程内容

对照本课程目标，学生应当掌握以下知识、技能及职业素养：

1. 摄影基础理论：包括摄影的概念、原理，光圈、快门、感光度等专业概念及其功能等；曝光的控制、摄影构图等。

2. 数码单反的分类及功能应用；数码单反的结构与各模块功能；数码单反镜头的功能及应用；数码单反的光圈与快门；数码单反各种拍摄模式的应用等。

3. 闪光灯及其他相关拍摄器材的功能及操作，各类灯罩的功能及使用；各种拍摄辅助设备的功能及使用。

4. 四大类产品布光技巧：普通材质产品布光方法技巧；高反光材质产品布光方法技巧；透明、半透明材质产品布光方法技巧；复合材质产品布光方法技巧。

5. 使用 Photoshop 软件修图的流程与技巧。

6. 相关图像版权与法规章程。

7. 摄影师的职业生涯规划与发展，摄影师创新创业。

8. 新时代下摄影行业的新趋势、发展变化及对从业者的新要求。

学习任务 1　普通材质产品摄影

任务描述

学习任务课时：20 课时

任务情境：

某食品品牌新推出一款中秋主题创意月饼产品，计划拍摄一组产品图片用于电商平台展示使用。品牌商将提供实物月饼产品 5 盒供拍摄使用，产品图要求是适用于淘宝电商平台的简单产品白底图，最终交付产品图张数为 3~5 张，要求展示产品包装正面全貌、背面全貌、斜侧面全貌，要求画面清晰，亮度正常，并使用 Photoshop 将每张照片产品抠出，进行相关的后期处理，保存为 png 图片格式，最后将处理完成的照片按照规范的格式标准输出交付客户验收。整个拍摄制作时间为 8 天。现我校影视专业教师准备接受任务并带领学生完成该任务。

具体要求见下页。

月饼

工作流程和标准

工作环节 1　明确任务　1

根据拍摄要求明确本次拍摄任务的内容，明确拍摄产品的类型、拍摄的张数、必要的后期处理要求。收集分析同类型案例图片，并对中秋节传统节日相关文化知识进行收集、整理、学习。

主要成果：

相关产品摄影案例收集与分析报告及中秋节传统文化资料。

工作环节 2　制订工作计划与前期拍摄准备　2

1. 制订工作计划。
2. 整理拍摄场地，准备好拍摄所需的设备与配件工具等。

主要成果：

1. 拍摄工作计划；
2. 工作计划制订的明细与规范；
3. 拍摄设备需求清单。

工作环节 3　产品拍摄实施　3

1. 布置拍摄台，按照要求放置产品位置，安装三脚架，根据设计好的布光草图对闪光灯进行摆放与连接设置。
2. 按照拍摄需求，拍摄前对相机图片格式、存储卡空间、电池等进行设置。
3. 操作相机进行产品图拍摄，控制好对焦、曝光、白平衡与构图等。
4. 将相机与计算机连接，把拍摄好的产品照片导出。

主要成果：

1. 设备摆放、灯光布置草图；
2. 正确安装使用三脚架，闪光灯等设备器材；
3. 能够在拍摄前对相机进行常规检查与设置，为后续拍摄做准备；
4. 能够正确设置相机相关参数进行拍摄；
5. 拍摄所得产品照片。

工作环节 4

图片后期处理

4

对照片进行色温校正与曝光校正，对照片进行抠图去除背景操作，将处理完成的照片保存好，工程文件备份，导出 png 格式文件保存并交付。

主要成果：

1. 后期处理过的图片 psd 源文件；
2. png 格式图片。

工作环节 5

展示总结评价

5

1. 对本次任务过程中所有相关文件与资料进行整理归档。
2. 制作一份本次任务分析 PPT，对输出的照片进行展示，分享制作过程，陈述制作的心得经验，特别是其中的技术难点和技术要点。

主要成果：

分析 PPT，包含技术难点与技术要点。

学习内容

知识点	1.1 摄影工作流程； 1.2 普通材质产品拍摄技术要点； 1.3 同类产品构图； 1.4 同类产品布光； 1.5 同类产品照片后期处理； 1.6 传统节日中秋节的来源与相关文化知识	2.1 摄影工作流程； 2.2 人员分工与职责； 2.3 设备需求清单； 2.4 拍摄布光策划	3.1 摄影棚的构建； 3.2 摄影棚常用设备器材的名称及功能； 3.3 摄影棚常用的配件工具功能及使用方法	4.1 影棚常亮造型灯的使用方法； 4.2 三脚架的功能作用； 4.3 标准罩及柔光箱的功能效果； 4.4 相关摄影光影理论	5.1 相机图片格式设置方法； 5.2 存储卡安装方法； 5.3 相机电池检查、安装方法
技能点	1.1 资料收集； 1.2 Word 文档使用； 1.3 Excel 表格使用	2.1 Word 使用技巧； 2.2 互联网资源搜索	3.1 数码单反的操作； 3.2 影棚闪光灯的操作； 3.3 三脚架的使用； 3.4 柔光罩的安装使用	4.1 影室常亮照明灯及标准罩、柔光箱的安装与使用； 4.2 三脚架的安装使用； 4.3 普通材质（盒状物）产品单灯布光操作	5.1 数码单反拍摄前常规检查
工作环节	工作环节 1 明确任务	制订工作计划与前期拍摄准备 工作环节 2		工作环节 3 产品拍摄实施	
成果	1.1 团队信息表	2.1 拍摄工作计划； 2.2 工作计划制订的项目与规范	3.1 罗列拍摄设备需求清单及功能	4.1 设备摆放、灯光布置草图； 4.2 能够正确安装、使用三脚架、闪光灯等设备器材	5.1 拍摄前对相机进行常规检查与设置
素养	1.1 沟通表达能力； 1.2 组织策划能力	2.1 组织策划能力	3.1 沟通表达能力； 3.2 团队合作素养	4.1 团队合作素养	5.1 团队合作素养
	思政元素：通过拍摄中秋节元素产品，学习了解中秋节文化与历史背景，培养人文素养，增加人文积淀				

学习任务 1　普通材质产品摄影

6.1 相机曝光概念； 6.2 白平衡概念； 6.3 对焦概念		8.1 电商用图的图片格式、种类与分辨率要求； 8.2 图像处理软件调色与抠像功能		
6.1 曝光参数设置； 6.2 白平衡设置		8.1 图像处理软件操作		

6.1 能够正确设置相机相关参数进行拍摄	7.1 拍摄所得产品照片	8.1 后期处理过的图片 psd 源文件； 8.2 png 格式图片	9.1 文件资料归档	10.1 分析 PPT
6.1 团队合作素养		8.1 软件操作规范	9.1 文件整理能力； 9.2 表达能力	

课程 2　产品摄影

学习任务 1　普通材质产品摄影

1 明确任务 → 2 制订工作计划与前期拍摄准备 → 3 产品拍摄实施 → 4 图片后期处理 → 5 展示总结评价

	工作子步骤	教师活动	学生活动	评价
明确任务	明确教师布置本次学习任务的具体要求，填写拍摄工作单。	1. 教师组织学生进行团队组建，采用自由搭配为主，教师调配为辅的方式，每组以 4~6 人为宜；组队完成后指导学生填写团队信息表并收集各团队表格存档留用。 2. 组队完成后采用角色扮演法，教师角色扮演客户向各团队发布工作任务并讲解任务要求要点，包括拍摄产品的构图、图片格式、拍摄张数和布光要求。布置任务给学生，要求学生收集月饼产品相关资料（月饼产品包装结构、外观主题、月饼历史文化等）以及相对应的案例照片，并提出分析在拍摄月饼的时候如何凸显与中秋文化相关的画面风格。 3. 随机抽取学生展示收集的资料与照片并提问分析结果，待学生回答后，点评分析是否准确，相关案例资料是否准确、全面，并通过案例介绍中秋节的相关背景、文化习俗。 4. 收取学生小组填写完成的工作任务单评价记录后存档留用。	1. 在教师的指导下进行团队组建，采用学生自由组队，教师协调调配的方式，每组控制在 4~6 人；团队组建完成后填写团队信息表并提交给教师存档留用。 2. 组队完成后，采用角色扮演法，学生小组扮演摄影工作室团队认真听取教师发布工作任务并记录任务要求要点，包括拍摄产品的构图、图片格式、拍摄张数和布光要求。小组通过网络收集月饼产品相关资料以及相对应的案例照片，并根据自己见解进行分析。 3. 认真听教师讲解，进一步分析收集资料，提取核心词，填写任务要点记录表，自检分析表是否详细、全面，并与教师提供案例相比较。 4. 将填写完成的工作任务单提交教师存档留用。	师评： (1) 教师现场记录评价各学生小组的主动性、聆听技巧、表达技巧、要点解读能力； (2) 团队信息表是否完善、无误； (3) 拍摄工作单是否详细、完整。

课时： 0.5 课时

1. 硬资源：图形工作站等。
2. 软资源：Adobe 系列软件、Office 系列软件、参考教材、任务书、工作页、数字资源等。
3. 教学设施：多媒体教学系统、白板、白板笔、白板擦等。
4. 文本资源：团队信息表；拍摄任务单等。

	工作子步骤	教师活动	学生活动	评价
制订工作计划与前期拍摄准备	1. 制订工作计划。	1. 发放摄影工作计划书模版并讲解计划要点。 2. 指导各小组编写工作计划书。 3. 收集各小组工作计划书初稿并组织小组互评、教师点评。 4. 收取汇总各小组定稿的工作计划书存档留用。	1. 学生小组领取工作计划书模版并阅读理解计划要点。 2. 小组讨论编写工作计划书。 3. 工作计划书初稿完成后提交给教师进行展示、评价、反馈。 4 根据小组互评及教师反馈意见修改工作计划书至确定通过。	1. 师评： 工作计划书是否完善无误及工作计划可执行性。 2. 小组互评： 工作计划书是否完善无误及工作计划可执行性。

课时： 1 课时

1. 硬资源：图形工作站等。
2. 软资源：Adobe 系列软件、Office 系列软件、参考教材、任务书、工作页、数字资源等。
3. 教学设施：多媒体教学系统、白板、白板笔、白板擦等。
4. 文本资源：工作计划书模版等。

制订工作计划与前期拍摄准备

工作子步骤	教师活动	学生活动	评价
2. 收集并分析相关产品摄影案例资料。	1. 教师采用教授法与示范法结合讲授资料收集的方法渠道，打开相关网站进行案例收集操作示范，对选取的案例图进行构图与布光分析，画出产品布光。 2. 巡回指导各小组进行本工作任务同类案例的资料收集。 3. 巡回指导各小组选择代表性参考案例进行布光构图的分析。 4. 组织学生小组进行资料收集与分析、展示结果并进行小组间的互评；点评学生成果。 5. 收集汇总本阶段各小组成果存档。	1. 学生获取教师讲授资料收集的方法渠道。 2. 通过互联网搜索及书籍查阅，各小组进行同类案例资料的收集，将收集的图片归档保存。 3. 在收集的案例中，选择具有代表性的案例进行布光、构图等要点分析。 4. 各小组展示自己的资料收集与分析成果，并进行互评及接收教师点评。	1. 师评： (1) 小组各成员的参与度、主动性、沟通表达能力。 (2) 根据学生提交上来的摄影案例资料数量与代表性案例分析结果。 2. 小组互评： 摄影案例资料数量与代表性案例分析结果。
课时： 2 课时 1. 硬资源：图形工作站等。 2. 软资源：Adobe 系列软件、Office 系列软件、参考教材、任务书、工作页、数字资源等。 3. 教学设施：多媒体教学系统、白板、白板笔、白板擦等。			
3. 填写设备需求清单，领取相关拍摄设备与整理拍摄场地。	1. 为各小组发放设备需求清单并组织填写。 2. 收集各小组提交的设备需求清单，按需求清单组织发放设备。 3. 组织观察各小组查阅相关设备功能及使用资料，研读相关设备使用说明书要点并通过设置要点问题进行提问考核。 4. 收集各小组查阅收集资料与记录；对相关设备使用方法及操作规范进行总结与重点分析讲解。 5. 组织各小组进行拍摄场地整理。 6. 收集汇总本阶段各小组成果存档。	1. 各小组领取并填写设备需求清单。 2. 根据清单领取本次拍摄所需设备。 3. 通过查阅相关书籍与网络资料、设备使用说明书了解相关设备的功能及操作方法；回答教师针对各小组提出的关于数码单反操作、闪光灯使用、标准罩的考核问题，并将所搜集资料汇总存档。 4. 提交小组收集的资料与记录文档；听取教师对数码单反、三脚架等设备使用方法及操作规范的总结与重点分析讲解。 5. 各小组根据拍摄任务与设备清单进行拍摄前的场地整理。	师评： (1) 小组各成员的参与度、主动性、沟通表达能力。 (2) 各小组对相关提问的回答是否正确、合理。 (3) 学生提交上来的相关设备功能及使用方法资料内容完整详细程度。
课时： 2 课时 1. 硬资源：图形工作站等。 2. 软资源：Adobe 系列软件、Office 系列软件、参考教材、任务书、工作页、数字资源等。 3. 教学设施：多媒体教学系统、白板、白板笔、白板擦等。 4. 文档资源：设备需求清单等。			

学习任务 1　普通材质产品摄影

① 明确任务　② 制订工作计划与前期拍摄准备　③ 产品拍摄实施　④ 图片后期处理　⑤ 展示总结评价

产品拍摄实施

工作子步骤	教师活动	学生活动	评价
1. 布置拍摄台，调整产品位置，固定相机与三脚架，连接与布置闪光灯位置。	1. 组织各小组进行设备的连接与拍摄场景布置；观察实施过程，其间巡回指导各个小组进行操作实施。 2. 在学生调试设备期间给予技术支持与答疑。 3. 收集汇总本阶段各小组成果存档。	1. 各小组根据前期计划与准备进行拍摄场景布置与设备连接，包括静物台搭建、产品摆放、安装灯架、连接相机与闪光灯。 2. 布置完毕后进行设备调试与相机的设置，包括接通电源、开启闪光等电源并进行试闪，开启相机电源并做好必要设置。	师评： 场地布置与设备连接过程是否规范、安全。

课时： 0.5 课时

1. 硬资源：图形工作站、数码单反、三脚架、闪光灯、引闪器、标准罩、反光板、黑白灰卡纸、静物摄影台及相关配件等。
2. 软资源：互联网、商业产品摄影相关参考资料、互联网产品摄影资源等。
3. 教学设施：多媒体教学系统、白板、白板笔、白板擦、笔，A4 纸等。

工作子步骤	教师活动	学生活动	评价
2. 设置调整相机相关参数与闪光灯参数位置，进行拍摄与调整，直至完成。	1. 采用演示法进行拍摄过程示范，过程中讲解拍摄过程步骤及注意要点。 2. 组织各小组进行拍摄，在拍摄过程中巡回观察指导与答疑。 3. 根据学生提交上来的完整布光拍摄照片，进行意见反馈与建议修改，指导学生进行二次拍摄直至拍摄完成。 4. 收集汇总本阶段各小组成果存档。	1. 认真观察理解教师逆行拍摄演示，掌握拍摄过程步骤及要点。 2. 打开主灯闪光输出，通过造型等观察布光效果，调整输出与角度确定布光效果后，对相机进行设置，设置好曝光参数、镜头焦距、白平衡；确定取景构图，进行对焦完成后，按下快门拍摄出单灯布光效果照片。 3. 打开第二盏闪光灯调整输出与角度，确定布光效果后拍摄出双灯效果照片。持续打开后续闪光灯或用反光板进行补光，直至完成完整布光效果的拍摄。 4. 完成完整布光照片拍摄后，将最终布光效果提交教师，结合教师反馈意见调整布光，继续拍摄，获取最终确定的布光效果拍摄图。 5. 将拍摄过程照片整理汇总后提交教师。	师评： (1) 拍摄过程中对闪光灯及相机的操作是否规范、安全。 (2) 各小组从拍摄的照片质量，曝光是否准确，对焦是否准确，不跑焦，构图是否合理，布光效果是否美观，过程性步骤照片是否完整等方面进行评价。

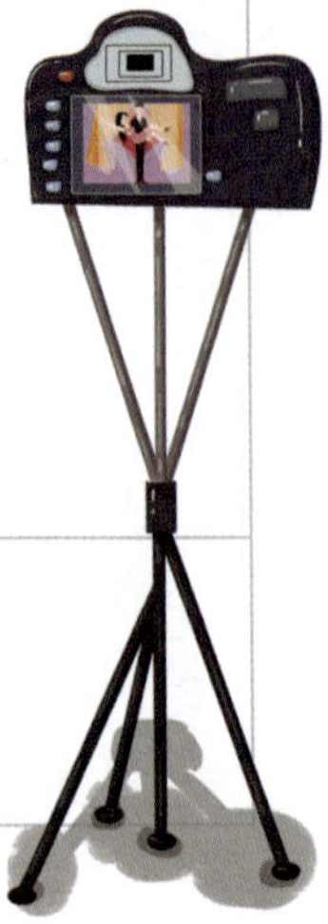

课时： 4 课时

1. 硬资源：图形工作站等。
2. 软资源：Adobe 系列软件、Office 系列软件、参考教材、任务书、工作页、数字资源等。
3. 教学设施：多媒体教学系统、白板、白板笔、白板擦等。

1 明确任务 → 2 制订工作计划与前期拍摄准备 → 3 产品拍摄实施 → 4 图片后期处理 → 5 展示总结评价

	工作子步骤	教师活动	学生活动	评价
图片后期处理	1. 对照片进行色温校正与曝光校正。 2. 对产品进行抠图处理。 3. 将处理完成的照片保存好，工程文件备份，导出 png 格式文件保存并交付。	1. 教师采用案例法进行图像后期处理要点讲解。 2. 采用示范法选取一个拍摄原图进行后期修图处理操作示范。 3. 组织各小组进行图像后期处理操作，其间巡回观察指导及答疑相关软件操作技能点与知识点。	1. 认真观察教师讲解案例的后期处理要点，理解与做好必要记录。 2. 认真观察教师示范案例的后期处理过程，理解与做好必要记录。 3. 小组分工进行图像后期处理工作，遇到疑难点则查阅相关资料、团队沟通交流或咨询教师进行解决。 4. 图片后期处理完成后对相关文件进行保存及导出对应格式的最终效果图。	师评： 图片后期处理效果： (1) 色温校正是否正确。 (2) 曝光修正是否合理。 (3) 产品抠图边缘细节是否精准。 (4) 图片文件格式、尺寸是否符合要求。
	课时： 6 课时 1. 硬资源：图形工作站、数码单反、三脚架、闪光灯、引闪器、各种灯罩、反光板、黑白灰卡纸、静物摄影台及相关配件等。 2. 软资源：互联网、商业产品摄影相关参考资料、互联网产品摄影资源、Photoshop 等。 3. 教学设施：多媒体教学系统、白板、白板笔、白板擦、笔、A4 纸等。			
展示总结评价	1. 对本次任务过程中所有相关文件与资料进行整理归档。 2. 制作 PPT 进行工作任务完成整体情况的展示汇报。	1. 组织学生小组整理归档文件资料。 2. 组织学生小组制作任务完成汇报 PPT，巡回指导学生完成 PPT 制作。 3. 组织小组轮流展示汇报 PPT，进行小组互评，小组互评后教师点评总结。 4. 收集汇总各小组工作任务全过程所有阶段性资料成果并存档。	1. 各小组整理归档任务过程中所有相关文件与资料。 2. 各小组对本次拍摄任务结果全过程资料进行制作汇报展示 PPT。 3. 各小组对拍摄任务完成情况及成果进行展示汇报，小组间进行互相评价，最后教师总结点评。 4. 将整个工作任务全过程所有阶段性资料成果整理打包，最终提交教师存档。	1. 师评： (1) 过程中各组组员是否全部参与，是否有明确分工。被评价的小组是否充分配合检查，并对资料进行必要的汇报。 (2) 成果验收：教师验收点评任务完成结果。 2. 小组互评： 各小组根据评分表进行小组互评。
	课时： 4 课时 1. 硬资源：图形工作站等。 2. 软资源：Adobe 系列软件、Office 系列软件、参考教材、任务书、工作页、数字资源等。 3. 教学设施：多媒体教学系统、白板、白板笔、白板擦等。 4. 文档资源：汇报 PPT 大纲模版、拍摄成果评分表等。			

学习任务 2　高反光材质产品摄影

任务描述

学习任务课时：20 课时

任务情境：

某不锈钢制品公司要为其一套新刀叉餐具产品做广告宣传海报及电商产品展示图，计划拍摄产品套装白底展示图 1 张，套装黑底展示图 1 张，套装中每种单品展示图各 1 张，套装氛围创意照 1 张。品牌商将提供实物产品套装 3 套供拍摄使用。第一阶段照片拍摄完成后交付客户确认，确认可以后进行后期处理，最后将处理完成的照片交付客户验收。整个拍摄制作时间为 8 天。现我校影视专业教师准备接受任务并带领学生完成该任务。

具体要求见下页。

工作流程和标准

工作环节 1

明确任务　1

根据拍摄要求明确本次拍摄任务的内容，明确拍摄产品的类型、拍摄的张数、必要的后期处理要求。通过收集高反光产品资料与相关案例，分析布光特点与拍摄技巧。

主要成果：

相关产品摄影案例收集与分析报告。

工作环节 2

制订工作计划与前期拍摄准备　2

1. 制订工作计划。
2. 整理拍摄场地，准备好拍摄所需的设备与配件工具等。

主要成果：

1. 拍摄工作计划；
2. 工作计划制订的明细与规范；
3. 拍摄设备需求清单。

工作环节 3

产品拍摄实施　3

1. 布置拍摄台，按照要求放置产品位置，安装三脚架，根据设计好的布光草图对闪光灯进行摆放与连接设置。
2. 按照拍摄需求，拍摄前对相机图片格式、存储卡空间、电池等进行设置。
3. 操作相机进行产品图拍摄，控制好对焦、曝光、白平衡与构图等。
4. 将相机与计算机连接，把拍摄好的产品照片导出。

主要成果：

1. 设备摆放、灯光布置草图；
2. 正确安装使用三脚架、闪光灯等设备器材；
3. 拍摄前相机常规检查与设置，为后续拍摄做准备；
4. 能够正确设置相机相关参数进行拍摄；
5. 拍摄所得产品照片。

工作环节 4

图片后期处理

4

1. 对产品照片进行背景处理，根据要求将背景处理成纯黑色或纯白色；创意照的背景根据需求进行处理。
2. 对产品照片进行瑕疵修复，根据产品本身存在的一些划痕、污迹、灰尘等在 Photoshop 里进行修复美化。
3. 对产品照片的整体光影进行一定程度上的调整，如高光、阴影、暗部、对比度等。
4. 对产品照片的色彩进行调整，运用 Photoshop 调色功能对照片的白平衡进行校正，对产品的颜色进行校正，对色彩饱和度进行合理的调整。
5. 将处理好的文件按照规范格式进行保存。

主要成果：

1. 后期处理过的图片 psd 源文件；
2. png 格式图片。

工作环节 5

展示总结评价

5

1. 对本次任务过程中所有相关文件与资料进行整理归档。
2. 制作一份本次任务分析 PPT，对输出的照片进行展示，分享制作过程，陈述制作的心得经验，特别是其中的技术难点和技术要点。

主要成果：

分析 PPT，包含技术难点与技术要点。

学习内容

知识点	1.1 摄影工作任务工作流程； 1.2 高反光材质产品拍摄技术要点； 1.3 不锈钢制品构图； 1.4 不锈钢产品布光； 1.5 退底片后期处理	2.1 摄影工作流程； 2.2 人员分工与职责； 2.3 设备需求清单； 2.4 拍摄布光策划； 2.5 职业道德与守则	3.1 灰卡的功能及使用方法； 3.2 黑卡纸勾黑边技巧及方法； 3.3 蜂巢罩的功能效果及使用技巧； 3.4 柔光纸的功能及使用方法	4.1 静物台的搭建与布置； 4.2 柔光纸的安装使用方法； 4.3 柔光白旗板的安装使用方法	
技能点	1.1 Word 文档使用； 1.2 Excel 表格使用	2.1 使用 Word 编写工作计划书	3.1 灰卡的使用； 3.2 勾黑边操作； 3.3 蜂巢罩的安装使用； 3.4 柔光纸的安装使用	4.1 静物台的搭建与布置； 4.2 柔光纸的安装使用方法； 4.3 柔光白旗板的安装使用	5.1 数码单反拍摄前常规检查
工作环节	工作环节 1 明确任务	制订工作计划与前期拍摄准备 工作环节 2			工作环节 3 产品拍摄实施
成果	1.1 团队信息表	2.1 拍摄工作计划； 2.2 工作计划制订的项目与规范	3.1 罗列拍摄设备需求清单及功能	4.1 设备摆放、灯光布置草图； 4.2 能够正确安装使用三脚架、闪光灯等设备器材	5.1 在拍摄前对相机进行常规检查与设置，为后续拍摄做准备
素养	1.1 沟通表达能力； 1.2 团队合作能力	2.1 组织策划能力	3.1 沟通表达能力； 3.2 团队合作素养	4.1 团队合作素养	5.1 团队合作素养

6.1 拍摄模式的选择与应用； 6.2 景深概念； 6.3 镜头种类及功能		7.1 电商用图的图片格式、种类与分辨率要求； 7.2 图像处理软件调色与抠像功能		
6.1 各种拍摄模式参数设置； 6.2 景深控制		7.1 图像处理软件操作		

6.1 能够正确设置相机相关参数进行拍摄	7.1 拍摄所得产品照片	8.1 后期处理过的图片 psd 源文件； 8.2 png 格式图片	9.1 文件资料归档； 9.2 分析 PPT
6.1 团队合作素养		8.1 软件操作规范	9.1 文件整理能力； 9.2 表达能力

课程 2　产品摄影

学习任务 2　高反光材质产品摄影

1 明确任务　2 制订工作计划与前期拍摄准备　3 产品拍摄实施　4 图片后期处理　5 展示总结评价

	工作子步骤	教师活动	学生活动	评价
明确任务	明确教师布置本次学习任务的具体要求，填写任务要点记录表。	1. 教师组织学生进行团队组建，采用自由搭配为主，教师调配为辅的方式，每组 4~6 人为宜；组队完成后指导学生填写团队信息表并收集各团队表格存档留用。 2. 组队完成后采用角色扮演法，教师角色扮演客户向各团队发布工作任务并讲解任务要求要点，包括拍摄产品的构图、图片格式、拍摄张数及布光要求。 3. 采用问答法接受学生反馈提问，予以解答，帮助学生理解工作任务要求。 4. 收取学生小组填写完成的工作任务单评价记录后存档留用。	1. 在教师的指导下，进行团队组建，采用学生自由组队，教师协调调配的方式，每组控制在 4~6 人；团队组建完成后填写团队信息表并提交给教师存档留用。 2. 组队完成后，采用角色扮演法，学生小组扮演摄影工作室团队，认真听取教师发布工作任务并记录任务要求要点，包括拍摄产品的构图、图片格式、拍摄张数、布光要求及后期处理要求等。 3. 各学生小组对任务单及工作要求存在不明确的地方提出疑问，与教师沟通并补充记录。 4. 将填写完成的工作任务单提交教师存档留用。	师评： (1) 教师现场记录评价各学生小组的主动性聆听技巧、表达技巧、要点解读能力。 (2) 团队信息表是否完善无误。 (3) 拍摄工作单是否详细完整。
	课时： 0.5 课时 1. 硬资源：图形工作站等。 2. 软资源：Adobe 系列软件、Office 系列软件、参考教材、任务书、工作页、数字资源等。 3. 教学设施：多媒体教学系统、白板、白板笔、白板擦等。 4. 文本资源：团队信息表、拍摄任务单等。			
制订工作计划与前期拍摄准备	1. 制订工作计划。	1. 发放摄影工作计划书模版并讲解计划要点。 2. 指导各小组编写工作计划书。 3. 收集各小组工作计划书初稿并组织小组互评、教师点评。 4. 收取汇总各小组定稿的工作计划书存档留用。	1. 学生小组领取工作计划书模版并阅读理解计划要点。 2. 小组讨论编写工作计划书。 3. 工作计划书初稿完成后提交给教师进行展示评价反馈。 4. 根据小组互评及教师反馈意见修改工作计划书至确定通过。	1. 师评： 工作计划书是否完善无误及工作计划的可执行性。 2. 小组互评： 工作计划书是否完善无误及工作计划的可执行性。
	课时： 1 课时 1. 硬资源：图形工作站等。 2. 软资源：Adobe 系列软件、Office 系列软件、参考教材、任务书、工作页、数字资源等。 3. 教学设施：多媒体教学系统、白板、白板笔、白板擦等。 4. 文本资源：工作计划书模版等。			

工作子步骤	教师活动	学生活动	评价
2. 相关产品摄影案例资料收集与分析总结。	1. 教师采用教授法与示范法结合讲授资料收集的方法渠道，打开相关网站进行案例收集操作示范，画出产品布光。 2. 巡回指导各小组进行本工作任务同类案例的资料收集。 3. 巡回指导各小组选择代表性参考案例进行布光构图的分析。 4. 组织学生小组进行资料收集与分析、展示结果并进行小组间的互评；点评学生成果。 5. 收集汇总本阶段各小组成果存档。	1. 学生获取教师讲授资料收集的方法渠道。 2. 通过互联网搜索及书籍查阅，各小组进行同类案例资料的收集，将收集的图片归档保存。 3. 在收集的案例中，选择具有代表性的案例进行布光、构图等要点分析。 4. 各小组展示自己的资料收集与分析成果，并进行互评及接收教师点评。	1. 师评： (1) 小组各成员的参与度、主动性、沟通表达能力。 (2) 根据学生提交上来的摄影案例资料数量与代表性案例分析结果。 2. 小组互评： 摄影案例资料数量与代表性案例分析结果。

课时： 2 课时
1. 硬资源：图形工作站等。
2. 软资源：Adobe 系列软件、Office 系列软件、参考教材、任务书、工作页、数字资源等。
3. 教学设施：多媒体教学系统、白板、白板笔、白板擦等。

工作子步骤	教师活动	学生活动	评价
3. 填写设备需求清单，领取相关拍摄设备与整理拍摄场地。	1. 为各小组发放设备需求清单并组织填写。 2. 收集各小组提交的设备需求清单，按需求清单组织发放设备。 3. 组织观察各小组查阅相关设备功能及使用资料，研读相关设备使用说明书要点并通过设置要点问题进行提问考核。 4. 收集各小组查阅收集资料与记录；对相关设备使用方法及操作规范进行总结与重点分析讲解。 5. 组织各小组进行拍摄场地整理。 6. 收集汇总本阶段各小组成果存档。	1. 各小组领取并填写设备需求清单。 2. 根据清单领取本次拍摄所需设备。 3. 通过查阅相关书籍与网络资料、设备使用说明书，了解相关设备的功能及操作方法；回答教师针对各小组提出的关于灰卡、勾黑边、蜂巢罩、柔光纸等的考核问题，并将所搜集资料汇总存档。 4. 提交小组收集的资料与记录文档；听取教师对数码单反、蜂巢罩、柔光纸等的使用方法及操作规范的总结与重点分析讲解。 5. 各小组根据拍摄任务与设备清单进行拍摄前的场地整理。	师评： (1) 小组各成员的参与度、主动性、沟通表达能力。 (2) 各小组对相关提问的回答是否正确合理。 (3) 学生提交上来的相关设备功能及使用方法资料内容完整、详细程度。

课时： 2 课时
1. 硬资源：图形工作站等。
2. 软资源：Adobe 系列软件、Office 系列软件、参考教材、任务书、工作页、数字资源等。
3. 教学设施：多媒体教学系统、白板、白板笔、白板擦等。
4. 文档资源：设备需求清单等。

课程 2 产品摄影

学习任务 2 高反光材质产品摄影

1 明确任务 → 2 制订工作计划与前期拍摄准备 → 3 产品拍摄实施 → 4 图片后期处理 → 5 展示总结评价

产品拍摄实施

工作子步骤	教师活动	学生活动	评价
1. 布置拍摄台，调整产品位置，固定相机与三脚架，连接与布置闪光灯位置。	1. 组织各小组进行设备的连接与拍摄场景布置；观察实施过程，其间巡回指导各个小组进行操作实施。 2. 在学生调试设备期间给予技术支持与答疑。 3. 收集汇总本阶段各小组成果存档。	1. 各小组根据前期计划与准备进行拍摄场景布置与设备连接，包括静物台搭建、产品摆放、安装灯架、连接相机与闪光灯。 2. 布置完毕后进行设备调试与相机的设置，包括接通电源、开启闪光等电源并进行试闪，开启相机电源并做好必要设置。	师评： 场地布置与设备连接过程是否规范安全。
课时： 0.5 课时 1. 硬资源：图形工作站等。 2. 软资源：Adobe 系列软件、Office 系列软件、参考教材、任务书、工作页、数字资源等。 3. 教学设施：多媒体教学系统、白板、白板笔、白板擦等。			
2. 设置调整相机相关参数与闪光灯参数位置，进行拍摄与调整，直至完成。	1. 采用演示法进行拍摄过程示范，在过程中讲解拍摄过程步骤及注意要点。 2. 组织各小组进行拍摄，在拍摄过程中巡回观察指导与答疑。 3. 根据学生提交上来的完整布光拍摄照片，进行意见反馈与建议修改，指导学生进行二次拍摄直至拍摄完成。 4. 收集汇总本阶段各小组成果存档。	1. 认真观察理解教师逆行拍摄演示，掌握拍摄过程步骤及要点。 2. 打开主灯闪光输出，通过造型等观察布光效果，调整输出与角度确定布光效果后，对相机进行设置，设置好曝光参数、镜头焦距、白平衡；确定取景构图，对焦完成后，按下快门拍摄出单灯布光效果照片。打开第二盏闪光灯，调整输出与角度，确定布光效果后拍摄出双灯效果照片。持续打开后续闪光灯或用反光板进行补光，直至完成完整布光效果的拍摄。 3. 完成完整布光照片拍摄后，将最终布光效果提交教师，结合教师反馈意见调整布光，继续拍摄，获取最终确定的布光效果拍摄图。 4. 将拍摄过程照片整理汇总后提交教师。	师评： (1) 拍摄过程中对闪光灯及相机的操作是否规范、安全。 (2) 各小组拍摄的照片质量从曝光是否准确，对焦是否准确，构图是否合理，布光效果是否美观，过程性步骤照片是否完整等方面进行评价。
课时： 4 课时 1. 硬资源：图形工作站等。 2. 软资源：Adobe 系列软件、Office 系列软件、参考教材、任务书、工作页、数字资源等。 3. 教学设施：多媒体教学系统、白板、白板笔、白板擦等。			

基准课时：20

1 明确任务 → 2 制订工作计划与前期拍摄准备 → 3 产品拍摄实施 → 4 图片后期处理 → 5 展示总结评价

	工作子步骤	教师活动	学生活动	评价
图片后期处理	1. 对照片进行瑕疵修复。 2. 对照片进行色温校正与曝光校正。 3. 对图片进行产品抠图操作。 4. 将处理完成的照片保存好，工程文件备份，导出 jpg 格式文件保存并交付。	1. 教师采用案例法进行图像后期处理要点讲解。 2. 采用示范法选取一个拍摄原图进行后期修图处理操作示范。 3. 组织各小组进行图像后期处理操作，其间巡回观察指导及答疑相关软件操作技能点与知识点。	1. 认真观察教师讲解案例的后期处理要点，理解与做好必要记录。 2. 认真观察教师示范案例的后期处理过程，理解与做好必要记录。 3. 小组分工进行图像后期处理工作，遇疑难点则通过查阅相关资料、团队沟通交流、咨询教师进行解决。 4. 图片后期处理完成后对相关文件进行保存及导出对应格式的最终效果图。	师评： 图片后期处理效果： (1) 色温校正是否正确。 (2) 曝光修正是否合理。 (3) 产品抠图边缘细节是否精准。 (4) 图片文件格式、尺寸是否符合要求。
	课时： 6 课时 1. 硬资源：图形工作站等。 2. 软资源：Adobe 系列软件、Office 系列软件、参考教材、任务书、工作页、数字资源等。 3. 教学设施：多媒体教学系统、白板、白板笔、白板擦等。			
展示总结评价	1. 对本次任务过程中所有相关文件与资料进行整理归档。 2. 制作 PPT 进行工作任务完成整体情况的展示汇报。	1. 组织学生小组整理归档文件资料。 2. 组织学生小组制作任务完成汇报 PPT，巡回指导学生完成 PPT 制作。 3. 组织小组轮流展示汇报 PPT，进行小组互评，小组互评后教师点评总结。 4. 收集汇总各小组工作任务全过程所有阶段性资料成果进行存档。	1. 各小组整理归档任务过程中所有相关文件与资料。 2. 各小组对本次拍摄任务结果全过程资料进行制作汇报展示 PPT。 3. 各小组进行拍摄任务完成情况及成果进行展示汇报，小组间进行互相评价，最后教师总结点评。 4. 将整个工作任务全过程所有阶段性资料成果整理打包，最终提交教师存档。	1. 师评： (1) 过程中各组组员是否全部参与，是否有明确分工。被评价的小组是否充分配合检查，并对资料进行必要的汇报。 (2) 成果验收：教师验收点评任务完成结果。 2. 小组互评： 各小组根据评分表进行小组互评。
	课时： 4 课时 1. 硬资源：图形工作站等。 2. 软资源：Adobe 系列软件、Office 系列软件、参考教材、任务书、工作页、数字资源等。 3. 教学设施：多媒体教学系统、白板、白板笔、白板擦等。 4. 文档资源：汇报 PPT 大纲模版、拍摄成果评分表等。			

学习任务 3　透明、半透明材质产品摄影

任务描述

学习任务课时：20 课时

任务情境：

某酒水品牌需为其某款酒类产品做广告宣传海报及电商产品展示图，计划拍摄产品白底展示图 1 张、黑底展示图 1 张、创意照 1 张。品牌商将提供实物产品连同完整包装 3 套供拍摄使用。第一阶段照片拍摄完成后交付客户确认，确认可以后进行后期处理，最后将处理完成的照片交付客户验收。整个拍摄制作时间为 8 天。现我校影视专业教师准备接受任务并带领学生完成该任务。

具体要求见下页。

工作流程和标准

工作环节 1 明确任务 1

根据拍摄要求明确本次拍摄任务的内容，明确拍摄产品的类型、拍摄的张数、必要的后期处理要求。收集分析同类型案例图片。

主要成果：

相关产品摄影案例收集与分析报告。

工作环节 2 制订工作计划与前期拍摄准备 2

1. 制订工作计划，根据案例拍摄流程进行团队分工安排，了解拍摄工作中的分工及团队协作经验技巧。
2. 整理拍摄场地，准备好拍摄所需的设备与配件工具等。

主要成果：

1. 拍摄工作计划；
2. 工作计划制订的明细与规范；
3. 拍摄设备需求清单。

工作环节 3 产品拍摄实施 3

1. 布置拍摄台，按照要求放置产品位置，安装三脚架，根据设计好的布光草图对闪光灯进行摆放与连接设置。
2. 按照拍摄需求，拍摄前对相机图片格式、存储卡空间、电池等进行设置。
3. 操作相机进行产品图拍摄，控制好对焦、曝光、白平衡与构图等。
4. 将相机与计算机连接，把拍摄好的产品照片导出。

主要成果：

1. 设备摆放、灯光布置草图；
2. 能够正确安装使用三脚架、闪光灯等设备器材；
3. 能够在拍摄前对相机进行常规检查与设置，为后续拍摄做准备；
4. 能够正确设置相机相关参数进行拍摄；
5. 拍摄所得产品照片。

工作环节 4

图片后期处理

4

1. 对产品照片进行背景处理，根据要求将背景处理成纯黑色或纯白色；创意照的背景根据需求进行处理。
2. 对产品照片进行瑕疵修复，根据产品本身存在的一些划痕、污迹、灰尘等在 Photoshop 里进行修复美化。
3. 对产品照片的整体光影进行一定程度上的调整，如高光、阴影、暗部、对比度等。
4. 对产品照片的色彩进行调整，运用 Photoshop 调色功能对照片的白平衡进行校正，对产品的颜色进行校正，对色彩饱和度进行合理的调整。
5. 将处理好的文件按照规范格式进行保存。

主要成果：

1. 后期处理过的图片 psd 源文件；
2. jpg 格式图片。

工作环节 5

展示总结评价

5

1. 对本次任务过程中所有相关文件与资料进行整理归档。
2. 制作一份本次任务分析 PPT，对输出的照片进行展示，分享制作过程，陈述制作的心得经验，特别是其中的技术难点和技术要点。

主要成果：

分析 PPT，包含技术难点与技术要点。

学习内容

知识点	1.1 摄影工作任务工作流程； 1.2 透明、半透明材质产品拍摄技术要点	2.1 摄影工作流程； 2.2 人员分工与职责； 2.3 设备需求清单； 2.4 拍摄布光策划	3.1 酒类摄影台的搭建； 3.2 酒类摄影常用设备器材的功能及使用方法； 3.3 酒类摄影常用的配件工具功能及使用方法	4.1 闪光灯的种类及功能； 4.2 三脚架的功能作用； 4.3 长条形柔光箱及聚光筒功能效果； 4.4 酒类摄影光影理论	
技能点	1.1 Word 文档使用； 1.2 Excel 表格使用	2.1 使用 Word 编写工作计划书		4.1 闪光灯及各类灯罩的连接与设置； 4.2 三脚架的安装使用； 4.3 透明、半透明材质产品布光	
工作环节 	工作环节 1 明确任务	制订工作计划与前期拍摄准备 工作环节 2		工作环节 3 产品拍摄实施	
成果	1.1 团队信息表	2.1 拍摄工作计划； 2.2 工作计划制订的项目与规范	3.1 罗列拍摄设备需求清单及功能	4.1 设备摆放、灯光布置草图； 4.2 能够正确安装使用三脚架、闪光灯等设备器材	5.1 在拍摄前对相机进行常规检查与设置，为后续拍摄做准备
素养	1.1 沟通表达能力； 1.2 团队合作能力	2.1 组织策划能力	3.1 沟通表达能力； 3.2 团队合作能力	4.1 团队合作能力	5.1 团队合作能力
	思政元素：拍摄工作执行中的分工及团队协作安排，团队合作精神				

6.1 全手动拍摄模式的使用； 6.2 镜头种类及功能； 6.3 摄影构图理论		8.1 电商用图的图片格式、种类与分辨率要求； 8.2 图像处理软件调色与抠像功能； 8.3 图像合成综合技巧		
6.1 数码单反拍摄前常规检查	7.1 曝光参数设置； 7.2 白平衡设置； 7.3 景深控制； 7.4 镜头参数设置	8.1 图像处理软件操作		
		工作环节 4 图片后期处理	工作环节 5 展示总结评价	
6.1 能够正确设置相机相关参数进行拍摄	7.1 拍摄所得产品照片	8.1 后期处理过的图片 psd 源文件 8.2 png 格式图片	9.1 文件资料归档； 9.2 分析 PPT	
6.1 团队合作能力		8.1 软件操作规范	9.1 文件整理能力； 9.2 表达能力	

教学活动

课程 2　产品摄影

学习任务 3　透明、半透明材质产品摄影

1 明确任务 → 2 制订工作计划与前期拍摄准备 → 3 产品拍摄实施 → 4 图片后期处理 → 5 展示总结评价

	工作子步骤	教师活动	学生活动	评价
明确任务	明确教师布置本次学习任务的具体要求，填写任务要点记录表。	1. 教师组织学生进行团队组建，采用自由搭配为主，教师调配为辅的方式，每组 4~6 人为宜；组队完成后指导学生填写团队信息表并收集各团队表格存档留用。 2. 组队完成后采用角色扮演法，教师角色扮演客户向各团队发布工作任务并讲解任务要求要点，包括拍摄产品的构图、图片格式、拍摄张数、布光要求及后期处理要求等。 3. 采用问答法接受学生反馈提问，予以解答，帮助学生理解工作任务要求。 4. 收取学生小组填写完成的工作任务单评价记录后存档留用。	1. 在教师的指导下，进行团队组建，采用学生自由组队，教师协调调配的方式，每组控制在 4~6 人；团队组建完成后填写团队信息表并提交给教师存档留用。 2. 组队完成后，采用角色扮演法，学生小组扮演摄影工作室团队，认真听取教师发布工作任务并记录任务要求要点，包括拍摄产品的构图、图片格式、拍摄张数、布光要求及后期处理要求等。 3. 各学生小组对任务单及工作要求存在不明确的地方，提出疑问与教师沟通并补充记录。 4. 将填写完成的工作任务单提交教师存档留用。	师评： (1) 教师现场记录评价各学生小组的主动性、聆听技巧、表达技巧、要点解读能力。 (2) 团队信息表是否完善无误。 (3) 拍摄工作单是否详细、完整。
	课时： 0.5 课时 1. 硬资源：图形工作站等。 2. 软资源：Adobe 系列软件、Office 系列软件、参考教材、任务书、工作页、数字资源等。 3. 教学设施：多媒体教学系统、白板、白板笔、白板擦等。 4. 文本资源：团队信息表、拍摄任务单等。			
制订工作计划与前期拍摄准备	1. 制订工作计划。	1. 发放摄影工作计划书模版并讲解计划要点，介绍摄影工作中的团队协作意识，引导学生进行团队分工。 2. 指导各小组编写工作计划书。 3. 收集各小组工作计划书初稿并组织小组互评、教师点评。 4. 收取汇总各小组定稿的工作计划书存档留用。	1. 学生小组领取工作计划书模版并阅读理解计划要点，学习了解摄影工作中有哪些团队分工以及团队意识精神等。 2. 小组讨论编写工作计划书，明确团队分工。 3. 工作计划书初稿完成后提交给教师进行展示评价反馈。 4. 根据小组互评及教师反馈意见修改工作计划书至确定通过。	1. 师评： 工作计划书是否完善无误及工作计划的可执行性。 2. 小组互评： 工作计划书是否完善无误及工作计划的可执行性。
	课时： 1 课时 1. 硬资源：图形工作站等。 2. 软资源：Adobe 系列软件、Office 系列软件、参考教材、任务书、工作页、数字资源等。 3. 教学设施：多媒体教学系统、白板、白板笔、白板擦等。 4. 文本资源：工作计划书模版等。			

1 明确任务　2 制订工作计划与前期拍摄准备　3 产品拍摄实施　4 图片后期处理　5 展示总结评价

制订工作计划与前期拍摄准备

工作子步骤	教师活动	学生活动	评价
2. 相关产品摄影案例资料收集与分析总结。	1. 教师采用教授法与示范法结合讲授资料收集的方法渠道，打开相关网站进行案例收集操作示范，对选取的案例图进行构图与布光分析，画出产品布光。 2. 巡回指导各小组进行本工作任务同类案例的资料收集。 3. 巡回指导各小组选择代表性参考案例进行布光构图的分析。 4. 组织学生小组进行资料收集与分析、展示结果并进行小组间的互评；教师点评。 5. 收集汇总本阶段各小组成果存档。	1. 学生获取教师讲授资料收集的方法渠道。 2. 通过互联网搜索及书籍查阅，各小组进行同类案例资料的收集，将收集的图片归档保存。 3. 在收集的案例中，选择具有代表性的案例进行布光、构图等要点分析。 4. 各小组展示自己的资料收集与分析成果，并进行互评及接收教师点评。	1. 师评： (1) 小组各成员的参与度、主动性、沟通表达能力。 (2) 根据学生提交上来的摄影案例资料数量与代表性案例分析结果。 2. 小组互评： 摄影案例资料数量与代表性案例分析结果。
课时： 2 课时 1. 硬资源：图形工作站等。 2. 软资源：Adobe 系列软件、Office 系列软件、参考教材、任务书、工作页、数字资源等。 3. 教学设施：多媒体教学系统、白板、白板笔、白板擦等。			
3. 填写设备需求清单，领取相关拍摄设备与整理拍摄场地。	1. 为各小组发放设备需求清单并组织填写。 2. 收集各小组提交的设备需求清单，按需求清单组织发放设备。 3. 组织观察各小组查阅相关设备功能及使用资料，研读相关设备使用说明书要点并通过设置要点问题进行提问考核。 4. 收集各小组查阅收集资料与记录，对相关设备使用方法及操作规范进行总结与重点分析讲解。 5. 组织各小组进行拍摄场地整理。 6. 收集汇总本阶段各小组成果存档。	1. 各小组领取并填写设备需求清单。 2. 根据清单领取本次拍摄所需设备。 3. 通过查阅相关书籍与网络资料、设备使用说明书，了解相关设备的功能及操作方法；回答教师针对各小组提出的关于聚光筒、简介反射布光、长条形柔光箱等的考核问题，并将所搜集资料汇总存档。 4. 提交小组收集的资料与记录文档；听取教师对聚光筒、简介反射布光、长条形柔光箱等的使用方法及操作规范的总结与重点分析讲解。 5. 各小组根据拍摄任务与设备清单进行拍摄前的场地整理。	师评： (1) 小组各成员的参与度、主动性、沟通表达能力。 (2) 各小组对相关提问的回答是否正确合理。 (3) 学生提交上来的相关设备功能及使用方法资料内容完整、详细程度。
课时： 2 课时 1. 硬资源：图形工作站等。 2. 软资源：Adobe 系列软件、Office 系列软件、参考教材、任务书、工作页、数字资源等。 3. 教学设施：多媒体教学系统、白板、白板笔、白板擦等。 4. 文档资源：设备需求清单等。			

学习任务 3 透明、半透明材质产品摄影

1 明确任务 → 2 制订工作计划与前期拍摄准备 → 3 产品拍摄实施 → 4 图片后期处理 → 5 展示总结评价

产品拍摄实施

工作子步骤	教师活动	学生活动	评价
1. 布置拍摄台，调整产品位置，固定相机与三脚架，连接与布置闪光灯位置。	1. 组织各小组进行设备的连接与拍摄场景布置；观察实施过程，其间巡回指导各个小组进行操作实施。 2. 在学生调试设备期间给予技术支持与答疑。 3. 收集汇总本阶段各小组成果存档。	1. 各小组根据前期计划与准备进行拍摄场景布置与设备连接，包括静物台搭建、产品摆放、安装灯架、连接相机与闪光灯。 2. 布置完毕后进行设备调试与相机的设置，包括接通电源、开启闪光等电源并进行试闪，开启相机电源并做好必要设置。	师评： 场地布置与设备连接过程是否规范安全。

课时： 0.5 课时

1. 硬资源：图形工作站、数码单反、三脚架、闪光灯、引闪器、标准罩、反光板、黑白灰卡纸、静物摄影台及相关配件等。
2. 软资源：互联网、商业产品摄影相关参考资料、互联网产品摄影资源等。
3. 教学设施：多媒体教学系统、白板、白板笔、白板擦、笔、A4 纸等。

工作子步骤	教师活动	学生活动	评价
2. 设置调整相机相关参数与闪光灯参数位置，进行拍摄与调整，直至完成。	1. 采用演示法进行拍摄过程示范，过程中讲解拍摄过程步骤及注意要点。 2. 组织各小组进行拍摄，在拍摄过程中巡回观察指导与答疑。 3. 根据学生提交上来的完整布光拍摄照片，进行意见反馈与建议修改，指导学生进行二次拍摄直至拍摄完成。 4. 收集汇总本阶段各小组成果存档。	1. 认真观察理解教师逆行拍摄的演示，掌握拍摄过程步骤及要点。 2. 打开主灯闪光输出，通过造型等观察布光效果，调整输出与角度确定布光效果后，对相机进行设置，设置好曝光参数、镜头焦距、白平衡；确定取景构图，进行对焦完成后，按下快门拍摄出单灯布光效果照片；打开第二盏闪光灯调整输出与角度，确定布光效果后拍摄出双灯效果照片；持续打开后续闪光灯或用反光板进行补光，直至完成完整布光效果的拍摄。 3. 完成完整布光照片拍摄后，将最终布光效果提交教师，结合教师反馈意见调整布光，继续拍摄，获取最终确定的布光效果拍摄图。 4. 将拍摄过程照片整理汇总后提交教师。	师评： (1) 拍摄过程中对闪光灯及相机的操作是否规范、安全。 (2) 各小组拍摄的照片质量从曝光是否准确，对焦是否准确，构图是否合理，布光效果是否美观，过程性步骤照片是否完整等方面进行评价。

课时： 6 课时

1. 硬资源：图形工作站等。
2. 软资源：Adobe 系列软件、Office 系列软件、参考教材、任务书、工作页、数字资源等。
3. 教学设施：多媒体教学系统、白板、白板笔、白板擦等。

	工作子步骤	教师活动	学生活动	评价
图片后期处理	1. 对照片进行色温校正与曝光校正。 2. 对产品进行抠图处理。 3. 将处理完成的照片保存好，工程文件备份，导出 png 格式文件保存并交付。	1. 教师采用案例法进行图像后期处理要点讲解。 2. 采用示范法选取一个拍摄原图进行后期修图处理操作示范。 3. 组织各小组进行图像后期处理操作，其间巡回观察指导及答疑相关软件操作技能点与知识点。	1. 认真观察教师讲解案例的后期处理要点，理解与做好必要记录。 2. 认真观察教师示范案例的后期处理过程，理解与做好必要记录。 3. 小组分工进行图像后期处理工作，遇疑难点要查阅相关资料、团队沟通交流、咨询教师进行解决。 4. 图片后期处理完成后，对相关文件进行保存及导出对应格式的最终效果图。	师评： 图片后期处理效果： (1) 色温校正是否正确。 (2) 曝光修正是否合理。 (3) 产品抠图边缘细节是否精准。 (4) 图片文件格式、尺寸是否符合要求。
	课时： 4 课时 1. 硬资源：图形工作站、数码单反、三脚架、闪光灯、引闪器、各种灯罩、反光板、黑白灰卡纸、静物摄影台及相关配件等。 2. 软资源：互联网、商业产品摄影相关参考资料、互联网产品摄影资源、Photoshop 等。 3. 教学设施：多媒体教学系统、白板、白板笔、白板擦、笔，A4 纸等。			
展示总结评价	1. 对本次任务过程中所有相关文件与资料进行整理归档。 2. 制作 PPT 进行工作任务完成整体情况的展示汇报。	1. 组织学生小组整理归档文件资料。 2. 组织学生小组制作任务完成汇报 PPT，巡回指导学生完成 PPT 制作。 3. 组织小组轮流展示汇报 PPT，进行小组互评，小组互评后教师点评总结。 4. 收集汇总各小组工作任务全过程所有阶段性资料成果进行存档。	1. 各小组整理归档任务过程中所有相关文件与资料。 2. 各小组对本次拍摄任务结果全过程资料进行制作汇报展示 PPT。 3. 各小组进行拍摄任务完成情况及成果进行展示汇报，小组间进行互相评价，最后教师总结点评。 4. 将整个工作任务全过程所有阶段性资料成果整理打包，最终提交教师存档。	1. 师评： (1) 过程中各组组员是否全部参与，是否有明确分工。被评价的小组是否充分配合检查，并对资料进行必要的汇报。 (2) 教师验收点评任务完成结果。 2. 小组互评： 各小组根据评分表进行小组互评。
	课时： 4 课时 1. 硬资源：图形工作站等。 2. 软资源：Adobe 系列软件、Office 系列软件、参考教材、任务书、工作页、数字资源等。 3. 教学设施：多媒体教学系统、白板、白板笔、白板擦等。 4. 文档资源：汇报 PPT 大纲模版、拍摄成果评分表等。			

学习任务 4　复合材质产品摄影

任务描述

学习任务课时：20 课时

任务情境：

现有某款手表文创产品，需要找摄影团队为其拍摄用于广告宣传海报及电商平台的产品图，计划拍摄产品套装白底展示图 1 张、套装黑底展示图 1 张、每种单品白底图 1 张、套装创意照 1 张。厂商将提供实物产品 3 套供拍摄使用。第一阶段照片拍摄完成后交付客户确认，确认可以后进行后期处理，最后将处理完成的照片交付客户验收。整个拍摄制作时间为 8 天。现我校影视专业教师准备接受任务并带领学生完成该任务。

具体要求见下页。

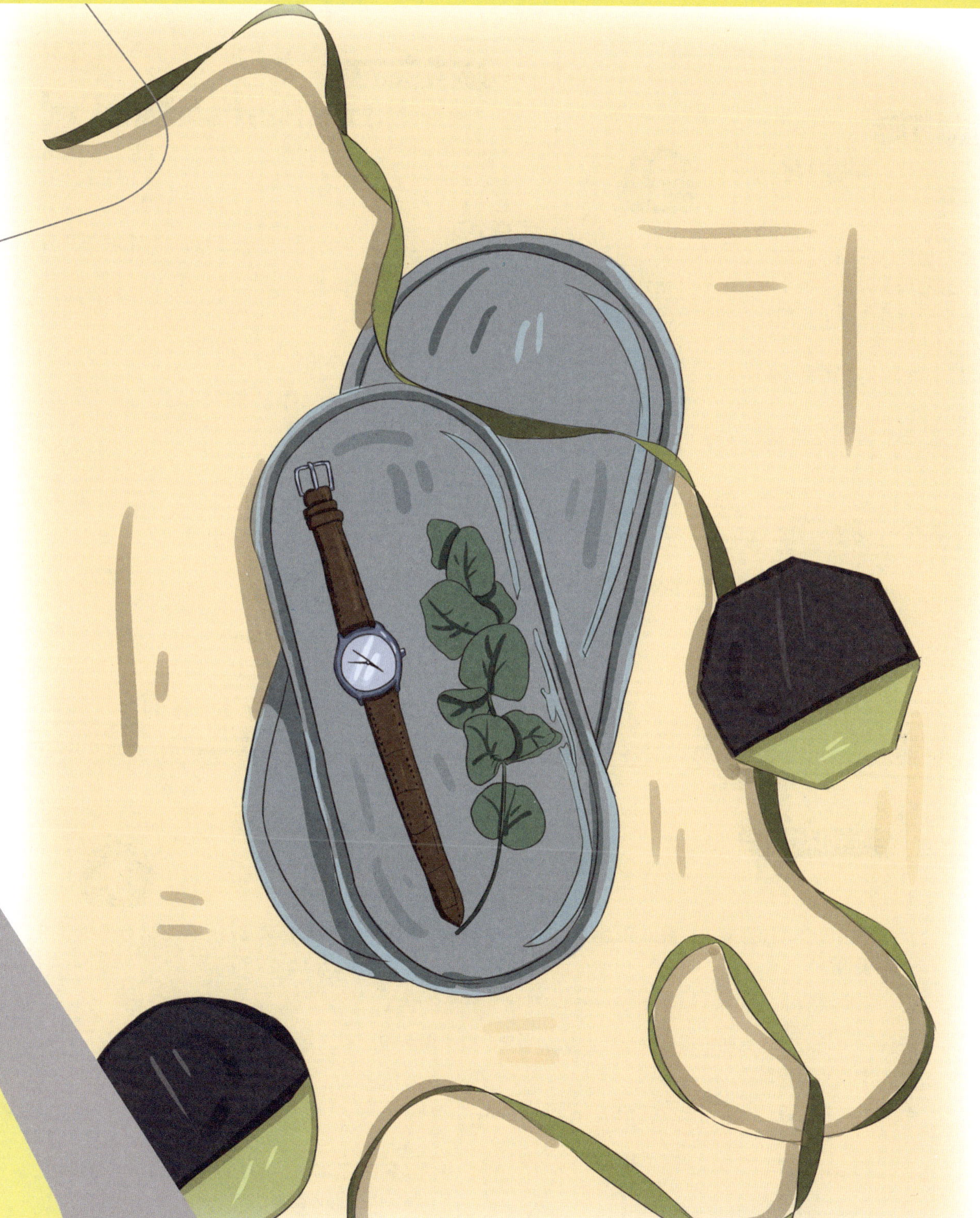

工作流程和标准

工作环节 1　明确任务

根据拍摄要求明确本次拍摄任务的内容，包括拍摄产品的类型、拍摄的张数、必要后期处理要求。收集分析同类型案例图片，并进行资料整理分析，设计产品拍摄风格，收集了解行业规则、版权知识，根据相关法律法规处理拍摄成果。

主要成果：

相关产品摄影案例收集与分析报告。

工作环节 2　制订工作计划与前期拍摄准备

1. 制订工作计划。
2. 整理拍摄场地，准备好拍摄所需的设备与配件工具等。

主要成果：

1. 拍摄工作计划；
2. 工作计划制订的明细与规范；
3. 拍摄设备需求清单。

工作环节 3　产品拍摄实施

1. 布置拍摄台，按照要求放置产品位置，安装三脚架，根据设计好的布光草图对闪光灯进行摆放与连接设置。
2. 按照拍摄需求，拍摄前对相机图片格式、存储卡空间、电池等进行设置。
3. 操作相机进行产品图拍摄，控制好对焦、曝光、白平衡与构图等。学习成果：能够正确设置相机相关参数进行拍摄。
4. 将相机与计算机连接，把拍摄好的产品照片导出。

主要成果：

1. 设备摆放、灯光布置草图；
2. 能够正确安装使用三脚架、闪光灯等设备器材；
3. 能够在拍摄前对相机进行常规检查与设置，为后续拍摄做准备；
4. 拍摄所得产品照片。

工作环节 4

图片后期处理

4

1. 对产品照片进行背景处理，根据要求将背景处理成纯黑色或纯白色；创意照的背景根据需求进行处理。
2. 对产品照片进行瑕疵修复，根据产品本身存在的一些划痕、污迹、灰尘等在 Photoshop 里进行修复美化。
3. 对产品照片的整体光影进行一定程度上的调整，如高光、阴影、暗部、对比度等。
4. 对产品照片的色彩进行调整，运用 Photoshop 调色功能对照片的白平衡进行校正，对产品的颜色进行校正，对色彩饱和度进行合理的调整。
5. 将处理好的文件按照规范格式进行保存。

主要成果：

1. 后期处理过的图片 psd 源文件；
2. jpg 格式图片。

工作环节 5

展示总结评价

5

1. 对本次任务过程中所有相关文件与资料进行整理归档。
2. 制作一份本次任务分析 PPT，对输出的照片进行展示，分享制作过程，陈述制作的心得经验，特别是其中的技术难点和技术要点。

主要成果：

分析 PPT，包含技术难点与技术要点。

学习内容

知识点	1.1 摄影工作任务工作流程； 1.2 复合材质产品拍摄技术要点； 1.3 多张合成概念； 1.4 构图审美知识	2.1 摄影工作流程； 2.2 人员分工与职责； 2.3 设备需求清单； 2.4 拍摄布光策划； 2.5 职业道德与操守； 2.6 版权与知识产权	3.1 手表摄影常用设备器材的功能及使用方法； 3.2 手表摄影常用的配件工具功能及使用方法	4.1 闪光灯的种类及功能； 4.2 三脚架的功能作用； 4.3 长条形柔光箱及聚光筒功能效果； 4.4 手表类摄影光影理论	5.1 数码单反 M 档模式的使用与相关参数调节； 5.2 景深概念与控制； 5.3 镜头种类功能及镜头的选用； 5.4 连机拍摄软件的使用
技能点	1.1 Word 文档使用； 1.2 Excel 表格使用	2.1 使用 Word 编写工作计划书	3.1 Word 使用技巧； 3.2 互联网资源搜索	4.1 闪光灯及各类灯罩的连接与设置； 4.2 三脚架的安装使用； 4.3 复合材质产品布光	5.1 数码单反拍摄前常规检查
工作环节	工作环节 1 明确任务	工作环节 2 制订工作计划与前期拍摄准备		工作环节 3 产品拍摄实施	
成果	1.1 团队信息表	2.1 拍摄工作计划； 2.2 工作计划制订的项目与规范	3.1 罗列拍摄设备需求清单及功能	4.1 设备摆放、灯光布置草图； 4.2 能够正确安装使用三脚架、闪光灯等设备器材	5.1 在拍摄前对相机进行常规检查与设置，为后续拍摄做准备
素养	1.1 沟通表达能力； 1.2 组织策划能力； 1.3 团队合作能力	2.1 沟通表达能力； 2.2 组织策划能力； 2.3 团队合作能力； 2.4 摄影职业操守； 2.5 规则意识	3.1 团队合作能力	4.1 沟通表达能力； 4.2 团队合作能力	5.1 团队合作能力

学习任务 4　复合材质产品摄影

6.1 全手动拍摄模式的使用； 6.2 镜头种类及功能； 6.3 摄影构图理论		8.1 电商用图的图片格式、种类与分辨率要求； 8.2 图像处理软件调色与抠像功能； 8.3 图像合成综合技巧		
6.1 曝光参数设置； 6.2 白平衡设置； 6.3 景深控制； 6.4 镜头参数设置		8.1 图像处理软件操作		

6.1 能够正确设置相机相关参数进行拍摄	7.1 拍摄所得产品照片	8.1 后期处理过的图片 psd 源文件； 8.2 png 格式图片	9.1 文件资料归档； 9.2 分析 PPT
6.1 团队合作能力		8.1 软件操作规范； 8.2 团队合作能力； 8.3 摄影职业操守	9.1 文件整理能力； 9.2 表达能力

课程 2 产品摄影

学习任务 4 复合材质产品摄影

1 明确任务 → 2 制订工作计划与前期拍摄准备 → 3 产品拍摄实施 → 4 图片后期处理 → 5 展示总结评价

	工作子步骤	教师活动	学生活动	评价
明确任务	明确教师布置本次学习任务的具体要求，填写任务要点记录表。	1. 教师组织学生进行团队组建，采用自由搭配为主，教师调配为辅的方式，每组 4~6 人为宜；组队完成后指导学生填写团队信息表并收集各团队表格存档留用。 2. 组队完成后采用角色扮演法，教师角色扮演客户向各团队发布工作任务并讲解任务要求要点，包括拍摄产品的构图、图片格式、拍摄张数、布光要求及后期处理要求等。 3. 采用问答法接受学生反馈提问，予以解答，帮助学生理解工作任务要求。 4. 收取学生小组填写完成的工作任务单评价记录后存档留用。	1. 在教师的指导下，进行团队组建，采用学生自由组队，教师协调调配的方式，每组控制在 4~6 人；团队组建完成后填写团队信息表并提交给教师存档留用。 2. 组队完成后，采用角色扮演法，学生小组扮演摄影工作室团队，认真听取教师发布工作任务并记录任务要求要点，包括拍摄产品的构图、图片格式、拍摄张数、布光要求及后期处理要求等。 3. 各学生小组对任务单及工作要求存在不明确的地方提出疑问，与教师沟通并补充记录。 4. 将填写完成的工作任务单提交教师存档留用。	师评： (1) 教师现场记录评价各学生小组的主动性聆听技巧、表达技巧、要点解读能力。 (2) 团队信息表是否完善无误。 (3) 拍摄工作单是否详细、完整。
	课时： 0.5 课时 1. 硬资源：图形工作站等。 2. 软资源：Adobe 系列软件、Office 系列软件、参考教材、任务书、工作页、数字资源等。 3. 教学设施：多媒体教学系统、白板、白板笔、白板擦等。 4. 文本资源：团队信息表、拍摄任务单等。			
制订工作计划与前期拍摄准备	1. 制订工作计划。	1. 发放摄影工作计划书模版并讲解计划要点；发布了解作品版权注册流程的相关任务。 2. 指导各小组编写工作计划书，包括版权注册流程说明。 3. 收集各小组工作计划书初稿并组织小组互评教师点评。 4. 收取汇总各小组定稿的工作计划书存档留用。	1. 学生小组领取工作计划书模版并阅读理解计划要点，进行版权注册信息收集。 2. 小组讨论编写工作计划书，并且记录下相关版权注册的流程、步骤、方法。 3. 工作计划书初稿完成后提交给教师进行展示评价反馈。 4 根据小组互评及教师反馈意见修改工作计划书至确定通过。	1. 师评： 工作计划书是否完善无误及工作计划可执行性。 2. 小组互评： 工作计划书是否完善无误及工作计划可执行性。
	课时： 1 课时 1. 硬资源：图形工作站等。 2. 软资源：Adobe 系列软件、Office 系列软件、参考教材、任务书、工作页、数字资源等。 3. 教学设施：多媒体教学系统、白板、白板笔、白板擦等。 4. 文本资源：工作计划书模版等。			

工作子步骤	教师活动	学生活动	评价
2. 相关产品摄影案例资料收集与分析总结。	1. 教师采用教授法与示范法结合讲授资料收集的方法渠道，打开相关网站进行案例收集操作示范，对选取的案例图进行构图与布光分析，画出产品布光。 2. 巡回指导各小组进行本工作任务同类案例的资料收集。 3. 巡回指导各小组选择代表性参考案例进行布光构图的分析。 4. 组织学生小组进行资料收集与分析、展示结果并进行小组间的互评；教师点评。 5. 收集汇总本阶段各小组成果存档。	1. 学生获取教师讲授资料收集的方法渠道。 2. 通过互联网搜索及书籍查阅，各小组进行同类案例资料的收集，将收集的图片归档保存。 3. 在收集的案例中，选择具有代表性的案例进行布光、构图等要点分析。 4. 各小组展示自己的资料收集与分析成果，并进行互评及接收教师点评。	1. 师评： (1) 小组各成员的参与度、主动性、沟通表达能力。 (2) 根据学生提交上来的摄影案例资料数量与代表性案例分析结果。 2. 小组互评： 摄影案例资料数量与代表性案例分析结果。
课时： 2 课时 1. 硬资源：图形工作站等。 2. 软资源：Adobe 系列软件、Office 系列软件、参考教材、任务书、工作页、数字资源等。 3. 教学设施：多媒体教学系统、白板、白板笔、白板擦等。			
3. 填写设备需求清单，领取相关拍摄设备与整理拍摄场地。	1. 为各小组发放设备需求清单并组织学生填写。 2. 收集各小组提交的设备需求清单，按需求清单组织发放设备。 3. 组织观察各小组查阅相关设备功能及使用资料，研读相关设备使用说明书要点并通过设置要点问题进行提问考核。 4. 收集各小组查阅收集资料与记录；对相关设备使用方法及操作规范进行总结与重点分析讲解。 5. 组织各小组进行拍摄场地整理。 6. 收集汇总本阶段各小组成果存档。	1. 各小组领取并填写设备需求清单。 2. 根据清单领取本次拍摄所需设备。 3. 通过查阅相关书籍与网络资料、设备使用说明书，了解相关设备的功能及操作方法；回答教师针对各小组提出的关于蜂巢四叶板、倒影板等的考核问题，并将所搜集资料汇总存档。 4. 提交小组收集的资料与记录文档；听取教师对数码单反、蜂巢四叶板、倒影板等的使用方法及操作规范的总结与重点分析讲解。 5. 各小组根据拍摄任务与设备清单进行拍摄前的场地整理。	师评： (1) 小组各成员的参与度、主动性、沟通表达能力。 (2) 各小组对相关提问的回答是否正确合理。 (3) 学生提交上来的相关设备功能及使用方法资料内容完整、详细程度。
课时： 2 课时 1. 硬资源：图形工作站等。 2. 软资源：Adobe 系列软件、Office 系列软件、参考教材、任务书、工作页、数字资源等。 3. 教学设施：多媒体教学系统、白板、白板笔、白板擦等。 4. 文档资源：设备需求清单等。			

课程 2　产品摄影

学习任务 4　复合材质产品摄影

1 明确任务 → 2 制订工作计划与前期拍摄准备 → 3 产品拍摄实施 → 4 图片后期处理 → 5 展示总结评价

产品拍摄实施

工作子步骤	教师活动	学生活动	评价
1. 布置拍摄台，调整产品位置，固定相机与三脚架，连接与布置闪光灯位置。	1. 组织各小组进行设备的连接与拍摄场景布置；观察实施过程，其间巡回指导各个小组进行操作实施。 2. 在学生调试设备期间给予技术支持与答疑。 3. 收集汇总本阶段各小组成果存档。	1. 各小组根据前期计划与准备进行拍摄场景布置与设备连接，包括静物台搭建、产品摆放、安装灯架、连接相机与闪光灯。 2. 布置完毕后进行设备调试与相机的设置，包括接通电源、开启闪光等电源并进行试闪，开启相机电源并做好必要设置。	师评： 场地布置与设备连接过程是否规范、安全。
课时： 0.5 课时 1. 硬资源：图形工作站等。 2. 软资源：Adobe 系列软件、Office 系列软件、参考教材、任务书、工作页、数字资源等。 3. 教学设施：多媒体教学系统、白板、白板笔、白板擦等。			
2. 设置调整相机相关参数与闪光灯参数位置，进行拍摄与调整，直至完成。	1. 采用演示法进行拍摄过程示范，过程中讲解拍摄过程步骤及注意要点。 2. 组织各小组进行拍摄，在拍摄过程中巡回观察指导与答疑。 3. 根据学生提交上来的完整布光拍摄照片，进行意见反馈与建议修改，指导学生进行二次拍摄直至拍摄完成。 4. 收集汇总本阶段各小组成果存档。	1. 认真观察理解教师逆行拍摄的演示，掌握拍摄过程步骤及要点。 2. 打开主灯闪光输出，通过造型等观察布光效果，调整输出与角度确定布光效果后，对相机进行设置，设置好曝光参数、镜头焦距、白平衡；确定取景构图，对焦完成后，按下快门拍摄出单灯布光效果照片。打开第二盏闪光灯调整输出与角度，确定布光效果后拍摄出双灯效果照片。 3. 完成完整布光照片拍摄后，将最终布光效果提交给教师，结合教师反馈意见调整布光，继续拍摄，获取最终确定的布光效果拍摄图。 4. 将拍摄过程照片整理汇总后提交教师。	师评： (1) 拍摄过程中对闪光灯及相机的操作是否规范、安全。 (2) 各小组拍摄的照片质量从曝光是否准确，对焦是否准确，构图是否合理，布光效果是否美观，过程性步骤照片是否完整等方面进行评价。
课时： 6 课时 1. 硬资源：图形工作站等。 2. 软资源：Adobe 系列软件、Office 系列软件、参考教材、任务书、工作页、数字资源等。 3. 教学设施：多媒体教学系统、白板、白板笔、白板擦等。			

1 明确任务 → 2 制订工作计划与前期拍摄准备 → 3 产品拍摄实施 → 4 图片后期处理 → 5 展示总结评价

	工作子步骤	教师活动	学生活动	评价
图片后期处理	1. 对照片进行色温校正与曝光校正。 2. 对产品进行抠图处理。 3. 将处理完成的照片保存好，工程文件备份，导出 png 格式文件保存并交付。	1. 教师采用案例法进行图像后期处理要点讲解。 2. 采用示范法选取一个拍摄原图进行后期修图处理操作示范。 3. 组织各小组进行图像后期处理操作，其间巡回观察指导及答疑相关软件操作技能点与知识点。	1. 认真观察教师讲解案例的后期处理要点，理解与做好必要记录。 2. 认真观察教师示范案例的后期处理过程，理解与做好必要记录。 3. 小组分工进行图像后期处理工作，遇到疑难点则查阅相关资料、团队沟通交流、咨询教师进行解决。 4. 图片后期处理完成后对相关文件进行保存及导出对应格式的最终效果图。	师评： 图片后期处理效果： （1）色温校正是否正确。 （2）曝光修正是否合理。 （3）产品抠图边缘细节是否精准。 （4）图片文件格式、尺寸是否符合要求。
	课时： 6 课时 1. 硬资源：图形工作站等。 2. 软资源：Adobe 系列软件、Office 系列软件、参考教材、任务书、工作页、数字资源等。 3. 教学设施：多媒体教学系统、白板、白板笔、白板擦等。			
展示总结评价	1. 对本次任务过程中所有相关文件与资料进行整理归档。 2. 制作 PPT 进行工作任务完成整体情况的展示汇报。	1. 组织学生小组整理归档文件资料。 2. 组织学生小组制作任务完成汇报 PPT，巡回指导学生完成 PPT 制作。 3. 组织小组轮流展示汇报 PPT，进行小组互评，小组互评后教师点评总结。 4. 收集汇总各小组工作任务全过程所有阶段性资料成果进行存档。	1. 各小组整理归档任务过程中所有相关文件与资料。 2. 各小组对本次拍摄任务结果全过程资料进行制作汇报展示 PPT。 3. 各小组进行拍摄任务完成情况及成果进行展示汇报，小组间进行互相评价，最后教师总结点评。 4. 将整个工作任务全过程所有阶段性资料成果整理打包，最终提交教师存档。	1. 师评： （1）过程中各组组员是否全部参与，是否有明确分工。被评价的小组是否充分配合检查，并对资料进行必要的汇报。 （2）成果验收：教师验收点评任务完成结果。 2. 小组互评： 各小组根据评分表进行小组互评。
	课时： 2 课时 1. 硬资源：图形工作站等。 2. 软资源：Adobe 系列软件、Office 系列软件、参考教材、任务书、工作页、数字资源等。 3. 教学设施：多媒体教学系统、白板、白板笔、白板擦等。 4. 文档资源：汇报 PPT 大纲模版、拍摄成果评分表等。			

考核标准

任务名称：

酒水产品广告图拍摄制作。

情境描述：

某酒水品牌需为其某款酒类产品拍摄广告宣传图一张，要求摄影团队为其策划拍摄一组创意照，再从拍摄素材种自行选择所需图片进行后期制作合成，最终得到广告片正稿一幅，广告画面尺寸要求为 A3 大小，横竖不限，分辨率为 300ppi。品牌商将提供实物产品连同完整包装 3 套供拍摄使用。第一阶段照片素材拍摄完成后先交付客户确认无误后再进行后期制作，最后将处理完成的广告画面交付客户验收。

任务要求：

一、纸笔测试：

完成布光图一张。

二、实操测试：

1. 进行摄影实操；
2. 拍摄完成后进行图片后期修图；
3. 提交原片，最终修图成片与修图源文件。

三、其他要求：

1. 要求拍摄照片原图素材达 4000×4000 像素或以上；
2. 广告图最终尺寸为 A3 大小，构图横竖不限，分辨率为 300ppi；
3. 最终合成画面要求具有创造性，能够反映酒水的高档与质感；
4. 最终交付客户的资料要包含：一系列拍摄图片素材的原图；所有涉及修图的修图源文件；最终合成广告海报的海报源文件及 jpg 文件。

参考资料：

产品海报合成图片范例、产品海报合成源文件范例、酒水摄影作品范例、酒水摄影布光图范例、海报合成视频教程资料等。相关学习平台资源、相关教材书籍、微课小视频等。

评价方式及标准：

考核分数主要由任课教师根据评分规范进行评价，其中纸笔测试占 30 分，实操测试占 70 分。

纸笔测试（方案设计）评分表（总分 30 分）

考核内容	评分细则	配分	得分
布光图清晰易懂		15	
布光合理，细节缜密		15	

实操测试评分表（总分 70 分）

序号	评分标准	配分	得分
1	布光合理，光线氛围符合摄影主题	10	
2	摄影器材操作规范	10	
3	照相机参数设置合理	10	
4	照片曝光正常，白平衡正常，有一定艺术效果	20	
5	后期修图细节处理得当，色调符合主题要求	10	
6	后期处理有一定艺术效果	10	
合计			

课程 3　人像摄影

学习任务 1
证件人像拍摄
（16）课时

学习任务 2
多人合照拍摄
（24）课时

课程目标

学习完本课程后，学生应当能够完成各类人像摄影工作任务，具备操作专业数码单反及相关拍摄设备器材，对人像摄影进行布光设计及执行拍摄，对拍摄所得照片根据规范要求进行人像后期修图的职业能力，具备包括：

1. 能够认真阅读任务书，明确工作时间及要求。能使用摄影与修图方面的专业术语与项目主管进行沟通，获取图片风格等信息，以及图像输出和交付时间等要求。
2. 能够使用数码单反、闪光灯等拍摄设备器材进行产品拍摄操作。
3. 能够根据证件照拍摄、合影拍摄、形象写真、婚庆人像、时尚人像拍摄等规范要求进行布光设计与执行拍摄。
4. 能够使用 Photoshop 软件对照片进行后期修图处理。
5. 能合理安排个人工作时间，提高图片拍摄的工作效率，在保证图片质量的基础上按时交稿，并按公司文件管理制度对输出图片进行命名和存储。
6. 能接收项目主管对工作的反馈修改要求，能够在团队内进行沟通协调，最终完成项目提交验收；培养学生沟通交流、团队协作能力、解决问题的能力。
7. 能够在实施工作任务过程中严格遵守企业相关操作流程规范、安全管理制度等管理规定，培养学生的职业操作规范。
8. 能够遵守行业相关法律法规与市场规则，培养学生具备诚信、工匠精神、良好的职业道德素养。
9. 对新设备、新技术能及时更新掌握，能够使用新软件、新技术对制作流程进行优化，简化制作步骤，缩短制作周期，提升制作效率，培养学生的创新思维能力。
10. 能够具备职业发展意识，对职业生涯进行合理规划及了解相关创业信息。

课时：80

学习任务 3

单人肖像拍摄

（40）课时

课程内容

对照本课程目标，学生应当掌握以下知识、技能及职业素养：

1. 人像摄影基础理论：摄影光位、人像构图、人像布光等。
2. 数码单反与人像摄影镜头的使用技巧。
3. 闪光灯及其他相关拍摄器材的功能及操作，各类灯罩的功能及使用；各种拍摄辅助设备的功能及使用。
4. 人像摄影相关理论及布光技巧：证件照拍摄规范与布光方法技巧；多人合照拍摄的规范与布光技巧；人物肖像照摄影拍摄与布光方法技巧；创意人像拍摄与布光方法技巧。
5. 使用 Photoshop 软件修图的流程与技巧。
6. 相关图像版权与法规章程。
7. 摄影师的职业生涯规划与发展，摄影师创新创业。
8. 新时代下摄影行业的新趋势、发展变化及对从业者的新要求。

学习任务 1 证件人像拍摄

任务描述

学习任务课时：16 课时

任务情境：

某照相馆常规业务之一是证件照拍摄，现要为某个班级的同学拍摄大一寸白底证件照，要求参照身份证证件照的规范要求进行拍摄，然后使用 Photoshop 为客户进行规范要求允许范围内的后期修图美化，保存为符合要求的文件格式，最终交付电子图原图、大一寸电子图及大一寸打印照片 8 张。整个拍摄制作时间为 2 天。

具体要求见下页。

工作流程和标准

工作环节 1

明确任务

1

根据拍摄要求明确本次拍摄任务的内容，明确证件照拍摄的规范与要求、拍摄的张数、必要后期处理的要求。收集分析证件照案例图片，进行布光特点分析与改进，同时了解证件照摄影规范、肖像权等行业规则及版权知识。

主要成果：
相关证件照案例收集与分析报告。

工作环节 2

制订工作计划与前期拍摄准备

2

1. 制订工作计划。
2. 整理拍摄场地，准备好拍摄所需的设备与配件工具等。

主要成果：
1. 拍摄工作计划；
2. 工作计划制订的明细与规范；
3. 拍摄设备需求清单。

工作环节 3

拍摄实施

3

1. 布置拍摄背景，安装三脚架，根据设计好的布光草图对闪光灯进行摆放与连接设置，按照拍摄规范与要求指导拍摄对象就位。
2. 按照拍摄需求，拍摄前对相机进行图片格式、存储卡空间、电池等进行设置。
3. 按照拍摄规范与要求指导拍摄对象就位，操作相机进行证件照拍摄，控制好对焦、曝光、白平衡与构图等。
4. 将相机与计算机连接，把拍摄好的产品照片导出。

主要成果：
1. 设备摆放、灯光布置草图；
2. 能够正确安装使用三脚架、闪光灯等设备器材；
3. 能够在拍摄前对相机进行常规检查与设置，为后续拍摄做准备；
4. 能够正确设置相机相关参数进行拍摄；
5. 拍摄所得证件照照片。

工作环节 4

图片后期处理

4

对照片进行背景处理操作，对照片进行色温校正与曝光校正，对照片进行磨皮、修行、去瑕等美化处理，将照片处理成符合规范要求的尺寸，最后将处理完成的文件保存好，工程文件备份，导出 tiff 格式文件保存并交付。

主要成果：
1. 后期处理过的图片 psd 源文件；
2. tiff 格式图片。

工作环节 5

展示总结评价

5

1. 对本次任务过程中所有相关文件与资料进行整理归档。
2. 制作一份本次任务分析 PPT，对输出的照片进行展示，分享制作过程，陈述制作的心得经验，特别是其中的技术难点和技术要点。

主要成果：
分析 PPT，包含技术难点与技术要点。

学习内容

知识点	1.1 摄影工作任务工作流程； 1.2 证件照拍摄要求与规范； 1.3 证件照布光技巧； 1.4 证件照后期处理技巧	2.1 摄影工作流程； 2.2. 人员分工与职责； 2.3 设备需求清单； 2.4 拍摄布光策划； 2.5 证件照规范； 2.6 肖像权相关知识	3.1 数码单反的功能及操作方法技巧； 3.2 摄影棚闪光灯的功能和操作方法技巧； 3.3 三脚架的功能及使用方法； 3.4 证件照拍摄常用灯罩的功能及使用方法	4.1 证件照拍摄闪光灯的使用； 4.2 证件照拍摄的规范与要求	5.1 相机图片格式设置方法； 5.2 存储卡安装方法； 5.3 相机电池检查安装方法
技能点	1.1 Word 文档使用； 1.2 Excel 表格使用	2.1 使用 Word 编写工作计划书	3.1 数码单反的操作； 3.2 影棚闪光灯的操作； 3.3 三脚架的使用； 3.4 柔光箱、反光伞的安装使用	4.1 影室常亮照明灯及标准罩，柔光箱的安装与使用； 4.2 三脚架的安装使用； 4.3 证件照拍摄灯布光操作	5.1 数码单反拍摄前常规检查
工作环节 	工作环节 1 明确任务	制订工作计划与前期拍摄准备 工作环节 2		工作环节 3 证件照拍摄实施	
成果	1.1 团队信息表	2.1 拍摄工作计划； 2.2 工作计划制订的项目与规范	3.1 罗列拍摄设备需求清单及功能	4.1 设备摆放、灯光布置草图； 4.2 能够正确安装使用三脚架、闪光灯等设备器材	5.1 在拍摄前对相机进行常规检查与设置，为后续拍摄做准备
素养	1.1 沟通表达能力	2.1 沟通表达能力； 2.2 组织策划能力； 2.3 团队合作能力； 2.4. 行业法规与守则	3.1 沟通表达能力； 3.2 团队合作能力	4.1 沟通表达能力； 4.2 团队合作能力	5.1 沟通表达能力； 5.2 团队合作能力
		思政元素：掌握证件照拍摄工作中的规范以及版权意识			

学习任务 1　证件人像拍摄

6.1 证件照拍摄规范与要求； 6.2 证件照布光要求		8.1 证件照的图片格式、种类与分辨率要求； 8.2 证件照后期处理技巧		
6.1 曝光参数设置； 6.2 白平衡设置； 6.3 闪光灯连接与操作		8.1 Photoshop 证件照修图操作		

6.1 能够正确设置相机相关参数进行拍摄	7.1 拍摄所得产品照片	8.1 后期处理过的图片 psd 源文件； 8.2 tiff 格式图片	9.1 文件资料归档； 9.2 分析 PPT
6.1 沟通表达能力； 6.2 证件照操作规范	7.1 沟通表达能力； 7.2 证件照操作规范	8.1 软件操作规范	9.1 文件整理能力； 9.2 表达能力

人像摄影

学习任务 1　证件人像拍摄

1 明确任务 → 2 制订工作计划与前期拍摄准备 → 3 证件照拍摄实施 → 4 证件照后期处理 → 5 展示总结评价

	工作子步骤	教师活动	学生活动	评价
明确任务	明确老师布置本次学习任务的具体要求，填写拍摄工作单。	1. 教师组织学生进行团队组建，采用自由搭配为主，老师调配为辅的方式，每组 4~6 人为宜；组队完成后指导学生填写团队信息表并收集各团队表格存档留用。 2. 组队完成后采用角色扮演法，教师角色扮演客户向各团队发布工作任务并讲解任务要求要点，包括拍摄产品的构图、图片格式、拍摄张数、布光要求及后期处理要求，讲解培养学生的审美，引导学生在证件照标准规范的基础上思考如何通过修饰与布光来美化拍摄对象。 3. 采用问答法接受学生反馈提问，予以解答，帮助学生理解工作任务要求。 4. 收取学生小组填写完成的工作任务单评价记录后存档留用。	1. 在老师的指导下，进行团队组建，采用学生自由组队，老师协调调配的方式，每组控制在 4~6 人；团队组建完成后填写团队信息表并提交给老师存档留用。 2. 组队完成后，采用角色扮演法，学生小组扮演摄影工作室团队，认真听取教师发布工作任务并记录任务要求要点，包括证件照拍摄的构图要求、图片格式要求、服装造型要求、布光要求及后期处理要求等。 3. 各学生小组对任务单及工作要求不明确的地方提出疑问，与教师沟通并补充记录。 4. 将填写完成的工作任务单提交教师存档留用。	师评： (1) 老师现场记录评价各学生小组的主动性、聆听技巧、表达技巧、要点解读能力。 (2) 团队信息表是否完善无误。 (3) 拍摄工作单是否详细、完整。
	课时： 0.5 课时 1. 硬资源：图形工作站等。 2. 软资源：Adobe 系列软件、Office 系列软件、参考教材、任务书、工作页、数字资源等。 3. 教学设施：多媒体教学系统、白板、白板笔、白板擦等。 4. 文本资源：团队信息表、拍摄任务单等。			
制订工作计划与前期拍摄准备	1. 制订工作计划。	1. 发放摄影工作计划书模版并讲解计划要点；发布了解作品版权注册流程的相关任务，要求说明摄影行业当中的相关职业守则与道德规范以及图片版权、肖像权等相关法规细则。 2. 指导各小组编写工作计划书，包括版权注册流程说明。 3. 收集各小组工作计划书初稿并组织小组互评教师点评。 4. 收取汇总各小组定稿的工作计划书存档留用。	1. 学生小组领取工作计划书模版并阅读理解计划要点；进行版权注册信息收集。 2. 小组讨论编写工作计划书，并且记录下相关版权注册的流程步骤方法。 3. 工作计划书初稿完成后提交给教师进行展示评价反馈。 4. 根据小组互评及教师反馈意见修改工作计划书至确定通过。	1. 师评： 工作计划书是否完善无误及工作计划的可执行性。 2. 小组互评： 工作计划书是否完善无误及工作计划的可执行性。
	课时： 1 课时 1. 硬资源：图形工作站等。 2. 软资源：office 办公软件等。 3: 教学设施：多媒体教学系统、白板、白板笔、白板擦、笔、A4 纸等。 4. 文本资源：工作计划书模版等。			

工作子步骤	教师活动	学生活动	评价
2. 证件照摄影案例资料收集与分析。	1. 老师采用教授法与示范法结合讲授资料收集的方法渠道，打开相关网站进行案例收集操作示范，对选取的案例图进行构图与布光分析，画出布光。 2. 巡回指导各小组进行本工作任务同类案例的资料收集。 3. 巡回指导各小组选择代表性参考案例进行布光构图的分析。 4. 组织学生小组进行资料收集与分析结果的展示并进行小组间的互评，教师点评。 5. 收集汇总本阶段各小组成果存档。	1. 学生获取老师讲授资料收集的方法渠道。 2. 通过互联网搜索及书籍查阅，各小组进行同类案例资料的收集，将收集的图片归档保存。 3. 在收集的案例中，选择具有代表性的案例进行布光、构图等要点分析。 4. 各小组展示自己的资料收集与分析成果，并进行互评及接收老师点评。	1. 师评： (1) 小组各成员的参与度、主动性、沟通表达能力。 (2) 根据学生提交上来的摄影案例资料数量与代表性案例分析结果。 2. 小组互评： 摄影案例资料数量与代表性案例分析结果。
课时： 1 课时 1. 硬资源：图形工作站等。 2. 软资源：Adobe 系列软件、Office 系列软件、参考教材、任务书、工作页、数字资源等。 3. 教学设施：多媒体教学系统、白板、白板笔、白板擦等。			
3. 填写设备需求清单，领取相关拍摄设备与整理拍摄场地。	1. 为各小组发放设备需求清单并组织填写。 2. 收集各小组提交的设备需求清单，按需求清单组织发放设备。 3. 组织观察各小组查阅相关设备功能及使用资料，研读相关设备使用说明书要点并通过设置要点问题进行提问考核。 4. 收集各小组查阅收集资料与记录；对相关设备使用方法及操作规范进行总结与重点分析讲解。 5. 组织各小组进行拍摄场地整理。 6. 收集汇总本阶段各小组成果存档。	1. 各小组领取并填写设备需求清单。 2. 根据清单领取本次拍摄所需设备。 3. 通过查阅相关书籍与网络资料、设备使用说明书，了解相关设备的功能及操作方法；回答老师针对各小组提出的关于数码单反操作、闪光灯使用柔光罩等的考核问题，并将所搜集资料汇总存档。 4. 提交小组收集的资料与记录文档；听取老师对数码单反、三脚架等设备使用方法及操作规范的总结与重点分析讲解。 5. 各小组根据拍摄任务与设备清单进行拍摄前的场地整理。	师评： (1) 小组各成员的参与度、主动性、沟通表达能力。 (2) 各小组对相关提问的回答是否正确合理。 (3) 学生提交上来的相关设备功能及使用方法资料内容完整、详细程度。
课时： 1 课时 1. 硬资源：图形工作站、数码单反、三脚架、闪光灯、引闪器、标准罩、反光板、静物摄影台及相关配件等。 2. 软资源：互联网、商业产品摄影相关参考资料、互联网产品摄影资源、office 办公软件等。 3. 教学设施：多媒体教学系统、白板、白板笔、白板擦、笔、A4 纸等。 4. 文档资源：设备需求清单等。			

教学活动

课程 3　人像摄影

学习任务 1　证件人像拍摄

1 明确任务 → 2 制订工作计划与前期拍摄准备 → 3 证件照拍摄实施 → 4 证件照后期处理 → 5 展示总结评价

证件照拍摄实施

<table>
<tr><th>工作子步骤</th><th>教师活动</th><th>学生活动</th><th>评价</th></tr>
<tr><td>1. 布置拍摄背景，固定相机与三脚架，连接与布置闪光灯位置。</td><td>1. 组织各小组进行设备的连接与拍摄场景布置；观察实施过程，其间巡回指导各个小组进行操作实施。
2. 在学生调试设备期间给予技术支持与答疑，讲解注意拍摄安全规范与介绍企业工作环境与要求。
3. 收集汇总本阶段各小组成果存档。</td><td>1. 各小组根据前期计划与准备进行拍摄场景布置与设备连接，包括静物台搭建、产品摆放、安装灯架、连接相机与闪光灯。
2. 布置完毕后进行设备调试与相机的设置，包括接通电源、开启闪光等电源并进行试闪，开启相机电源并做好必要设置。</td><td>师评：
场地布置与设备连接过程是否规范、安全。</td></tr>
<tr><td colspan="4">课时：0.5 课时
1. 硬资源：图形工作站、数码单反、三脚架、闪光灯、引闪器、标准罩、反光板、黑白灰卡纸、静物摄影台及相关配件等。
2. 软资源：互联网、商业产品摄影相关参考资料、互联网产品摄影资源等。
3. 教学设施：多媒体教学系统、白板、白板笔、白板擦、笔、A4 纸等。</td></tr>
<tr><td>2. 设置调整相机相关参数与闪光灯参数位置，指导拍摄对象做出证件照规范动作并调整至理想状态，进行拍摄与布光调整，再拍摄直至完成。</td><td>1. 采用演示法进行拍摄过程示范，过程中讲解拍摄过程步骤及注意要点。
2. 组织各小组进行拍摄，在拍摄过程中巡回观察指导与答疑。
3. 根据学生提交上来的完整布光拍摄照片，进行意见反馈与建议修改，指导学生进行二次拍摄直至拍摄完成。
4. 收集汇总本阶段各小组成果存档。</td><td>1. 认真观察理解老师逆行拍摄演示，掌握拍摄过程步骤及要点。
2. 打开主灯闪光输出，通过造型等观察布光效果，调整输出与角度确定布光效果后，对相机进行设置，设置好曝光参数、镜头焦距、白平衡；确定取景构图，进行对焦完成后，按下快门拍摄出单灯布光效果照片。打开第二盏闪光灯调整输出与角度，确定布光效果后拍摄出双灯效果照片。持续打开后续闪光灯或用反光板进行补光，直至完成完整布光效果的拍摄。
3. 完成完整布光照片拍摄后，将最终布光效果照片提交老师，结合老师反馈意见调整布光，继续拍摄，获取最终确定的布光效果拍摄图。
4. 将拍摄过程照片整理汇总后提交老师。</td><td>师评：
(1) 拍摄过程中对闪光灯及相机的操作是否规范、安全。
(2) 各小组拍摄的照片质量从曝光是否准确，对焦是否准确，构图是否合理，布光效果是否美观，过程性步骤照片是否完整等方面进行评价。</td></tr>
<tr><td colspan="4">课时：6 课时
1. 硬资源：图形工作站等。
2. 软资源：Adobe 系列软件、Office 系列软件、参考教材、任务书、工作页、数字资源等。
3. 教学设施：多媒体教学系统、白板、白板笔、白板擦等。</td></tr>
</table>

1 明确任务 → 2 制订工作计划与前期拍摄准备 → 3 证件照拍摄实施 → 4 证件照后期处理 → 5 展示总结评价

	工作子步骤	教师活动	学生活动	评价
证件照后期处理	1. 对照片进行色温校正与曝光校正。 2. 对照片进行背景处理操作，做出符合要求的背景。 3. 将处理完成的照片保存好，工程文件备份，导出 tiff 格式文件保存并交付。	1. 教师采用案例法进行图像后期处理要点讲解。 2. 采用示范法选取一个拍摄原图进行后期修图处理操作示范。 3. 组织各小组进行图像后期处理操作，其间巡回观察指导及答疑相关软件操作技能点与知识点。	1. 认真观察老师讲解案例的后期处理要点，理解与做好必要记录。 2. 认真观察老师示范案例的后期处理过程，理解与做好必要记录。 3. 小组分工进行图像后期处理工作，遇到疑难点则查阅相关资料、团队沟通交流、咨询老师进行解决。 4. 图片后期处理完成后对相关文件进行保存及导出对应格式的最终效果图。	师评： 图片后期处理效果： （1）色温校正是否正确。 （2）曝光修正是否合理。 （3）产品抠图边缘细节是否精准。 （4）图片文件格式、尺寸是否符合要求。
	课时： 4 课时 1. 硬资源：图形工作站、数码单反、三脚架、闪光灯、引闪器、各种灯罩、反光板、黑白灰卡纸、静物摄影台及相关配件等。 2. 软资源：互联网、商业产品摄影相关参考资料、互联网产品摄影资源、Photoshop 等。 3. 教学设施：多媒体教学系统、白板、白板笔、白板擦、笔、A4 纸等。			
展示总结评价	1. 对本次任务过程中所有相关文件与资料进行整理归档。 2. 制作 PPT 进行工作任务完成整体情况的展示汇报。	1. 组织学生小组整理归档文件资料。 2. 组织学生小组制作任务完成汇报 PPT，巡回指导学生完成 PPT 制作。 3. 组织小组轮流展示汇报 PPT，进行小组互评，小组互评后老师点评总结。 4. 收集汇总各小组工作任务全过程所有阶段性资料成果进行存档。	1. 各小组整理归档任务过程中所有相关文件与资料。 2. 各小组对本次拍摄任务结果全过程资料进行制作汇报展示 PPT。 3. 各小组对拍摄任务完成情况及成果进行展示汇报，小组间进行互相评价，最后老师总结点评。 4. 将整个工作任务全过程所有阶段性资料成果整理打包，最终提交老师存档。	1. 师评： （1）过程中各组组员是否全部参与，是否有明确分工，被评价的小组是否充分配合检查，并对资料进行必要的汇报。 （2）成果验收：教师验收点评任务完成结果。 2. 小组互评： 各小组根据评分表进行小组互评。
	课时： 2 课时 1. 硬资源：图形工作站等。 2. 软资源：Adobe 系列软件、Office 系列软件、参考教材、任务书、工作页、数字资源等。 3. 教学设施：多媒体教学系统、白板、白板笔、白板擦等。 4. 文档资源：汇报 PPT 大纲模版、拍摄成果评分表等。			

学习任务 2　多人合照拍摄

任务描述

学习任务课时：24 课时

任务情境：

某摄影工作室现接到某个单位的活动合影照拍摄工作任务，根据客户的要求，到指定地点为客户拍摄一组合影照片；照片最终交付要求为所有人物姿态神情自然、画面清晰，需将所有人物合成到一张长照片之中，在拍摄完成后需要与客户沟通好，进行必要的后期处理修图，最终交付客户的文件要包含保留分层图层的 psd 文件、最终效果的 jpg 原尺寸大图。整个拍摄制作时间为 8 天。现安排工作室相关摄影团队完成该任务。

具体要求见下页。

工作流程和标准

工作环节 1

明确任务

1

根据拍摄要求明确本次拍摄任务的内容，明确客户的拍摄需求与要求、拍摄的张数、必要后期处理要求。收集分析同类型案例图片进行分析参考。

学习成果：
相关多人合照写真照片案例收集与分析报告。

工作环节 2

制订工作计划与前期拍摄准备

2

1. 制订工作计划。
2. 提前踩点拍摄场地，进行取景与构图的构思，准备好拍摄所需的设备与配件工具等。

工作成果：
拍摄工作计划。
学习成果：
工作计划制订的明细与规范。

工作环节 3

合照拍摄实施

3

1. 进行构图与取景，安装三脚架，根据设计好的布光草图对闪光灯进行摆放与连接设置。
2. 按照拍摄需求，拍摄前对相机图片格式、存储卡空间、电池等进行设置。
3. 根据拍摄要求与规范、指导拍摄对象做动作与注意其他注意事项，操作相机进行拍摄，控制好对焦、曝光、白平衡与构图等。
4. 将相机与计算机连接，把拍摄好的客户写真照图片导出。

学习成果：
1. 设备摆放、灯光布置草图；
2. 能够正确安装使用三脚架，闪光灯等设备器材；
3. 能够在拍摄前对相机进行常规检查与设置，为后续拍摄做准备；
4. 能够指导客户进行一定的动作与姿态摆放；
5. 能够正确设置相机相关参数进行拍摄。

工作成果：
拍摄所得写真照片。

工作环节 4

图片后期处理

4

1. 对客户写真照片进行筛选，将符合客户要求与专业水准的照片筛选出来进行下一步后期处理。
2. 对照片进行瑕疵修复，比如皮肤的磨皮美化、形体的美化，拍摄环境、服装、道具等存在的一些划痕、污迹、灰尘等的修复美化。
3. 对照片的整体光影进行一定程度上的调整，如高光、阴影、暗部、对比度等。
4. 对照片的色彩进行调整，运用 Photoshop 调色功能对照片的白平衡进行校正，对产品的颜色进行校正，对色彩饱和度进行合理的调整。
5. 对整体画面的色调、其他特殊效果进行合成制作。
6. 将处理好的文件按照规范格式进行保存。

工作成果：
1. 后期处理过的图片 psd 源文件；
2.jpg 格式图片。

学习成果：
1. 后期处理过的图片 psd 源文件；
2.jpg 格式图片。

工作环节 5

展示总结评价

5

1. 对本次任务过程中所有相关文件与资料进行整理归档。
2. 制作一份本次任务分析 PPT，对输出的照片进行展示，分享制作过程，陈述制作的心得经验，特别是其中的技术难点和技术要点。

学习成果：
分析 PPT，包含技术难点与技术要点。

学习内容

知识点	1.1 摄影工作任务工作流程; 1.2 多人合照拍摄技术要点; 1.3 人像摄影构图知识	2.1 摄影工作流程; 2.2 人员分工与职责; 2.3 设备需求清单; 2.4 拍摄布光策划	3.1 标准照的功能及使用方法; 3.2 八角形柔光箱的功能及使用方法; 3.3 雷达罩的功能及使用方法; 3.4 四叶片蜂巢罩的功能及使用方法; 3.5 聚光筒的功能及使用方法	4.1 户外闪光灯的种类及功能; 4.2 灯架的功能及作用; 4.3 多人合照摄影布光理论与技巧	
技能点	1.1 Word 文档使用; 1.2 Excel 表格使用	2.1 使用 Word 编写工作计划书	3.1 柔光伞的安装使用; 3.2 柔光屏的安装使用	4.1 闪光灯及各类灯罩的连接与设置; 4.2 三脚架的安装使用; 4.3 多人合照布光操作	5.1 数码单反拍摄前常规检查
工作环节	工作环节 1 明确任务	制订工作计划与前期拍摄准备 工作环节 2		工作环节 3 合照拍摄实施	
成果	1.1 团队信息表	2.1 拍摄工作计划; 2.2 工作计划制订的项目与规范	3.1 拍摄设备需求清单; 3.2 构图取景草图	4.1 设备摆放、灯光布置草图; 4.2 能够正确安装使用三脚架、闪光灯等设备器材	5.1 在拍摄前对相机进行常规检查与设置，为后续拍摄做准备
素养	1.1 沟通表达能力; 1.2 组织策划能力;	2.1 沟通表达能力; 2.2 组织策划能力	3.1 沟通表达能力; 3.2 团队合作能力	4.1 沟通表达能力; 4.2 团队合作能力	5.1 团队合作能力
	思政元素：能对同类型多人人像摄影案例进行分析学习，了解人像构图审美，提升审美情趣				

学习任务 2　多人合照拍摄

6.1 拍摄模式的选择与应用； 6.2 景深概念； 6.3 常用人像镜头及其使用技巧； 6.4 摄影动作与姿态理论、技巧； 6.5 多人合照摄影构图理论与技巧		8.1 普通 jpg 图片格式与 raw 图片格式的区别； 8.2 raw 图片的后期处理知识； 8.3 Photoshop 后期合成技巧		
6.1 各种拍摄模式参数设置； 6.2 景深控制； 6.3 摄影摆拍动作指导； 6.4 多人合照构图取景操作		8.1 Camera Raw 软件操作； 8.2 Lightroom 软件操作； 8.3 Photoshop 软件操作		

6.1 能够正确设置相机相关参数进行拍摄	7.1 拍摄所得写真照片	8.1 后期处理过的图片 psd 源文件； 8.2 jpg 格式图片	9.1 文件资料归档； 9.2 分析 PPT
6.1 团队合作能力	7.1 人像修图与构图规范； 7.2 团队合作能力	8.1 软件操作规范； 8.2 团队合作能力	9.1 文件整理能力； 9.2 表达能力

教学活动

课程 3 人像摄影

学习任务 2 多人合照拍摄

1 明确任务 → 2 制订工作计划与前期拍摄准备 → 3 合照拍摄实施 → 4 图片后期处理 → 5 展示总结评价

	工作子步骤	教师活动	学生活动	评价
明确任务	明确教师布置本次学习任务的具体要求，填写任务要点记录表。	1. 教师组织学生进行团队组建，采用自由搭配为主，教师调配为辅的方式，每组 4~6 人为宜；组队完成后指导学生填写团队信息表并收集各团队表格存档留用。 2. 组队完成后采用角色扮演法，教师角色扮演客户向各团队发布工作任务并讲解任务要求要点，包括拍摄产品的构图、图片格式、拍摄张数、布光要求及后期处理要求等。讲解培养学生的审美，引导学生在合照规范的基础上思考如何通过修饰与布光来美化拍摄对象。 3. 采用问答法接受学生反馈提问，予以解答，帮助学生理解工作任务要求。 4. 收取学生小组填写完成的工作任务单评价记录后存档留用。	1. 在教师的指导下，进行团队组建，采用学生自由组队，教师协调调配的方式，每组控制在 4~6 人；团队组建完成后填写团队信息表并提交给教师存档留用。 2. 组队完成后，采用角色扮演法，学生小组扮演摄影工作室团队，认真听取教师发布工作任务并记录任务要求要点，包括拍摄产品的构图、图片格式、拍摄张数、布光要求及后期处理要求等。 3. 各学生小组对任务单及工作要求不明确的地方提出疑问，与教师沟通并补充记录。 4. 将填写完成的工作任务单提交教师存档留用。	师评： (1) 教师现场记录评价各学生小组的主动性、聆听技巧、表达技巧、要点解读能力； (2) 团队信息表是否完善无误； (3) 拍摄工作单是否详细完整。

课时： 0.5 课时

1. 硬资源：图形工作站等。
2. 软资源：Adobe 系列软件、Office 系列软件、参考教材、任务书、工作页、数字资源等。
3. 教学设施：多媒体教学系统、白板、白板笔、白板擦等。
4. 文本资源：团队信息表、拍摄任务单等。

	工作子步骤	教师活动	学生活动	评价
制订工作计划与前期拍摄准备	制订工作计划。	1. 发放摄影工作计划书模版并讲解计划要点。 2. 指导各小组编写工作计划书。 3. 收集各小组工作计划书初稿并组织小组互评教师点评。 4. 收取汇总各小组定稿的工作计划书存档留用。	1. 学生小组领取工作计划书模版并阅读理解计划要点。 2. 小组讨论编写工作计划书。 3. 工作计划书初稿完成后提交给教师进行展示评价反馈。 4. 根据小组互评及教师反馈意见修改工作计划书至确定通过。	1. 师评： 工作计划书是否完善无误及工作计划的可执行性。 2. 小组互评： 工作计划书是否完善无误及工作计划的可执行性。

课时： 1 课时

1. 硬资源：图形工作站等。
2. 软资源：Adobe 系列软件、Office 系列软件、参考教材、任务书、工作页、数字资源等。
3. 教学设施：多媒体教学系统、白板、白板笔、白板擦等。
4. 文本资源：工作计划书模版等。

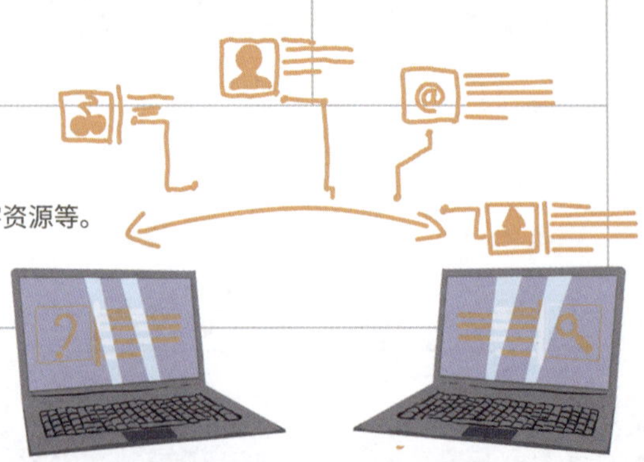

制订工作计划与前期拍摄准备

工作子步骤	教师活动	学生活动	评价
2. 相关多人合照摄影案例资料收集与分析总结。	1. 教师采用教授法与示范法结合讲授资料收集的方法渠道，打开相关网站进行案例收集操作示范，对选取的案例图进行构图与布光分析，画出人像布光。 2. 巡回指导各小组进行本工作任务同类案例的资料收集。 3. 巡回指导各小组选择代表性参考案例进行布光构图的分析。 4. 组织学生小组进行资料收集与分析结果的展示并进行小组间的互评点评。 5. 收集汇总本阶段各小组成果存档。	1. 学生获取教师讲授资料收集的方法渠道。 2. 通过互联网搜索及书籍查阅，各小组进行同类案例资料的收集，将收集的图片归档保存。 3. 在收集的案例中，选择具有代表性的案例进行布光、构图等要点分析。 4. 各小组展示自己的资料收集与分析成果，并进行互评及接收教师点评。	1. 师评： （1）小组各成员的参与度、主动性、沟通表达能力。 （2）根据学生提交上来的摄影案例资料数量与代表性案例分析结果。 2. 小组互评： 摄影案例资料数量与代表性案例分析结果。
课时： 2 课时 1. 硬资源：图形工作站等。 2. 软资源：Adobe 系列软件、Office 系列软件、参考教材、任务书、工作页、数字资源等。 3. 教学设施：多媒体教学系统、白板、白板笔、白板擦等。			
3. 填写设备需求清单，领取相关拍摄设备与道具。	1. 为各小组发放设备需求清单并组织填写。 2. 收集各小组提交的设备需求清单，按需求清单组织发放设备。 3. 组织观察各小组查阅相关设备功能及使用资料，研读相关设备使用说明书要点并通过设置要点问题进行提问考核。 4. 收集各小组查阅收集资料与记录；对相关设备使用方法及操作规范进行总结与重点分析讲解。 5. 组织各小组进行拍摄场地整理。 6. 收集汇总本阶段各小组成果存档。	1. 各小组领取并填写设备需求清单。 2. 根据清单领取本次拍摄所需设备。 3. 通过查阅相关书籍与网络资料、设备使用说明书，了解相关设备的功能及操作方法；回答教师针对各小组提出的关于灰卡、蜂巢罩、柔光伞等的考核问题，并将所搜集资料汇总存档。 4. 提交小组收集的资料与记录文档；听取教师对数码单反、蜂巢罩、柔光伞等的使用方法及操作规范的总结与重点分析讲解。 5. 各小组根据拍摄任务与设备清单进行拍摄前的场地整理。	师评： （1）小组各成员的参与度、主动性、沟通表达能力。 （2）各小组对相关提问的回答是否正确合理。 （3）学生提交上来的相关设备功能及使用方法资料内容完整、详细程度。
课时： 2 课时 1. 硬资源：图形工作站等。 2. 软资源：Adobe 系列软件、Office 系列软件、参考教材、任务书、工作页、数字资源等。 3. 教学设施：多媒体教学系统、白板、白板笔、白板擦等。 4. 文档资源：设备需求清单等。			

课程 3　人像摄影

学习任务 2　多人合照拍摄

1 明确任务　2 制订工作计划与前期拍摄准备　3 合照拍摄实施　4 图片后期处理　5 展示总结评价

合照拍摄实施

工作子步骤	教师活动	学生活动	评价
布置拍摄场地，固定相机与三脚架，连接与布置闪光灯与其他器材位置。	1. 组织各小组进行设备的连接与拍摄场景布置；观察实施过程，其间巡回指导各个小组进行操作实施。 2. 在学生调试设备期间给予技术支持与答疑。 3. 收集汇总本阶段各小组成果存档。	1. 各小组根据前期计划与准备进行拍摄场景布置与设备连接，安装灯架，连接相机与闪光灯。 2. 布置完毕后进行设备调试与相机的设置，包括接通电源、开启闪光等电源并进行试闪，开启相机电源并做好必要设置。	师评： 场地布置与设备连接过程是否规范安全；
课时： 0.5 课时 1. 硬资源：图形工作站、数码单反、三脚架、闪光灯、引闪器、标准罩、反光板、柔光伞、柔光屏等。 2. 软资源：互联网、人像摄影相关参考资料、互联网人像摄影资源等。 3. 教学设施：多媒体教学系统、白板、白板笔、白板擦、笔、A4 纸等。			
2. 设置调整相机相关参数与闪光灯参数位置，与模特做好沟通，准备完毕后进行拍摄。	1. 采用演示法进行拍摄过程示范，过程中讲解拍摄过程步骤及注意要点。 2. 组织各小组进行拍摄，在拍摄过程中巡回观察指导与答疑。 3. 根据学生提交上来的完整布光拍摄照片，进行意见反馈与建议修改，指导学生进行二次拍摄直至拍摄完成。 4. 收集汇总本阶段各小组成果存档。	1. 认真观察理解教师进行拍摄演示，掌握拍摄过程步骤及要点。 2. 打开主灯闪光输出，通过造型等观察布光效果，调整输出与角度确定布光效果后，对相机进行设置，设置好曝光参数、镜头焦距、白平衡；与拍摄对象沟通确定动作，确定取景构图，对焦完成后，按下快门拍摄出单灯布光效果照片；打开第二盏闪光灯调整输出与角度，确定布光效果后拍摄出双灯效果照片；持续打开后续闪光灯或用反光板进行补光，直至完成完整布光效果的拍摄。 3. 完成完整布光照片拍摄后，将最终布光效果提交教师，结合教师反馈意见调整布光，继续拍摄，获取最终确定的布光效果拍摄图。 4. 将拍摄过程照片整理汇总后提交教师。	师评： (1) 拍摄过程中对闪光灯及相机的操作是否规范、安全。 (2) 各小组拍摄的照片质量从曝光是否准确，对焦是否准确，构图是否合理，布光效果是否美观，过程性步骤照片是否完整等方面进行评价。
课时： 8 课时 1. 硬资源：图形工作站等。 2. 软资源：Adobe 系列软件、Office 系列软件、参考教材、任务书、工作页、数字资源等。 3. 教学设施：多媒体教学系统、白板、白板笔、白板擦等。			

1 明确任务　2 制订工作计划与前期拍摄准备　3 合照拍摄实施　4 图片后期处理　5 展示总结评价

	工作子步骤	教师活动	学生活动	评价
图片后期处理	1. 对照片进行瑕疵修复。 2. 对照片进行色温校正与曝光校正。 3. 对人像进行磨皮与修形。 4. 将处理完成的照片保存好，工程文件备份，导出 jpg 格式文件保存并交付。	1. 教师采用案例法进行图像后期处理要点讲解。 2. 采用示范法选出一个拍摄原图进行后期修图处理操作示范。 3. 组织各小组进行图像后期处理操作，其间巡回观察指导及答疑相关软件操作技能点与知识点。	1. 认真观察教师讲解案例的后期处理要点，理解与做好必要记录。 2. 认真观察教师示范案例的后期处理过程，理解与做好必要记录。 3. 小组分工进行图像后期处理工作，遇到疑难点则查阅相关资料、团队沟通交流、咨询教师进行解决。 4. 图片后期处理完成后对相关文件进行保存及导出对应格式的最终效果图。	师评： 图片后期处理效果： （1）色温校正是否正确。 （2）曝光修正是否合理。 （3）磨皮修形是否自然和谐。 （4）图片文件格式，尺寸是否符合要求。
	课时： 6 课时 11. 硬资源：图形工作站等。 2. 软资源：Adobe 系列软件、Office 系列软件、参考教材、任务书、工作页、数字资源等。 3. 教学设施：多媒体教学系统、白板、白板笔、白板擦等。			
展示总结评价	1. 对本次任务过程中所有相关文件与资料进行整理归档。 2. 制作 PPT 进行工作任务完成整体情况的展示汇报。	1. 组织学生小组整理归档文件资料。 2. 组织学生小组制作任务完成汇报 PPT，巡回指导学生完成 PPT 制作。 3. 组织小组轮流展示汇报 PPT，进行小组互评，小组互评后教师点评总结。 4. 收集汇总各小组工作任务全过程所有阶段性资料成果进行存档。	1. 各小组整理归档任务过程中所有相关文件与资料。 2. 各小组对本次拍摄任务结果全过程资料进行制作汇报展示 PPT。 3. 各小组进行拍摄任务完成情况及成果进行展示汇报，小组间进行互相评价，最后教师总结点评。 4. 将整个工作任务全过程所有阶段性资料成果整理打包，最终提交教师存档。	1. 师评： （1）过程中各组组员是否全部参与，是否有明确分工，被评价的小组是否充分配合检查，并对资料进行必要的汇报。 （2）成果验收：教师验收点评任务完成结果。 2. 小组互评： 各小组根据评分表进行小组互评。
	课时： 4 课时 1. 硬资源：图形工作站等。 2. 软资源：Adobe 系列软件、Office 系列软件、参考教材、任务书、工作页、数字资源等。 3. 教学设施：多媒体教学系统、白板、白板笔、白板擦等。 4. 文档资源：汇报 PPT 大纲模版、拍摄成果评分表等。			

学习任务 3　单人肖像拍摄

任务描述

学习任务课时：40 课时

任务情境：

某摄影工作室现接到某个客户的影棚内个人形象照拍摄工作任务，根据客户的要求，需要拍摄白色或浅色背景、黑色或暗色背景各一组照片；每组照片最终交付要求要有全身照、半身照、头像特效照片至少各一张，且需要与客户沟通好进行必要的后期处理修图，最终交付客户的文件要包含保留分层图层的 psd 文件、最终效果的 jpg 原尺寸大图。整个拍摄制作时间为 8 天。

具体要求见下页。

Maya

工作流程和标准

工作环节 1

明确任务

1

根据拍摄要求明确本次拍摄任务的内容，明确客户的拍摄需求与要求、拍摄的张数、必要后期处理要求，收集分析同类型案例图片进行分析参考。

学习成果：
相关影棚人物形象照案例收集与分析报告。

工作环节 2

制订工作计划与前期拍摄准备

2

1. 制订工作计划。
2. 整理拍摄场地，准备好拍摄所需的设备与配件工具等。

工作成果：
拍摄工作计划。
学习成果：
1. 工作计划制订的明细与规范；
2. 拍摄设备需求清单。

工作环节 3

人像拍摄实施

3

1. 布置拍摄背景，安装三脚架，根据设计好的布光草图对闪光灯进行摆放与连接设置。
2. 按照拍摄需求，拍摄前对相机图片格式、存储卡空间、电池等进行设置。
3. 根据拍摄要求与规范，指导拍摄对象做动作与注意其他注意事项，操作相机进行拍摄，控制好对焦、曝光、白平衡与构图等。
4. 将相机与计算机连接，把拍摄好的客户形象照图片导出。

学习成果：
1. 设备摆放、灯光布置草图；
2. 能够正确安装使用三脚架、闪光灯等设备器材；
3. 能够在拍摄前对相机进行常规检查与设置，为后续拍摄做准备；
4. 能够指导客户进行一定的动作与姿态摆放；
5. 能够正确设置相机相关参数进行拍摄。

工作成果：
拍摄所得形象照片。

工作环节 4

图片后期处理

4

1. 挑选出符合客户需求与专业水准较好的照片进行背景处理，根据要求将背景处理成纯黑色或纯白色。
2. 对照片进行瑕疵修复，比如皮肤的磨皮美化、形体的美化，拍摄环境、服装、道具等存在的一些划痕、污迹、灰尘等的修复美化。
3. 对照片的整体光影进行一定程度上的调整，如高光、阴影、暗部、对比度等。
4. 对照片的色彩进行调整，运用 Photoshop 调色功能对照片的白平衡进行校正，对产品的颜色进行校正，对色彩饱和度进行合理的调整。
5. 将处理好的文件按照规范格式进行保存。

工作成果：
1. 后期处理过的图片 psd 源文件；
2. jpg 格式图片。

学习成果：
1. 后期处理过的图片 psd 源文件；
2. jpg 格式图片。

工作环节 5

展示总结评价

5

1. 对本次任务过程中所有相关文件与资料进行整理归档。
2. 制作一份本次任务分析 PPT，对输出的照片进行展示，分享制作过程，陈述制作的心得经验，特别是其中的技术难点和技术要点。

学习成果：
分析 PPT，包含技术难点与技术要点。

学习内容

知识点	1.1 摄影工作任务工作流程； 1.2 影棚人像拍摄技术要点	2.1 摄影工作流程； 2.2 人员分工与职责； 2.3 设备需求清单； 2.4 拍摄布光策划	3.1 柔光伞在人像摄影中的应用技巧； 3.2 柔光屏在人像摄影中的应用技巧； 3.3 人像摆拍动作； 3.4 人像构图	4.1 蝴蝶光及其布光方法； 4.2 伦勃朗光及其布光方法； 4.3 柔光伞在人像摄影中的应用技巧； 4.4 柔光屏在人像摄影中的应用技巧	
技能点	1.1 Word 文档使用； 1.2 Excel 表格使用	2.1 使用 Word 编写工作计划书	3.1 柔光伞的安装使用； 3.2 柔光屏的安装使用； 3.3 动作指导	4.1 蝴蝶光布光操作； 4.2 伦勃朗光布光操作； 4.3 柔光伞的安装使用； 4.4 柔光屏的安装使用	5.1 数码单反拍摄前常规检查
工作环节	工作环节 1 明确任务	制订工作计划与前期拍摄准备 工作环节 2			工作环节 3 人像拍摄实施
成果	1.1 相关影棚内形象照摄影案例收集与分析	2.1 拍摄工作计划； 2.2 工作计划制订的项目与规范	3.1 罗列拍摄设备需求清单及功能	4.1 设备摆放、灯光布置草图； 4.2 能够正确安装使用三脚架、闪光灯等设备器材	5.1 在拍摄前对相机进行常规检查与设置，为后续拍摄做准备
素养	1.1 沟通表达能力； 1.2. 组织策划能力	2.1. 沟通表达能力； 2.2. 组织策划能力	3.1 团队合作能力	4.1 团队合作能力	5.1 团队合作能力

学习任务 3　单人肖像拍摄

6.1 拍摄模式的选择与应用； 6.2 景深概念； 6.3 常用人像镜头及其使用技巧； 6.4 摄影动作与姿态理论、技巧； 6.5 影棚人像摄影构图理论与技巧		8.1 普通 jpg 图片格式与 raw 图片格式的区别； 8.2 raw 图片的后期处理知识； 8.3 Photoshop 人像后期修图技巧		
6.1 各种拍摄模式参数设置； 6.2 景深控制； 6.3 摄影摆拍动作指导		8.1 Camera Raw 软件操作； 8.2 Photoshop 软件操作		

6.1 能够正确设置相机相关参数进行拍摄	7.1 拍摄所得形象照照片	8.1 后期处理过的图片 psd 源文件 8.2 jpg 格式图片	9.1 文件资料归档； 9.2 分析 PPT
6.1 团队合作能力		8.1. 软件操作规范； 8.2. 团队合作能力	9.1 文件整理能力 9.2 表达能力

学习任务 3　单人肖像拍摄

1 明确任务　2 制订工作计划与前期拍摄准备　3 人像拍摄实施　4 图片后期处理　5 展示总结评价

明确任务

工作子步骤	教师活动	学生活动	评价
明确教师布置本次学习任务的具体要求，填写任务要点记录表。	1. 教师组织学生进行团队组建，采用自由搭配为主，教师调配为辅的方式，每组 4~6 人为宜；组队完成后指导学生填写团队信息表并收集各团队表格存档留用。 2. 组队完成后采用角色扮演法，教师角色扮演客户向各团队发布工作任务并讲解任务要求要点，包括拍摄产品的构图.图片格式.拍摄张数、布光要求及后期处理要求等。 3. 采用问答法接受学生反馈提问，予以解答，帮助学生理解工作任务要求。 4. 收取学生小组填写完成的工作任务单评价记录后存档留用。	1. 在教师的指导下，进行团队组建，采用学生自由组队，教师协调调配的方式，每组控制在 4~6 人；团队组建完成后填写团队信息表并提交给教师存档留用。 2. 组队完成后，采用角色扮演法，学生小组扮演摄影工作室团队认真听取教师发布工作任务并记录任务要求要点，包括拍摄产品的构图、图片格式、拍摄张数、布光要求及后期处理要求等。 3. 各学生小组对任务单及工作要求不明确的地方提出疑问，与教师沟通并补充记录。 4. 将填写完成的工作任务单提交教师存档留用。	师评： (1) 教师现场记录评价各学生小组的主动性、聆听技巧、表达技巧、要点解读能力； (2) 团队信息表是否完善无误； (3) 拍摄工作单是否详细完整。

课时： 0.5 课时

1. 硬资源：图形工作站等。
2. 软资源：Adobe 系列软件、Office 系列软件、参考教材、任务书、工作页、数字资源等。
3. 教学设施：多媒体教学系统、白板、白板笔、白板擦等。
4. 文本资源：团队信息表、拍摄任务单等。

制订工作计划与前期拍摄准备

工作子步骤	教师活动	学生活动	评价
1. 制订工作计划。	1. 发放摄影工作计划书模版并讲解计划要点。 2. 指导各小组编写工作计划书。 3. 收集各小组工作计划书初稿并组织小组互评、教师点评。 4. 收取汇总各小组定稿的工作计划书存档留用。	1. 学生小组领取工作计划书模版并阅读理解计划要点。 2. 小组讨论编写工作计划书。 3. 工作计划书初稿完成后提交给教师进行展示评价反馈。 4. 根据小组互评及教师反馈意见修改工作计划书至确定通过。	1. 师评： 工作计划书是否完善无误及工作计划可执行性。 2. 小组互评： 工作计划书是否完善无误及工作计划可执行性。

课时： 1 课时

1. 硬资源：图形工作站等。
2. 软资源：Adobe 系列软件、Office 系列软件、参考教材、任务书、工作页、数字资源等。
3. 教学设施：多媒体教学系统、白板、白板笔、白板擦等。
4. 文本资源：工作计划书模版等。

制订工作计划与前期拍摄准备

工作子步骤	教师活动	学生活动	评价
2. 相关影棚人像摄影案例资料收集与分析总结。	1. 教师采用教授法与示范法结合讲授资料收集的方法渠道，打开相关网站进行案例收集操作示范，对选取的案例图进行构图与布光分析，画出布光草图。 2. 巡回指导各小组进行本工作任务同类案例的资料收集。 3. 巡回指导各小组选择代表性参考案例进行布光构图的分析。 4. 组织学生小组进行资料收集与分析结果的展示并进行小组间的互评；教师点评。 5. 收集汇总本阶段各小组成果存档。	1. 学生获取教师讲授资料收集的方法渠道。 2. 通过互联网搜索及书籍查阅，各小组进行同类案例资料的收集，将收集的图片归档保存。 3. 在收集的案例中，选择具有代表性的案例进行布光、构图等要点分析。 4. 各小组展示自己的资料收集与分析成果，并进行互评及接收教师点评。	1. 师评： (1) 小组各成员的参与度、主动性、沟通表达能力。 (2) 根据学生提交上来的摄影案例资料数量与代表性案例分析结果。 2. 小组互评： 摄影案例资料数量与代表性案例分析结果。
课时： 2 课时 1. 硬资源：图形工作站等。 2. 软资源：Adobe 系列软件、Office 系列软件、参考教材、任务书、工作页、数字资源等。 3. 教学设施：多媒体教学系统、白板、白板笔、白板擦等。			
3. 填写设备需求清单，领取相关拍摄设备与整理拍摄场地。	1. 为各小组发放设备需求清单并组织填写。 2. 收集各小组提交的设备需求清单，按需求清单组织发放设备。 3. 组织观察各小组查阅相关设备功能及使用资料，研读相关设备使用说明书要点并通过设置要点问题进行提问考核。 4. 收集各小组查阅收集资料与记录；对相关设备使用方法及操作规范进行总结与重点分析讲解。 5. 组织各小组进行拍摄场地整理。 6. 收集汇总本阶段各小组成果存档。	1.各小组领取并填写设备需求清单。 2.根据清单领取本次拍摄所需设备。 3. 通过查阅相关书籍与网络资料、设备使用说明书，了解相关设备的功能及操作方法；回答教师针对各小组提出的关于灰卡、勾黑边、蜂巢罩、柔光纸等的考核问题，并将所搜集资料汇总存档。 4. 提交小组收集的资料与记录文档；听取教师对数码单反、蜂巢罩、柔光纸等的使用方法及操作规范的总结与重点分析讲解。 5. 各小组根据拍摄任务与设备清单进行拍摄前的场地整理。	师评： (1) 小组各成员的参与度、主动性、沟通表达能力。 (2) 各小组对相关提问的回答是否正确合理。 (3) 学生提交上来的相关设备功能及使用方法资料内容完整、详细程度。
课时： 2 课时 1. 硬资源：图形工作站等。 2. 软资源：Adobe 系列软件、Office 系列软件、参考教材、任务书、工作页、数字资源等。 3. 教学设施：多媒体教学系统、白板、白板笔、白板擦等。 4. 文档资源：设备需求清单等。			

学习任务 3 单人肖像拍摄

① 明确任务 ② 制订工作计划与前期拍摄准备 ③ 人像拍摄实施 ④ 图片后期处理 ⑤ 展示总结评价

人像拍摄实施

工作子步骤	教师活动	学生活动	评价
1. 布置拍摄场地，固定相机与三脚架，连接与布置闪光灯位置。	1. 组织各小组进行设备的连接与拍摄场景布置；观察实施过程，其间巡回指导各个小组进行操作实施。 2. 在学生调试设备期间给予技术支持与答疑。 3. 收集汇总本阶段各小组成果存档。	1. 各小组根据前期计划与准备进行拍摄场景布置与设备连接，安装灯架，连接相机与闪光灯。 2. 布置完毕后进行设备调试与相机的设置，包括接通电源、开启闪光等电源并进行试闪，开启相机电源并做好必要设置。	师评： 场地布置与设备连接过程是否规范、安全。
课时： 0.5 课时 1. 硬资源：图形工作站等。 2. 软资源：Adobe 系列软件、Office 系列软件、参考教材、任务书、工作页、数字资源等。 3. 教学设施：多媒体教学系统、白板、白板笔、白板擦等。			
2. 设置调整相机相关参数与闪光灯参数位置，与模特做好沟通，准备完毕后进行拍摄。	1. 采用演示法进行拍摄过程示范，过程中讲解拍摄过程步骤及注意要点。 2. 组织各小组进行拍摄，在拍摄过程中巡回观察指导与答疑。 3. 根据学生提交上来的完整布光拍摄照片，进行意见反馈与建议修改，指导学生进行二次拍摄直至拍摄完成。 4. 收集汇总本阶段各小组成果存档。	1. 认真观察理解教师逆行拍摄演示，掌握拍摄过程步骤及要点。 2. 打开主灯闪光输出，通过造型等观察布光效果，调整输出与角度确定布光效果后，对相机进行设置，设置好曝光参数、镜头焦距、白平衡；与拍摄对象沟通确定动作，确定取景构图，对焦完成后，按下快门拍摄出单灯布光效果照片；打开第二盏闪光灯调整输出与角度，确定布光效果后拍摄出双灯效果照片；持续打开后续闪光灯或用反光板进行补光，直至完成完整布光效果的拍摄。 3. 完成完整布光照片拍摄后，将最终布光效果提交教师，结合教师反馈意见调整布光，继续拍摄，获取最终确定的布光效果拍摄图。 4. 将拍摄过程照片整理汇总后提交教师。	师评： （1）场地布置与设备连接过程是否规范、安全。 （2）拍摄过程中对闪光灯及相机的操作是否规范、安全。 （3）各小组拍摄的照片质量从曝光是否准确，对焦是否准确，构图是否合理，布光效果是否美观，过程性步骤照片是否完整等方面进行评价。
课时： 8 课时 1. 硬资源：图形工作站等。 2. 软资源：Adobe 系列软件、Office 系列软件、参考教材、任务书、工作页、数字资源等。 3. 教学设施：多媒体教学系统、白板、白板笔、白板擦等。			

1 明确任务　2 制订工作计划与前期拍摄准备　3 人像拍摄实施　4 图片后期处理　5 展示总结评价

	工作子步骤	教师活动	学生活动	评价
图片后期处理	1. 对照片进行瑕疵修复。 2. 对照片进行色温校正与曝光校正。 3. 对人像进行磨皮与修形。 4. 将处理完成的照片保存好，工程文件备份，导出 jpg 格式文件保存并交付。	1. 教师采用案例法进行图像后期处理要点讲解。 2. 采用示范法选取一个拍摄原图进行后期修图处理操作示范。 3. 组织各小组进行图像后期处理操作，其间巡回观察指导及答疑相关软件操作技能点与知识点。	1. 认真观察教师讲解案例的后期处理要点，理解与做好必要记录。 2. 认真观察教师示范案例的后期处理过程，理解与做好必要记录。 3. 小组分工进行图像后期处理工作，遇疑难点要查阅相关资料、团队沟通交流、咨询教师进行解决。 4. 图片后期处理完成后对相关文件进行保存及导出对应格式的最终效果图。	师评： 图片后期处理效果： (1) 色温校正是否正确。 (2) 曝光修正是否合理。 (3) 磨皮修形是否自然和谐。 (4) 图片文件格式，尺寸是否符合要求。
	课时： 6 课时 1. 硬资源：图形工作站等。 2. 软资源：Adobe 系列软件、Office 系列软件、参考教材、任务书、工作页、数字资源等。 3. 教学设施：多媒体教学系统、白板、白板笔、白板擦等。			
展示总结评价	1. 对本次任务过程中所有相关文件与资料进行整理归档。 2. 制作 PPT 进行工作任务完成整体情况的展示汇报。	1. 组织学生小组整理归档文件资料。 2. 组织学生小组制作任务完成汇报 PPT，巡回指导学生完成 PPT 制作。 3. 组织小组轮流展示汇报 PPT，进行小组互评，小组互评后教师点评总结。 4. 收集汇总各小组工作任务全过程所有阶段性资料成果进行存档。	1. 各小组整理归档任务过程中所有相关文件与资料。 2. 各小组对本次拍摄任务结果全过程资料进行制作汇报展示 PPT。 3. 各小组进行拍摄任务完成情况及成果进行展示汇报，小组间进行互相评价，最后教师总结点评。 4. 将整个工作任务全过程所有阶段性资料成果整理打包，最终提交教师存档。	1. 师评： (1) 过程中各组组员是否全部参与，是否有明确分工，被评价的小组是否充分配合检查，并对资料进行必要的汇报。 (2) 成果验收：教师验收点评任务完成结果。 2. 小组互评： 各小组根据评分表进行小组互评。
	课时： 4 课时 1. 硬资源：图形工作站等。 2. 软资源：Adobe 系列软件、Office 系列软件、参考教材、任务书、工作页、数字资源等。 3. 教学设施：多媒体教学系统、白板、白板笔、白板擦等。 4. 文档资源：汇报 PPT 大纲模版；拍摄成果评分表等。			

考核标准

任务名称：

人物形象照拍摄及后期处理。

情境描述：

现需要为某客户拍摄一组形象照，要求摄影团队在摄影棚内策划与拍摄，背景采用纯色背景或渐变背景，需要进行摆拍动作设计指导，在拍摄多张人物照片后，选取一张最佳效果的照片进行后期处理，在拍摄构图上要求是半身像。照片后期处理按照人物修图行业规范进行处理，最后将制作完成的最终效果成片交付客户。

任务要求：

一、纸笔测试：

完成布光图一张。

二、实操测试：

1. 进行摄影实操；
2. 拍摄完成后进行图片后期修图；
3. 提交原片、最终修图成片与修图源文件。

三、其他要求：

1. 要求拍摄照片原图素材达 4000×4000 像素或以上；
2. 要求整组照片中包含有特写、半身像、全身像等构图；
3. 照片后期处理必须包含色温校正、曝光校正、对比度与饱和度调节、瑕疵修复、形体细节液化美化、磨皮处理、锐化处理；
4. 最终交付客户的资料要包含一系列拍摄图片素材的原图、最终成片的源文件及 jpg 文件。

参考资料：

人物摄影范例资料、人像布光图范例、人像修图案例资料、人像修图视频教程资料等。相关学习平台资源、相关教材书籍、微课小视频等。

评价方式及标准：

考核分数主要由任课教师根据评分规范进行评价，其中纸笔测试占 30 分，实操测试占 70 分。

评价标准

纸笔测试（方案设计）评分表（总分 30 分）

考核内容	评分细则	配分	得分
布光图清晰易懂		15	
布光合理，细节缜密		15	

实操测试评分表（总分 70 分）

序号	评分标准	配分	得分
1	布光合理，光线氛围能表现人物气质特点	10	
2	摄影器材操作符合规范	10	
3	照相机参数设置合理	10	
4	照片曝光正常，白平衡正常，对焦及景深合适，有一定艺术效果	20	
5	后期修图细节处理得当，色调符合主题要求	10	
6	后期处理有一定艺术效果	10	
合计			

课程 4　纪实片摄像

学习任务 1	学习任务 2
电影画面解构	经典影片桥段模仿
（60）课时	（60）课时

课程目标

学习完本课题后，学生应当能够初步完成纪实片摄影工作任务，具备操作专业摄影机及相关摄影设备器材，对拍摄对象进行快速抓拍、构图，培养良好的影像思维和拍摄基础，对拍摄所得素材根据规范要求进行后期剪辑的职业能力，具备包括：

1. 能认真审阅纪实任务，制订工作时间安排表；能快速针对事件进行时效性拍摄，获取视频风格等信息，执行交片要求；通过任务书培养学生的解读与反馈沟通能力。
2. 能够按照任务事件（叙述式剧本）进行拍摄前期准备，选角，道具、场景、闪光、摄影机选配，准备灯光等设备器材，培养学生拍摄协调能力。
3. 能够结合叙述式剧本的拍摄进行布光，进行文案执行和事件抓拍，通过三大学习任务拍摄培养学生的摄像思维基础建设能力。
4. 能够使用 PR、AE、Davinci 软件对照片进行后期剪辑处理；培养学生的图像后期剪辑能力。
5. 能按照公司的要求进行规范制片，合理安排个人工作时间，提高视频拍摄的工作效率，在保证视频质量的基础上按时交稿，培养学生的自我管理与工作规划能力。
6. 能接收项目主管对工作的反馈修改要求，能够在团队内进行沟通协调，最终完成项目提交验收，培养学生沟通交流、团队协作、解决问题的能力。
7. 能够遵守行业相关法律法规与市场规则，培养学生具备诚信、工匠精神和良好的职业道德素养。
8. 对新设备、新技术能及时更新掌握，能够使用新软件、新技术对制作流程进行优化，简化制作步骤，缩短制作周期，提升制作效率，培养学生的创新思维能力。

课时：120

课程内容

本课程的主要学习内容包括：

1. 电影摄影基础理论：电影摄影的概念与发展历程；电影摄影的风格种类；电影摄影快门曝光原理；光圈、快门、宽容度等专业术语的概念及功能应用；如何选择焦段进行摄像构图，各大顶尖镜头的基础常识等。

2. BMD 摄影机相关设备操作使用：BMD 摄影机的分类及功能应用；BMD 摄影机的系统与各模块功能；机械镜头的保养常识和清理常识；BMD 摄像机各种拍摄模式的应用等，影视灯光的结构功能及使用；各类型灯罩的功能及使用；各种拍摄辅助设备的功能及使用。

3. 镜头语法的相关理论及使用技巧；蒙太奇基础理论及用法；电影解构思路流程图；分镜头脚步设计；拍摄步法、手法、心法、眼法；表演技巧；道具摆设技巧。

学习任务 1　电影画面解构

任务描述

学习任务课时：60 课时

任务情境：

在某一项目对接当中，甲方要求我们为其拍摄的项目提供一份风格分析文本，文本要求要有两个以上样片案例的风格分析，并且解构到位、分析详尽，争取能够尽快通过审核，并在审核通过后进入下一步的流程实施。

第一阶段：根据镜头语法，解构《肖申克的救赎》节选片段为案例学习电影语法解构技巧，解构画面的常用表达技巧、常用表现手法、种类、景别关系、画面的构成关系等。以实证求真的实践精神，二次实拍验证解构成立与否。

第二阶段，根据电影完整的大背景，结合电影主题表达，以实证求真的实践精神，进行角色扮演二次拍摄，最终验证解构成立与否。

具体要求见下页。

工作流程和标准

工作环节 1

明确任务

1

根据解构要求明确本次学习任务的内容，明确解构思路和要点、解构的逻辑和文案化语言表达。

工作环节 2

制订拍摄工作计划与前期拍摄解构

2

制订学习计划：

制订画面解构的学习流程、解构流程（形式、矛盾、画面、情感、视觉和节奏）。

主要成果：

著名电影收集。

素材准备：

著名教学影片。

工作环节 3

节选短片解构，求证实施拍摄

3

1. 以三部短片为例，进入画面解构学习，要求逻辑清晰、思路严谨、解构深刻，并且以文本的形式叙述出来。
2. 以经典电影为例，根据完整的电影背景，结合电影主题思想，对影片节选部分进行实景拍摄，对解构内容合理与否进行实证求真。

主要成果：
1. 画面解构课题报告；
2. Demo 样片。

工作环节 4

展示总结评价

4

1. 对本次任务过程中所有相关文件与资料进行整理归档。
2. 制作一份本次任务分析 PPT，包含画面解构并进行上台演讲，分享制作过程，陈述制作的心得经验，特别是学之前如何看电影，学之后该如何看电影。

主要成果：
分析 PPT，包含解构的技术难点与技术要点。

学习内容

知识点	1.1 摄像工作任务工作流程； 1.2 分镜解构理论知识； 1.3 分镜重构理论知识； 1.4 调度设定理论知识	2.1 分镜脚本的制作规范、流程； 2.2 规范分镜制作流程； 2.3 调度手法的逻辑解构； 2.4 拍摄文案制作流程	3.1 场地与镜头语言关系的特征分析； 3.2 场面调度基础知识； 3.3 根据场地布光概念、使用的工具及方法； 3.4 拍摄设备认识	4.1 熟悉场务各方面职能； 4.2 导演、演员自我修养； 4.3 创新 / 有效管理方式
技能点	1.1 资料收集； 1.2 Word 文档使用； 1.3 讨论过程中临时模仿技巧表达； 1.4 Excel 表格使用	2.1 Shot designer 分镜 App 的使用； 2.2 熟练使用 Word 文档进行分镜、文案编写与排版	3.1 影视语言构成技法； 3.2 场面调度技法； 3.3 互联网资源搜索能力	4.1 工作安排与资金分配能力； 4.2 人员安排说服力； 4.3 业务组织能力

工作环节

成果	1.1《肖申克的救赎》桥段分镜解构图谱； 1.2 相关剧组拍摄花絮； 1.3 讨论汇总表	2.1 主题文案思维导图； 2.2短片模仿分镜头脚本解构图； 2.3 调度手法解构图	3.1 工作计划制订的项目与规范； 3.2 拍摄道具设备需求清单	4.1 随时待命的摄影机； 4.2 布光与相关设备位置布置图与现场记录照； 4.3 拍摄测试样片； 4.4 音频样片
素养		能不畏困难，有坚持不懈的探索精神		
	思政元素：能对影片进行电影语法解构，并能在完成解构任务之后对所得的视听语法进行实拍求证，从解构到拍摄验证的过程中培养实证求真的专业精神和崇尚实践的工作态度。			

学习任务 1　电影画面解构

5.1 灯光相关理论与操作技巧； 5.2 ProRes422/444、Raw 的概念、种类及使用； 5.3 跟焦器对焦概念及如何进行有效控制； 5.4 脉冲灯 /Rrri 灯的设置方法； 5.5 录音相关设置方法	6.1 基础镜头语法； 6.2 场记的工作方法与常识； 6.3 导出格式的数据管理方法	7.1 PR 视频剪辑对于影视语言重组认识； 7.2 PR 音频调整功能及操作认识； 7.3 QuickTime、MP4、H264 等格式的功能及区别； 7.4 Davinci 色彩学原理； 7.5 剪辑语言的创新性思维是否体现	8.1 演讲与表达的要领； 8.2 任务资料的整理和知识排序的理论
5.1 blackmagic 各项参数设置； 5.2 ASXMOV 系统的安装使用； 5.3 分层布光的灯光输出设置； 5.4 轨道运动的常数调整	6.1 解构的格式； 6.2 场记校验的快捷技巧； 6.3 解构思路； 6.4 科学导出视频素材技巧	7.1 Davinci 校色技巧； 7.2 PR 剪辑制作技巧； 7.3 PR 音效处理技巧； 7.4 Davinci 瑕疵修复技巧	8.1 PPT 制作能力； 8.2 演讲与表达技巧； 8.3 文件汇报技巧
工作环节 3 节选短片解构，求证实施拍摄			展示总结评价 工作环节 4
5.1 随时待命的摄影机； 5.2 布光与相关设备位置布置图与现场记录照； 5.3 拍摄测试样片； 5.4 音频样片	6.1 核对校验分镜与拍摄画面的匹配率； 6.2 导出拍摄素材	7.1 后期处理过的视频 PR 源文件 / Davinci 套底文件； 7.2 H264 成片输出	8.1 归档资料与文件； 8.2 展示汇报样片
能大胆尝试，积极寻求有效的问题解决方法			8.1 文件整理能力； 8.2 表达能力

纪实片摄像

课程 4 纪实片摄像

学习任务 1 电影画面解构

1 获得《肖申克的救赎》电影解构任务 → 2 制订拍摄工作计划与前期拍摄解构 → 3 节选短片解构，求证实施拍摄 → 4 图片后期处理 → 5 展示总结评价

	工作子步骤	教师活动	学生活动	评价
获得《肖申克的救赎》电影解构任务	1. 接受《肖申克的救赎》电影解构任务书。 2. 收集相关剧组拍摄花絮。 3. 解构《肖申克的救赎》分镜结构。 4. 分镜重组讨论。 5. 对调度设定讨论。 6. 对影调、影视语言解读。	1. 教师组织学生进行团队组建，采用自由搭配为主，教师调配为辅的方式，每组 8~10 人为宜；组队完成后指导学生填写团队信息表并收集各团队表格存档留用。 2. 教师给学生讲授肖申克救赎解构知识：主题表达、线索判断、节奏拿捏、解构分解及语法重组。 3. 采用问答法接受学生反馈提问，予以解答，帮助学生理解工作任务要求。	1. 在教师的指导下，进行团队组建，采用学生自由组队，教师协调调配的方式，每组控制在 8~10 人；团队组建完成后填写团队信息表并提交给教师存档留用。 2. 组队完成后，采用角色扮演法，学生小组扮演摄影工作室团队，认真听取教师发布工作任务并记录任务要求要点，包括拍摄短片的主题表达、线索判断、节奏拿捏、解构分解及语法重组等。 3. 各学生小组对任务单及工作要求不明确的地方提出疑问，与教师沟通并补充记录。	师评： （1）教师现场记录评价各学生小组的主动性、聆听解构技巧、表达技巧、拍摄手法解读。 （2）团队信息表是否完善无误。 （3）解构——拉片图稿是否有独到见解。
	课时： 8 课时 1. 硬资源：图形工作站等。 2. 软资源：Adobe 系列软件、Office 系列软件、参考教材、任务书、工作页、数字资源等。 3. 教学设施：多媒体教学系统、白板、白板笔、白板擦等。 4. 文本资源：剧务清单等。			
制订拍摄工作计划与前期拍摄解构	1. 解构文案。 2. 解构分镜脚本。 3. 解构拍摄调度手法。	1. 发放分镜头模版并讲解计划要点。 2. 指导各小组制作分镜头脚本。 3. 解读中国民俗习惯影视语言视觉。 4. 收集各小组分镜头脚本并组织小组互评、教师点评。 5. 收取汇总各小组定稿的分镜头脚本存档留用。	1. 学生小组领取样片阅读并理解，对原片进行解构分析，做好解构分析表。 2. 小组讨论编写拍摄文案。 3. 小组解构分镜头脚本，把解构分析表进行加工，转换成拍摄脚本，用以实施拍摄。 4. 分镜头脚本初稿完成后提交给教师进行展示评价反馈。 5. 根据小组互评及教师反馈意见修改工作计划书至确定通过。	1. 师评： 分镜头脚本是否完善，见解是否独到，工作计划可执行率高低。 2. 小组互评： 分镜头脚本是否完善及工作计划的可执行性。
	课时： 8 课时 1. 硬资源：图形工作站等。 2. 软资源：Adobe 系列软件、Office 系列软件、参考教材、任务书、工作页、数字资源等。 3. 教学设施：多媒体教学系统、白板、白板笔、白板擦等。 4. 文本资源：分镜头脚本模版等。			

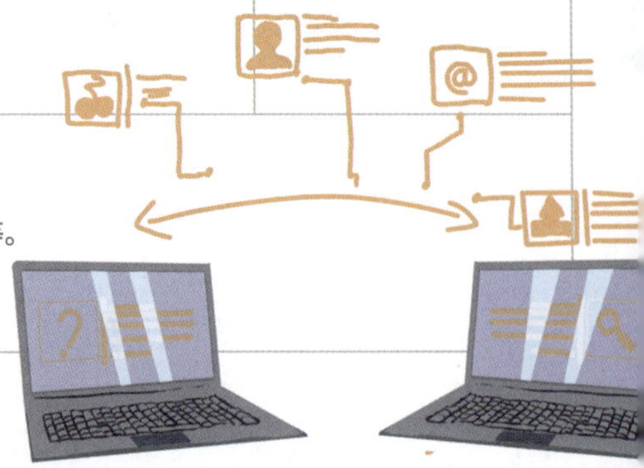

1 获得《肖申克的救赎》电影解构任务
2 制订拍摄工作计划与前期拍摄解构
3 节选短片解构，求证实施拍摄
4 图片后期处理
5 展示总结评价

	工作子步骤	教师活动	学生活动	评价
制订拍摄工作计划与前期拍摄解构	1. 解构拍摄场地。 2. 解构拍摄所需的设备与配件道具等。	1. 教师考察场地。 2. 巡回指导各小组进行场地工作安排。 3. 巡回指导各小组摄像师路线。 4. 收集汇总本阶段各小组成果存档。	1. 寻找与剧本分镜匹配合适场地。 2. 确定合适场地的演职路线安排。 3. 摄像师的拍摄路线彩排。 4. 各小组展示自己的场地分析成果，绘制机位运动路线图，并进行互评及接收教师点评。	1. 师评： (1) 小组各成员的参与度、主动性、沟通表达能力。 (2) 根据学生提交上来的案例资料综合（创意性、可实施性、成本、完整性、语言表达精确性、故事重组技巧等）分析评级。 2. 小组互评： 案例资料数量与代表性案例分析结果。
	课时：8 课时 1. 硬资源：图形工作站等。 2. 软资源：Adobe 系列软件、Office 系列软件、参考教材、任务书、工作页、数字资源等。 3. 教学设施：多媒体教学系统、白板、白板笔、白板擦等。			
节选短片解构，求证实施拍摄	1. 布置场务，按要求进行场务分配。	1. 监督各小组根据前期计划与准备进行摄制组的场务分配，包括摄像、场记演员等。 2. 在学生调试设备期间给予技术支持与答疑。 3. 做好片花记录。	1. 各小组根据前期计划与准备进行摄制组的场务分配，包括摄像、场记演员等。 2. 布置完毕后进行设备调试与摄像机的设置，包括接通电源、开启灯光等，开启摄影各项测试与调试，做好必要设置。	师评： 场务分工是否规范、安全。
	课时：8 课时 1. 硬资源：图形工作站等。 2. 软资源：Adobe 系列软件、Office 系列软件、参考教材、任务书、工作页、数字资源等。 3. 教学设施：多媒体教学系统、白板、白板笔、白板擦等。			

学习任务 1　电影画面解构

1 获得《肖申克的救赎》电影解构任务　2 制订拍摄工作计划与前期拍摄解构　3 节选短片解构，求证实施拍摄　4 图片后期处理　5 展示总结评价

节选短片解构，求证实施拍摄

工作子步骤	教师活动	学生活动	评价
2. 调整好摄影机拍摄参数，调整拍摄灯光位置分布，做好机位行进路线规划，调整收音设置。	1. 采用演示法进行拍摄过程示范，过程中讲解拍摄过程步骤及注意要点。 2. 组织各小组进行拍摄，在拍摄过程中巡回观察指导与答疑。 3. 根据学生提交上来的完整样片，进行意见反馈与建议修改，指导学生进行二次拍摄直至拍摄完成。 4. 收集汇总本阶段各小组成果存档。	1. 认真观察理解教师的拍摄演示，掌握拍摄过程步骤及要点。 2. 开始演员运动路线，调整摄像师与演员运动路径关系，设置好曝光参数、镜头焦距、白平衡；确定取景构图，对焦完成后进行拍摄，学生通过实施拍摄，验证解构是否合理到位。 3. 完成完整录制后，将最终监视器效果提交教师，结合教师反馈意见调整拍摄事项，继续拍摄，获取最终确定的镜头表达效果素材。 4. 将拍摄过程照片整理汇总后提交教师。	师评： （1）拍摄过程中对摄像机的操作是否规范、安全。 （2）各小组拍摄的样片质量从语言表达是否准确、对焦是否准确、构图是否合理、布光效果是否美观、过程性步骤是否完整等方面进行评价。
课时：16 课时 1. 硬资源：图形工作站等。 2. 软资源：Adobe 系列软件、Office 系列软件、参考教材、任务书、工作页、数字资源等。 3. 教学设施：多媒体教学系统、白板、白板笔、白板擦等。			
3. 对拍摄的素材进行查漏补缺、校验并导出拍摄素材。	指导学生对拍摄所得素材进行校验。	校验拍摄素材的精确度。	1. 师评： 分镜头脚本是否完善，见解是否独到，工作计划可执行率高低。 2. 小组互评： 分镜头脚本是否完善及工作计划的可执行性。

1 获得《肖申克的救赎》电影解构任务 → 2 制订拍摄工作计划与前期拍摄解构 → 3 节选短片解构，求证实施拍摄 → 4 图片后期处理 → 5 展示总结评价

	工作子步骤	教师活动	学生活动	评价
图片后期处理	1. 对视频素材进行归类筛选。 2. 对视频素材进行初步剪辑，配乐，得出基本样片。 3. 对影片进行数字校色处理。 4. 根据语法校对，进行精剪辑样片。 5. 将精剪好的 Demo 进行输出压制，最终以 H264 格式交付。	1. 教师采用实操演示法进行影片后期处理要点讲解。 2. 组织各小组进行视频后期处理操作，其间巡回观察指导及答疑相关软件操作技能点与知识点。	1. 认真观察教师讲解案例的后期处理要点，理解并做好必要记录。 2. 认真观察教师示范案例的后期处理过程，理解并做好必要记录。 3. 小组分工进行素材后期处理工作，遇疑难点要查阅相关资料、团队沟通交流、咨询教师进行解决。 4. 视频后期处理完成后对相关文件进行保存及导出对应格式的最终样片。	师评： 视频后期处理效果： (1) 色彩校正是否正确。 (2) 剪辑节奏是否合理。 (3) 音效对位是否精准。 (4) 视频文件格式、尺寸是否符合要求。
	课时： 8 课时 1. 硬资源：图形工作站等。 2. 软资源：Adobe 系列软件、Office 系列软件、参考教材、任务书、工作页、数字资源等。 3. 教学设施：多媒体教学系统、白板、白板笔、白板擦等。			
展示总结评价	1. 对本次任务过程中所有相关文件与资料进行整理归档。 2. 对输出的成片进行展示汇报，分享制作过程。	1. 组织学生小组整理归档文件资料。 2. 组织学生进行样片演讲。 3. 组织小组互评，小组互评后教师点评总结。 4. 收集汇总各小组工作任务全过程所有阶段性资料成果进行存档。	1. 各小组整理归档任务过程中所有相关文件与资料。 2. 各小组对本次拍摄任务结果，通过样片进行演讲表达。 3. 各小组间进行互相评价，最后教师总结点评。 4. 将整个工作任务全过程所有阶段性资料成果整理打包，最终提交教师存档。	1. 师评： (1) 拍摄过程中各组组员是否全部参与，是否有明确分工，被评价的小组是否充分配合检查，并对资料进行必要的汇报。 (2) 成果验收：教师验收点评任务完成结果。 (3) 学习成果：是否具备创新意识和体现团队意识。 2. 小组互评： 各小组根据评分表进行小组互评。
	课时： 4 课时 1. 硬资源：图形工作站等。 2. 软资源：Adobe 系列软件、Office 系列软件、参考教材、任务书、工作页、数字资源等。 3. 教学设施：多媒体教学系统、白板、白板笔、白板擦等。 4. 文本资源：汇报 PPT 大纲模版、拍摄成果评分表等。			

学习任务 2　经典影片桥段模仿

任务描述

学习任务课时：60 课时

任务情境：

我班现在要建立一个公众号平台，设置有经典桥段模仿专栏，专栏专门放置著名电影的经典桥段模仿，我们把模仿与推广的形式相结合，丰富公众号的运营方式，促进公众号的社会认知度，为品牌专业招生，也为自我宣传。

本任务通过模仿电影经典桥段，让学生能够通过学习摄影技术的运用，选择自己最动容的一部影视作品的节选，进行解构，并且根据解构后的数据，进行影片模仿，表现手法不限，最终输出 H264 成片交付。

具体要求见下页。

工作流程和标准

工作环节 1

明确任务

1

根据拍摄要求明确本次拍摄任务的内容，明确拍摄短片的类型、后期制作要求，反复解构原片的拍摄技巧。

工作环节 2

制订工作计划与前期拍摄准备

2

1. 制订工作计划，合理安排拍摄制作进度。
2. 整理拍摄场地，准备好拍摄所需的设备与配件工具等。

主要成果：

1. 拍摄工作计划表；
2. 工作计划制订的明细与规范；
3. 拍摄设备需求清单。

工作环节 3

短片拍摄实施

3

1. 布置场务，按照要进行场务分配，各司其职。
2. 分镜头脚本设计，根据解构数据进行分镜头脚本制作。
3. 操作摄像机进行产拍摄，控制好对焦、曝光、白平衡与构图等。
4. 将相机与计算机连接，把拍摄好的素材片导出。

主要成果：
1. 明确场务分工；
2. 通过原片解构出来的数据进行二次创作，进而进行分镜头脚本设计，为后续拍摄做准备；
3. 正确设置相机相关参数进行拍摄；
4. 拍摄所得视频素材。

工作环节 4

视频后期处理

4

1. 对视频素材进行归类筛选。
2. 对视频素材进行初步剪辑，配乐，得出基本样片。
3. 对影片进行数字校色处理。
4. 根据语法校对，进行精剪辑样片。
5. 将精剪好的 Demo 进行输出压制，最终以 H264 格式交付。

主要成果：
PR 源文件、成片。熟悉影片制作基本流程。

工作环节 5

展示总结评价

5

1. 对本次任务过程中所有相关文件与资料进行整理归档。
2. 对输出的成片进行展示，分享制作过程，陈述制作的心得经验，特别是其中的技术难点和技术要点。
3. 总结所学的摄影技术的运用，以及在拍摄过程当中认识到的团队合作的重要性。

主要成果：
成片展示，包含技术难点与技术要点。

学习内容

	1	2	3	4
知识点	1.1 摄像工作任务工作流程； 1.2 分镜解构理论知识； 1.3 分镜重构理论知识； 1.4 正能量对白设定理论知识	2.1 分镜脚本的制作规范 / 流程； 2.2 剧务人员分工与职责； 2.3 设备需求清单制订流程； 2.4 拍摄文案制作流程； 2.5 台词编写知识	3.1 场地与镜头语言关系的特征分析； 3.2 场面调度基础知识； 3.3 场地布光概念、使用的工具及方法； 3.4 拍摄设备认识	4.1 熟悉场务各方面职能； 4.2 导演 / 演员自我修养； 4.3 创新 / 有效的管理方式
技能点	1.1 Word 文档使用； 1.2 Excel 表格使用； 1.3 讨论过程中临时模仿技巧表达	2.1 Shot designer 分镜 APP 的使用； 2.2 熟练使用 Word 文档进行分镜 / 文案编写与排版	3.1 影视语言构成技法； 3.2 场面调度技法； 3.3 互联网资源搜索能力	4.1 工作安排与资金分配能力； 4.2 人员安排说服力； 4.3 业务组织能力
工作环节	工作环节 1 明确任务	制订工作计划与前期拍摄准备 工作环节 2		
成果	1.1 夏洛特烦恼桥段分镜解构图谱； 1.2 相关剧组拍摄花絮； 1.3 讨论汇总表	2.1 短片模仿拍摄文案； 2.2 短片模仿分镜头脚本重组； 2.3 拍摄时间流程表； 2.4 设备需求清单	3.1 工作计划制订的项目与规范； 3.2 拍摄道具设备需求清单	4.1 明确场务分工； 4.2 制作场务分工表
素养		2.1 理解技术与人类文明的有机联系，具有学习掌握技术的兴趣和意愿		
	思政元素：在实战演练中理解技术运用的重要性，提高技术运用的能力			

学习任务 2　经典影片桥段模仿

5.1 灯光相关理论与操作技巧； 5.2 Prores422、Raw 的概念、种类及使用； 5.3 跟焦器对焦概念及如何进行有效控制； 5.4 脉冲灯 /Rrri 灯的设置方法； 5.5 录音相关设置方法	6.1 场记的工作方法与常识； 6.2 导出格式的数据管理方法	7.1 PR 视频剪辑对于影视语言重组认识； 7.2 PR 音频调整功能及操作认识； 7.3 格式的功能及区别； 7.4 Davinci 色彩学原理	8.1 演讲与表达的要领； 8.2 任务资料的整理和知识排序的理论	
5.1 Davinci 校色技巧； 5.2 PR 剪辑制作技巧； 5.3 PR 音效处理技巧； 5.4 Davinci 瑕疵修复技巧	6.1 画面曝光检视； 6.2 语言表达检视； 6.3 景别 / 构图检视； 6.4 拍摄参数检视； 6.5 场记校验的快捷技巧 6.6 科学导出视频素材技巧	7.1 Davinci 校色技巧； 7.2 PR 剪辑制作技巧； 7.3 PR 音效处理技巧； 7.4 Davinci 瑕疵修复技巧	8.1 演讲与表达技巧； 8.2 文件汇报技巧	9.1 演讲与表达技巧； 9.2 文件汇报技巧
工作环节 3 短片拍摄实施		工作环节 4 视频后期处理		展示总结评价 工作环节 5
5.1 随时待命的摄影机； 5.2 布光与相关设备位置布置图与现场记录照； 5.3 拍摄测试样片； 5.4 音频样片	6.1 核对校验分镜与拍摄画面的匹配率； 6.2 导出拍摄素材	7.1 后期处理过的视频 PR 源文件 /Davinci 套底文件； 7.2 H264 成片输出	8.1 归档资料与文件； 8.2 展示汇报样片	
5.1 具有团队精神和合作意识		7.1 具有精诚团结、善于沟通、互帮互助、热心公益、志愿服务的团队精神和合作意识	8.1 演讲与表达能力、团队合作精神	

课程 4　纪实片摄像

学习任务 2　经典影片桥段模仿

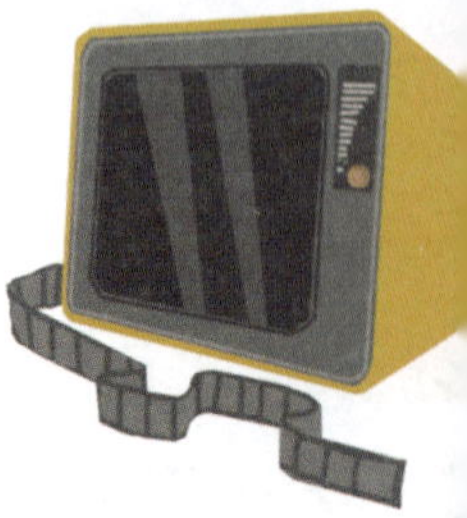

1 获得《夏洛特烦恼》桥段模仿任务 → 2 制订拍摄工作计划与前期拍摄准备 → 3 短片拍摄实施 → 4 视频后期处理 → 5 展示总结评价

<table>
<tr><th></th><th>工作子步骤</th><th>教师活动</th><th>学生活动</th><th>评价</th></tr>
<tr><td rowspan="2">获得《夏洛特烦恼》桥段模仿任务</td><td>1. 接受《夏洛特烦恼》桥段模仿文案任务。
2. 收集相关剧组拍摄花絮。
3. 解构《夏洛特烦恼》分镜结构。
4. 分镜重组讨论。
5. 对白重构设定讨论。</td><td>1. 教师组织学生进行团队组建，采用自由搭配为主，教师调配为辅的方式，每组 8~10 人为宜；组队完成后指导学生填写团队信息表并收集各团队表格存档留用。
2. 教师给学生讲授将要被模仿短片的相关要素：主题表达、线索判断、节奏拿捏、解构分解及语法重组。
3. 采用问答法接受学生反馈提问，予以解答，帮助学生理解工作任务要求。</td><td>1. 在教师的指导下，进行团队组建，采用学生自由组队，教师协调调配的方式，每组控制在 8~10 人；团队组建完成后填写团队信息表并提交给教师存档留用。
2. 组队完成后，采用角色扮演法，学生小组扮演摄影工作室团队，认真听取教师发布工作任务并记录任务要求要点，包括拍摄短片的主题表达、线索判断、节奏拿捏、解构分解及语法重组等。
3. 各学生小组对任务单及工作要求不明确的地方提出疑问，与教师沟通并补充记录。</td><td>师评：
（1）教师现场记录评价各学生小组的主动性、聆听解构技巧、表达技巧、拍摄手法解读。
（2）团队信息表是否完善无误。
（3）解构重组图稿是否有独到见解。</td></tr>
<tr><td colspan="4">课时：8 课时
1. 硬资源：图形工作站等。
2. 软资源：Adobe 系列软件、Office 系列软件、参考教材、任务书、工作页、数字资源等。
3. 教学设施：多媒体教学系统、白板、白板笔、白板擦等。
4. 文本资源：剧务清单等。</td></tr>
<tr><td rowspan="2">制订拍摄工作计划与前期拍摄准备</td><td>1. 制订拍摄文案。
2. 制订分镜脚本。
3. 制订拍摄时间流程表。
4. 制订设备需求清单。</td><td>1. 发放分镜头模版并讲解计划要点。
2. 指导各小组制作分镜头脚本。
3. 解读中国民俗习惯影视语言视觉。
4. 收集各小组分镜头脚本并组织小组互评、教师点评。
5. 收取汇总各小组定稿的分镜头脚本存档留用。</td><td>1. 学生小组领取样片并阅读理解，将原著短片打散重构。
2. 小组讨论编写拍摄文案。
3. 小组重置分镜头脚本。
4. 分镜头脚本初稿完成后提交给教师进行展示评价反馈。
5. 根据小组互评及教师反馈意见修改工作计划书至确定通过。</td><td>1. 师评：
分镜头脚本是否完善，见解是否独到，工作计划可执行率高低。
2. 小组互评：
分镜头脚本是否完善及工作计划的可执行性。</td></tr>
<tr><td colspan="4">课时：8 课时
1. 硬资源：图形工作站等。
2. 软资源：Adobe 系列软件、Office 系列软件、参考教材、任务书、工作页、数字资源等。
3. 教学设施：多媒体教学系统、白板、白板笔、白板擦等。
4. 文本资源：分镜头脚本模版等。</td></tr>
</table>

基准课时：60

1 获得《夏洛特烦恼》桥段模仿任务 → 2 制订拍摄工作计划与前期拍摄准备 → 3 短片拍摄实施 → 4 视频后期处理 → 5 展示总结评价

	工作子步骤	教师活动	学生活动	评价
制订拍摄工作计划与前期拍摄准备	1. 整理拍摄场地。 2. 准备好拍摄所需的设备与配件道具等。	1. 教师考察场地。 2. 巡回指导各小组进行场地工作安排。 3. 巡回指导各小组摄像师路线。 4. 收集汇总本阶段各小组成果存档。	1. 寻找与剧本分镜匹配的合适场地。 2. 确定合适场地的演职路线安排。 3. 摄像师的拍摄路线彩排。 4. 各小组展示自己的场地分析成果，绘制机位运动路线图，并进行互评及接收教师点评。	1. 师评： (1) 小组各成员的参与度、主动性、沟通表达能力。 (2) 根据学生提交上来的案例资料综合（创意性、可实施性、成本、完整性、语言表达精确性、故事重组技巧等）分析评级。 2. 小组互评： 案例资料数量与代表性案例分析结果。
	课时： 8 课时 1. 硬资源：图形工作站等。 2. 软资源：Adobe 系列软件、Office 系列软件、参考教材、任务书、工作页、数字资源等。 3. 教学设施：多媒体教学系统、白板、白板笔、白板擦等。			
短片拍摄实施	1. 布置场务，按要求进行场务分配。	1. 监督各小组根据前期计划与准备进行摄制组的场务分配，包括摄像、场记演员等。 2. 在学生调试设备期间给予技术支持与答疑。 3. 做好片花记录。	1. 各小组根据前期计划与准备进行摄制组的场务分配，包括摄像、场记演员等。 2. 布置完毕后进行设备调试与摄像机的设置，包括接通电源、开启灯光等，开启摄影各项测试与调试，做好必要设置。	师评： 场务分工是否规范、安全。
	课时： 16 课时 1. 硬资源：图形工作站等。 2. 软资源：Adobe 系列软件、Office 系列软件、参考教材、任务书、工作页、数字资源等。 3. 教学设施：多媒体教学系统、白板、白板笔、白板擦等。			

课程 4　纪实片摄像

学习任务 2　经典影片桥段模仿

1 获得《夏洛特烦恼》桥段模仿任务 → 2 制订拍摄工作计划与前期拍摄准备 → 3 短片拍摄实施 → 4 视频后期处理 → 5 展示总结评价

短片拍摄实施

工作子步骤	教师活动	学生活动	评价
2. 调整好摄影机拍摄参数，调整拍摄灯光位置分布，做好机位行进路线规划，调整收音设置。	1. 采用演示法进行拍摄过程示范，过程中讲解拍摄过程步骤及注意要点。 2. 组织各小组进行拍摄，在拍摄过程中巡回观察指导与答疑。 3. 根据学生提交上来的完整样片，进行意见反馈与建议修改，指导学生进行二次拍摄直至拍摄完成。 4. 收集汇总本阶段各小组成果存档。	1. 认真观察理解教师的拍摄演示，掌握拍摄过程步骤及要点。 2. 开始演员运动路线，调整摄像师与演员运动路径关系，设置好曝光参数、镜头焦距、白平衡；确定取景构图，对短片进行模仿拍摄，在模仿的工程中要求循序渐进掌握拍摄设备、拍摄技术、拍摄思维的运用。 3. 完成完整录制后，将最终监视器效果提交教师，结合教师反馈意见调整拍摄事项，继续拍摄，获取最终确定的镜头表达效果素材。 4. 将拍摄过程照片整理汇总后提交教师。	师评： （1）拍摄过程中对摄像机的操作是否规范、安全。 （2）各小组拍摄的样片质量从语言表达是否准确、对焦是否准确、构图是否合理、布光效果是否美观、过程性步骤是否完整等方面进行评价。

课时： 8 课时

1. 硬资源：图形工作站等。
2. 软资源：Adobe 系列软件、Office 系列软件、参考教材、任务书、工作页、数字资源等。
3. 教学设施：多媒体教学系统、白板、白板笔、白板擦等。

3. 对拍摄的素材进行查漏补缺校验。导出拍摄素材。	指导学生对拍摄所得素材进行校验。	校验拍摄素材的精确度。	

① 获得《夏洛特烦恼》桥段模仿任务 → ② 制订拍摄工作计划与前期拍摄准备 → ③ 短片拍摄实施 → ④ 视频后期处理 → ⑤ 展示总结评价

	工作子步骤	教师活动	学生活动	评价
制订拍摄工作计划与前期拍摄准备	1. 对视频素材进行归类筛选。 2. 对视频素材进行初步剪辑，配乐，得出基本样片。 3. 对影片进行数字校色处理。 4. 根据语法校对，进行精剪辑样片。 5. 将精剪好的 Demo 进行输出压制，最终以 H264 格式交付。	1. 教师采用实操演示法进行影片后期处理要点讲解。 2. 组织各小组进行视频后期处理操作，其间巡回观察指导及答疑相关软件操作技能点与知识点。	1. 认真观察教师讲解案例的后期处理要点，理解与做好必要记录。 2. 认真观察教师示范案例的后期处理过程，理解与做好必要记录。 3. 小组分工进行素材后期处理工作，遇疑难点要查阅相关资料、团队沟通交流、咨询教师进行解决。 4. 视频后期处理完成后对相关文件进行保存及导出对应格式的最终样片。	师评： 视频后期处理效果： （1）色彩校正是否正确。 （2）剪辑节奏是否合理。 （3）音效对位是否精准。 （4）视频文件格式、尺寸是否符合要求。
	课时： 8 课时 1. 硬资源：图形工作站等。 2. 软资源：Adobe 系列软件、Office 系列软件、参考教材、任务书、工作页、数字资源等。 3. 教学设施：多媒体教学系统、白板、白板笔、白板擦等。			
展示总结评价	1. 对本次任务过程中所有相关文件与资料进行整理归档。 2. 对输出的成片进行展示汇报，分享制作过程。	1. 组织学生小组整理归档文件资料。 2. 组织学生进行样片演讲。 3. 组织小组互评，小组互评后教师点评总结。 4. 收集汇总各小组工作任务全过程所有阶段性资料成果进行存档。	1. 各小组整理归档任务过程中所有相关文件与资料。 2. 各小组对本次拍摄任务结果，通过样片进行演讲表达。 3. 各小组间进行互相评价，最后教师总结点评。 4. 将整个工作任务全过程所有阶段性资料成果整理打包，最终提交教师存档。	1. 师评： （1）拍摄过程中各组组员是否全部参与，是否有明确分工，被评价的小组是否充分配合检查，并对资料进行必要的汇报。 （2）成果验收：教师验收点评任务完成结果。 （3）学习成果：是否具备创新意识和团队意识。 2. 小组互评： 各小组根据评分表进行小组互评。
	课时： 4 课时 1. 硬资源：图形工作站等。 2. 软资源：Adobe 系列软件、Office 系列软件、参考教材、任务书、工作页、数字资源等。 3. 教学设施：多媒体教学系统、白板、白板笔、白板擦等。 4. 文档资源：汇报 PPT 大纲模版、拍摄成果评分表等。			

考核标准

考核时间：320 分钟；成绩：100 分

任务名称：

对《夏洛特烦恼》经典桥段进行模仿拍摄制作；自选名篇桥段进行模仿拍摄制作。

情境描述：

现在我公司需要制作一系列自媒体搞笑短片，要求参考夏洛特烦恼进行二次创作，风格诙谐，画面幽默，以严谨的影视制作流程（选题—文案—分镜—剪辑—调色—合成—输出）进行制作，加上字幕，最终输出成片，视频编码为 QuickTime，套封 H264。

任务要求：

1. 要求以 10 bit 色彩位数拍摄视频。
2. 输出的短片尺寸为 1080p/25。
3. 最终合成画面要求具有创造性，能够模仿出原著的核心表达。
4. 短片需结合脚本、文案内容进行合适的剪辑。
5. 最终交付的资料要包含：PR 原工程文件、经压缩不大于 20M 并且要求能用于手机播放的视频文件。

参考资料：

原著。

评价方式及标准：

考核分数主要由任课教师根据评分规范进行评价，其中纸笔测试占 30 分，实操测试占 70 分。

纸笔测试（方案设计）评分表（总分 30 分）

考核内容	评分细则	配分	得分
文案书写正确		10	
分镜头策划合理		10	
表达逻辑清晰		10	

实操测试评分表（总分 70 分）

序号	评分标准	配分	得分
1	团队分工合理、合作良好	10	
2	摄像机拍摄运用得当，符合“平、匀、稳、准”的基本要求	10	
3	视频拍摄构图设计合理	10	
4	视频拍摄信息量捕捉合理	10	
5	视频短片的剪辑合理，不犯剪辑错误	10	
6	视频短片故事构建逻辑清晰	10	
7	视频短片中剪辑效果、音效运用得当	10	
合计			

课程 5　广告片摄像

学习任务 1
中华传统美食广告片制作
（60）课时

学习任务 2
古法白酒广告片制作
（60）课时

课程目标

学习完本课程后，学生应当能够初步完成广告片摄影工作任务，具备操作专业摄影机及相关摄影设备器材，对拍摄对象进行布光设计和良好地执行分镜头拍摄，对拍摄所得素材根据规范要求进行后期剪辑的职业能力，具备包括：

（1）能认真审阅剧本与分镜，制订工作时间安排表；能与导演、演员进行专业交流沟通，获取视频风格等信息，执行交片要求；通过任务书培养学生的解读与反馈沟通能力。

（2）能够按照文案分镜进行拍摄前期准备，选角，道具、场景、闪光、摄影机选配，准备灯光等设备器材，培养学生拍摄协调能力。

（3）能够结合广告剧本的拍摄进行布光，进行文案执行和实景拍摄，通过三大学习任务拍摄培养学生的摄影布光能力。

（4）能够使用 PR、AE、Davinci 软件对照片进行后期剪辑处理；培养学生的图像后期剪辑能力。

（5）能按照公司的要求进行规范制片，合理安排个人工作时间，提高视频拍摄的工作效率，在保证视频质量的基础上按时交稿；培养学生的自我管理与工作规划能力。

（6）能接收项目主管对工作的反馈修改要求，能够在团队内进行沟通协调，最终完成项目提交验收；培养学生沟通交流、团队协作、解决问题的能力。

（7）能够在实施工作任务过程中严格遵守企业相关操作流程规范、安全管理制度等管理规定，培养学生的职业操作规范。

（8）对新设备、新技术能及时更新掌握，能够使用新软件、新技术对制作流程进行优化，简化制作步骤，缩短制作周期，提升制作效率，培养学生的创新思维能力。

课时：120

课程内容

本课程的主要学习内容包括：

1. 广告片拍照的全流程工序。
2. 广告片文案、剧本、分镜制作方法。
3. 广告片拍摄的灯光构成方式。
4. 广告片拍摄的机位运动法则。
5. 广告片拍摄后期制作技巧。
6. 相关编码知识。

学习任务 1　中华传统美食广告片制作

任务描述

学习任务课时：60 课时

任务情境：

某中华传统美食品牌商为其某款产品做广告宣传视频一集，要求摄影团队为其策划拍摄一组创意视频，再从拍摄素材中自行选择所需素材进行后期剪辑与合成制作，最终得到广告片正片一集，广告画面尺寸要求为 H264 格式，1080p 大小。品牌商将提供实物产品连同完整包装 3 套供拍摄使用。第一阶段初步剪辑完成后先交付客户，确认无误后再进行后期制作，最后将处理完成的广告成片交付客户验收。

具体要求见下页。

工作流程和标准

工作环节 1

明确任务

1

根据任务要求明确本次任务制作的内容，明确美食的风格定位、视频制作的风格要求、片头的制作周期要求；收集分析同类型案例，任务主题在于以色香味打动人文的味蕾情怀、家国情怀，发掘传统美食制作工艺中厚德精技的文化内涵。

主要成果：

相关样片风格案例收集与分析总结资料。

工作环节 2

制订工作计划与文字脚本设计

2

1. 制订详细工作计划周期。
2. 设计文字脚本。

主要成果：

1. 制作的工作计划；
2. 文字分镜头脚本。

工作环节 3

前期拍摄 + 后期制作

3

1. 根据分镜头脚本，进行相关视频、图片、文字、声音素材的收集与整理。
2. 根据文字脚本，使用 Blackmagic、SONY 等相关摄像设备，执行分镜头的拍摄与后期制作，要求：

（1）能够综合运用 Blackmagic、SONY 等相关摄像设备，执行分镜头拍摄；能够熟练地运用 Davinci 专业调色软件进行画面调色剪辑。

（2）能够对镜头有节奏地进行剪辑，运用蒙太奇手法表达特定的风格、情感，传达美食制作工艺中厚德精技的文化内涵。

（3）按照视频输出要求进行片头视频样片的输出。

（4）输出样片。

主要成果：

1. 素材文件包；
2. 输出的样片。

工作环节 4

展示总结评价

4

1. 对本次任务过程中所有相关文件与资料进行整理归档。
2. 对本次任务的文字脚本和输出的视频进行展示，分享制作过程，陈述制作的心得经验，特别是其中的技术难点和技术要点。

主要成果：

成片展示，包含技术难点与技术要点展示。

学习内容

知识点	1.1 广告片摄像文案制作流程； 1.2 文案脚本编写要求与规范； 1.3 广告片的拍摄要点； 1.4 信息的筛选整理能力	2.1 摄像分镜头制作规范； 2.2 剧务人员分工与职责； 2.3 设备需求清单； 2.4 拍摄布光策划； 2.5 文案 / 分镜格式规范	3.1 摄像机的功能及操作方法技巧； 3.2 摄影棚持续光的功能和操作方法技巧； 3.3 三脚架的功能及使用方法； 3.4 电源的配置和方法	4.1 根据脚本布置拍摄场景； 4.2 云台轨道安装使用测试； 4.3 掌握脉冲灯的测试方法和选取方法； 4.4 大功率灯的安装与调整测试方法； 4.5 分镜头绘制方法
技能点	1.1 Word 文档使用； 1.2 Excel 表格使用； 1.3 影视文案解读解构能力； 1.4 网络文件收集下载技巧	2.1 各种因地制宜的创意性拍摄构思； 2.2 Blackmagic 使用技巧； 2.3 ASXMOV 系统使用技巧	3.1 Arri 影棚光源的操作； 3.2 滑轨三脚架的使用； 3.3 大功率脉冲灯的使用	4.1 场景的搭建与布置； 4.2 绘画技巧； 4.3 影视灯的连接； 4.4 滑轨等移动设备安装与调整
工作环节	工作环节 1 明确任务	制订工作计划与文字脚本设计 工作环节 2		
成果	1.1 筛选传统美食重点表现对象细节； 1.2 思路解构图谱	2.1 拍摄文案； 2.2 拍摄时间计划表； 2.3 拍摄分镜头脚本	3.1 视频素材拍摄资料； 3.2 美食广告拍摄布光分析图文； 3.3 设备需求清单	4.1 分镜头脚本
素养	1.1 具有艺术知识、技能与方法的积累	2.1 能理解和尊重文化艺术的多样性		4.1 具有发现、感知、欣赏、评价美的意识和基本能力
	思政元素：能从中华传统美食制作过程当中领会厚德精技、德艺双馨的精神内涵			

学习任务 1　中华传统美食广告片制作

5.1 灯光相关理论与操作技巧； 5.2 Prores422/444、RAW 的概念、种类及使用； 5.3 跟焦器对焦概念及如何进行有效控制； 5.4 脉冲灯 /Rrri 灯的设置方法	6.1 PPT 版面编排知识； 6.2 任务资料的整理和排序技巧	7.1 PPT 版面编排知识； 7.2 任务资料的整理和排序技巧
5.1 Blackmagic 各项参数设置； 5.2 ASXMOV 系统的安装使用； 5.3 分层布光的灯光输出设置； 5.4 轨道运动的角度调整	6.1 口才与演讲技巧； 6.2 PPT 的使用方法	7.1 口才与演讲技巧； 7.2 PPT 的使用方法
工作环节 3 **前期拍摄**	**工作环节 4** **后期制作**	**展示总结评价** **工作环节 5**
5.1 对应分镜头脚本拍摄的素材； 5.2 拍摄花絮记录照； 5.3 完整布光结果照片	6.1 对本次任务过程中所有相关文件与资料进行整理归档； 6.2 对本次任务的文字脚本和输出的视频进行展示，分享制作过程，陈述制作的心得经验，特别是其中的技术难点和技术要点	7.1 对本次任务过程中所有相关文件与资料进行整理归档； 7.1 对本次任务的文字脚本和输出的视频进行展示，分享制作过程，陈述制作的心得经验，特别是其中的技术难点和技术要点
	6.1 沟通表达能力与团队合作精神、工作流程交接能力	7.1 沟通表达能力与团队合作精神

课程 5　广告片摄像

学习任务 1　中华传统美食广告片制作

① 明确任务　② 制订工作计划与文字脚本设计　③ 前期拍摄　④ 后期制作　⑤ 展示总结评价

	工作子步骤	教师活动	学生活动	评价
明确任务	1. 接受传统美食拍摄文案。 2. 收集分析同类型案例。 3. 了解该品牌的文化故事。	1. 教师组织学生进行团队组建，采用自由搭配为主，教师调配为辅的方式，每组 4~6 人为宜；组队完成后指导学生填写团队信息表并收集各团队表格存档留用。 2. 教师以剧组的形式要求学生进行角色扮演及拍摄调研，实地考察美食文化的色彩基调、厚德精技文化涵养等相关信息。 3. 采用问答法接受学生反馈提问，予以解答，帮助学生理解工作任务要求。 4. 收取学生小组填写完成的工作任务单评价记录后存档留用。	1. 在教师的指导下，进行团队组建，采用学生自由组队，教师协调调配的方式，每组控制在 4~6 人；团队组建完成后填写团队信息表并提交给教师存档留用。 2. 组队完成后，以剧组的形式要求进行角色扮演及拍摄调研，学生实地考察美食文化的色彩基调、故事基调、文化涵养等相关信息。 3. 各学生小组对任务单及工作要求存在不明确的地方提出疑问，与教师沟通并补充记录。 4. 将填写完成的工作任务单提交教师存档留用。	师评： (1) 教师现场记录评价各学生小组的主动性、聆听技巧、表达技巧、要点解读能力。 (2) 团队信息表是否完善无误（语言表达能力、解决问题能力）。 (3) 拍摄工作单是否详细、完整。
	课时： 8 课时 1. 硬资源：图形工作站等。 2. 软资源：Adobe 系列软件、Office 系列软件、参考教材、任务书、工作页、数字资源等。 3. 教学设施：多媒体教学系统、白板、白板笔、白板擦等。 4. 文本资源：团队信息表、拍摄任务单等。			
制订工作计划与文字脚本设计	1. 制订传统美食拍摄工作计划书。	1. 发放摄影工作计划书模版并讲解计划要点。 2. 指导各小组编写分镜头脚本。 3. 收集各小组工作计划书初稿并组织小组互评、教师点评。 4. 收取汇总各小组定稿的工作计划书存档留用。	1. 学生小组领取工作计划书模版并阅读理解计划拍摄要点。 2. 小组讨论编写拍摄分镜头脚本。 3. 分镜头脚本初稿完成后提交给教师进行展示评价反馈。 4 根据小组互评及教师反馈意见修改工作计划书至确定通过。	1. 师评： (1) 工作计划书是否完善无误及工作计划的可执行性。 (2) 拍摄基调是否能反映美食的民俗文化及厚德精技的视觉基调。 2. 小组互评： 工作计划书是否完善无误及工作计划的可执行性。
	课时： 8 课时 1. 硬资源：图形工作站等。 2. 软资源：Adobe 系列软件、Office 系列软件、参考教材、任务书、工作页、数字资源等。 3. 教学设施：多媒体教学系统、白板、白板笔、白板擦等。 4. 文本资源：工作计划书模版等。			

工作子步骤	教师活动	学生活动	评价
2. 美食广告案例资料收集与分析。	1. 教师采用教授法与示范法结合讲授资料收集的方法渠道，打开相关网站进行案例收集操作示范，对选取的案例进行拍摄分析，画出布光图。 2. 巡回指导各小组进行本工作任务同类案例的资料收集。 3. 巡回指导各小组选择代表性参考案例进行布光构图的分析。 4. 组织学生小组进行资料收集与分析结果的展示并进行小组间的互评；教师点评。 5. 收集汇总本阶段各小组成果存档。	1. 学生获取教师讲授资料收集的方法渠道。 2. 结合现有的拍摄条件，通过互联网搜索及书籍查阅，各小组进行同类案例资料的收集，将收集的图片归档保存。 3. 在收集的案例中，选择风格相近或者相符合的案例进行布光模拟、构图等要点分析。 4. 各小组展示自己的资料收集与分析成果，并进行互评及接受教师点评。	1. 师评： (1) 小组各成员的参与度、主动性、沟通表达能力。 (2) 根据学生提交上来的摄影案例资料数量与代表性案例分析结果。 2. 小组互评： 广告案例资料数量与代表性案例分析结果。
课时： 6 课时 1. 硬资源：图形工作站等。 2. 软资源：Adobe 系列软件、Office 系列软件、参考教材、任务书、工作页、数字资源等。 3. 教学设施：多媒体教学系统、白板、白板笔、白板擦等。			
3. 填写设备需求清单，领取相关拍摄设备与整理拍摄场地。	1. 为各小组发放设备需求清单并组织填写。 2. 收集各小组提交的设备需求清单，按需求清单组织发放设备。 3. 组织各小组进行拍摄场地整理。 4. 收集汇总本阶段各小组成果存档。	1. 各小组领取并填写设备需求清单。 2. 根据清单领取本次拍摄所需设备。 3. 通过查阅相关书籍与网络资料、设备使用说明书，了解相关设备的功能及操作方法。 4. 提交小组收集的资料与记录文档；听取教师对摄像机、三脚架等设备使用方法及操作规范的总结与重点分析讲解。 5. 各小组根据拍摄任务与设备清单进行拍摄前的场地整理。	师评： (1) 小组各成员的参与度、主动性、沟通表达能力。 (2) 各小组对相关提问的回答是否正确合理。 (3) 学生提交上来的相关设备功能及使用方法资料内容完整、详细程度。 (4) 团队性拍摄是否体现出良好的合作意识。
课时： 2 课时 1. 硬资源：图形工作站等。 2. 软资源：Adobe 系列软件、Office 系列软件、参考教材、任务书、工作页、数字资源等。 3. 教学设施：多媒体教学系统、白板、白板笔、白板擦等。 4. 文档资源：设备需求清单等。			

学习任务 1　中华传统美食广告片制作

1 明确任务　2 制订工作计划与文字脚本设计　3 前期拍摄　4 后期制作　5 展示总结评价

前期拍摄

工作子步骤	教师活动	学生活动	评价
1. 定稿剧本。 2. 定稿分镜头脚本。	1. 组织各小组进行设备的连接与拍摄场景布置；观察实施过程，其间巡回指导各个小组进行操作实施。 2. 在学生调试设备期间给予技术支持与答疑。 3. 收集汇总本阶段各小组成果存档。	1. 各小组根据前期策划与准备进行拍摄场景布置与设备连接，包括场景搭建、产品摆放、安装灯架、连接摄像机与ASXMOV系统等。 2. 布置完毕后进行设备调试与摄像机的设置，包括接通电源、开启追焦器等。	师评： (1) 场地布置与设备连接过程是否规范、安全。 (2) 硬件安装是否规范、合理。 (3) 是否遵循团队合作和职业素养。

课时： 8 课时
1. 硬资源：图形工作站等。
2. 软资源：Adobe 系列软件、Office 系列软件、参考教材、任务书、工作页、数字资源等。
3. 教学设施：多媒体教学系统、白板、白板笔、白板擦等。

工作子步骤	教师活动	学生活动	评价
3. 设置调整摄像机相关参数与灯光参数位置。 4. 执行分镜头拍摄。	1. 采用演示法进行拍摄过程示范，过程中讲解拍摄过程步骤及注意要点。 2. 组织各小组进行拍摄，在拍摄过程中巡回观察指导与答疑。 3. 根据学生提交上来的完整布光拍摄视频，进行意见反馈与建议修改，指导学生进行二次拍摄直至拍摄完成。 4. 收集汇总本阶段各小组成果存档。	1. 认真观察理解教师拍摄演示，掌握拍摄过程步骤及要点。 2. 认真观察教师对灯光以及画面的同步调试。 3. 完成完整布光视频录制后，将最终布光效果动态预览后提交教师，结合教师反馈意见调整语言表达，继续拍摄。 4. 将拍摄过程视频样式整理汇总后提交教师。	师评： (1) 拍摄过程中对灯光及设备使用是否规范到位。 (2) 各小组拍摄的视频素材质量从曝光是否准确、对焦是否准确、构图是否合理、布光效果是否美观、镜头语言组合是否完整等方面进行评价。

课时： 16 课时
1. 硬资源：图形工作站等。
2. 软资源：Adobe 系列软件、Office 系列软件、参考教材、任务书、工作页、数字资源等。
3. 教学设施：多媒体教学系统、白板、白板笔、白板擦等。
4. 文本资源：设备需求表等。

1 明确任务 2 制订工作计划与文字脚本设计 3 前期拍摄 4 后期制作 5 展示总结评价

	工作子步骤	教师活动	学生活动	评价
后期制作	1. 对拍摄素材进行初步剪辑。 2. 将素材导入达·芬奇进行调色。 3. 将调色完的素材回批，进行最终剪辑。 4. 片头、片尾特效制作。	1. 教师采用案例法进行视频剪辑后期处理要点讲解。 2. 采用示范法选取一段视频进行调色操作示范。 3. 组织各小组进行视频后期处理操作，其间巡回观察指导及答疑相关软件操作技能点与知识点。	1. 认真观察教师讲解案例的后期处理要点，理解与做好必要记录。 2. 认真观察教师示范案例的后期处理过程，理解与做好必要记录。 3. 小组分工进行视频后期处理工作，遇疑难点要查阅相关资料、团队沟通交流、咨询教师进行解决。 4. 视频后期处理完成后对相关文件进行保存及导出对应格式的最终视频呈现。	师评： 视频后期剪辑效果： （1）色彩还原是否正确。 （2）风格修正是否合理。 （3）剪辑节奏、镜头语法是否精准。 （4）音乐配比是否合理。 （5）美食文化影调和氛围处理是否到位。

课时： 8 课时
1. 硬资源：图形工作站等。
2. 软资源：Adobe 系列软件、Office 系列软件、参考教材、任务书、工作页、数字资源等。
3. 教学设施：多媒体教学系统、白板、白板笔、白板擦等。
4. 文档资源：设备需求清单等。

	工作子步骤	教师活动	学生活动	评价
展示总结评价	1. 对本次任务过程中所有相关文件与资料进行整理归档。 2. 制作 PPT 进行工作任务完成整体情况的展示汇报。	1. 组织学生小组整理归档文件资料。 2. 组织学生小组制作任务完成汇报 PPT,巡回指导学生完成 PPT 制作。 3. 组织小组轮流展示汇报拍摄报告，进行小组互评，小组互评后教师点评总结。 4. 收集汇总各小组工作任务全过程所有阶段性资料成果进行存档。	1. 各小组整理归档任务过程中所有相关文件与资料。 2. 各小组对本次拍摄任务结果全过程资料进行制作汇报展示。 3. 各小组进行拍摄任务完成情况及成果进行展示汇报，小组间进行互相评价，最后教师总结点评。 4. 将整个工作任务全过程所有阶段性资料成果整理打包，最终提交教师存档。	1. 师评： （1）过程中各组组员是否全部参与，是否有明确分工。被评价的小组是否充分配合检查，并对资料进行必要的汇报。 （2）成果验收：教师验收点评任务完成结果。 （3）团队合作成熟程度。 2. 小组互评： 各小组根据评分表进行小组互评。

课时： 4 课时
1. 硬资源：图形工作站等。
2. 软资源：Adobe 系列软件、Office 系列软件、参考教材、任务书、工作页、数字资源等。
3. 教学设施：多媒体教学系统、白板、白板笔、白板擦等。
4. 文档资源：汇报 PPT 大纲模版；拍摄成果评分表等。

学习任务 2　古法白酒广告片制作

任务描述

学习任务课时：60 课时

任务情境：

某古法白酒品牌需为酒类产品做广告宣传视频一集，要求摄影团队为其策划拍摄一组创意视频，再从拍摄素材中自行选择所需素材进行后期制作合成，最终得到广告片正片一集，广告画面尺寸要求为 H264 格式，1080p 大小。品牌商将提供实物产品连同完整包装 3 套供拍摄使用。第一阶段初步剪辑完成后先交付客户，确认无误后再进行后期制作，最后将处理完成的广告成片交付客户验收。

具体要求见下页。

工作流程和标准

工作环节 1

明确任务

1

1. 根据任务要求明确本次任务制作的内容，明确白酒的风格定位、视频制作的风格要求、片头的制作周期要求；收集分析同类型案例。
2. 读懂古法工艺的中国酒文化积淀，明确创作主题，弘扬匠人对传统非遗工艺的价值信仰，对酒文化的传承和执着。

主要成果：

相关样片风格案例收集与分析总结资料。

工作环节 2

制订工作计划与文字脚本设计

2

1. 制订白酒拍摄的详细工作计划；
2. 设计文字分镜头脚本，用于工作的开展安排。

主要成果：

1. 制作的工作计划；
2. 文字分镜头脚本。

学习任务 2　古法白酒广告片制作

工作环节 3

前期拍摄 + 后期制作

3

1. 根据分镜头脚本，进行相关视频、图片、文字、声音素材的收集与整理。
2. 根据文字脚本，使用 Blackmagic、SONY 等相关摄像设备，执行分镜头的拍摄与制作，要求：

（1）综合运用 Blackmagic、SONY 等相关摄像设备，执行分镜头拍摄；拍摄完毕后运用 Davinci 专业调色软件进行画面调色剪辑。

（2）对镜头节奏有进一步的认识，运用剪辑手法表达匠人对传统非文工艺的价值信仰，对酒文化的传承和执着，传达特定价值的信息。

（3）按照视频输出要求进行片头视频样片的输出。

（4）输出样片。

主要成果：
输出的样片。

工作环节 4

展示总结评价

4

1. 对本次任务过程中所有相关文件与资料进行整理归档。
2. 对本次任务的文字脚本和输出的视频进行展示，分享制作过程，陈述制作的心得经验，特别是其中的技术难点和技术要点

主要成果：
PR 源文件、成片。

学习内容

知识点	1.1 广告片摄像文案制作流程； 1.2 文案脚本编写要求与规范； 1.3 广告片的拍摄要点	2.1 摄像分镜头制作规范； 2.2 剧务人员分工与职责； 2.3 设备需求清单； 2.4 拍摄布光策划； 2.5 文案 / 分镜格式规范	3.1 摄像机的功能及操作方法技巧； 3.2 摄影棚持续光的功能和操作方法技巧； 3.3 三脚架的功能及使用方法； 3.4 电源的配置和方法	4.1 根据脚本布置拍摄场景； 4.2 云台轨道安装使用测试； 4.3 掌握脉冲灯的测试方法和选取方法 4.4 大功率灯的安装与调整测试方法； 4.5 分镜头绘制方法
技能点	1.1 Word 文档使用； 1.2 Excel 表格使用； 1.3 影视文案解读解构能力； 1.4 网络文件收集下载技巧	2.1 使用 Word 编写文字分镜头； 2.2 Blackmagic 使用技巧； 2.3 ASXMOV 系统使用技巧； 2.4 各种因地制宜的创意性拍摄构思	3.1 Arri 影棚光源的操作； 3.2 滑轨三脚架的使用； 3.3 大功率脉冲灯的使用	4.1 场景的搭建与布置； 4.2 绘画技巧； 4.3 影视灯的连接； 4.4 滑轨等移动设备安装与调整

工作环节

成果	1.1 制订古法白酒的拍摄影调和风格定位； 1.2 思路解构图谱	2.1 拍摄文案； 2.2 拍摄时间计划表； 2.3 拍摄分镜头脚本	3.1 视频素材拍摄资料； 3.2 器皿类广告拍摄布光分析图文； 3.3 设备需求清单	4.1 分镜头脚本
素养		2.1 能理解和掌握人文思想中所蕴含的认识方法和实践方法		
	思政元素：通过走访调研白酒古法酿造工艺制作，了解拍摄产品背后的中国酒文化与匠人精神，提炼匠人对文化积淀的价值信仰和生活方式，增加文化积淀			

学习任务 2　古法白酒广告片制作

5.1 灯光相关理论与操作技巧； 5.2 Prores422/444、RAW 的概念、种类及使用； 5.3 跟焦器对焦概念及如何进行有效控制； 5.4 脉冲灯 /Rrri 灯的设置方法	6.1 运用色彩表现影调； 6.2 运用镜头表现故事	7.1 PPT 版面编排知识； 7.2 任务资料的整理和排序技巧
5.1 Blackmagic 各项参数设置； 5.2 ASXMOV 系统的安装使用； 5.3 分层布光的灯光输出设置； 5.4 轨道运动的角度调整	6.1 Davinci 调色及操作技巧； 6.2 AE 片头片尾制作技巧； 6.3 PR 剪辑技巧； 6.4 Davinci 画面修复图像瑕疵修复	7.1 口才与演讲技巧； 7.2 PPT 的使用方法
工作环节 3 前期拍摄	工作环节 4 后期制作	展示总结评价 工作环节 5
5.1 对应分镜头脚本拍摄的素材； 5.2 拍摄花絮记录照； 5.3 完整布光结果照片	6.1 成片视频； 6.2 H264 格式	7.1 对本次任务过程中所有相关文件与资料进行整理归档； 7.2 对本次任务的文字脚本和输出的视频进行展示，分享制作过程，陈述制作的心得经验，特别是其中的技术难点和技术要点
	6.1 沟通表达能力与团队合作精神	

课程 5　广告片摄像

学习任务 2　古法白酒广告片制作

1 明确任务　2 制订工作计划与文字脚本设计　3 前期拍摄　4 后期制作　5 展示总结评价

<table>
<tr><th></th><th>工作子步骤</th><th>教师活动</th><th>学生活动</th><th>评价</th></tr>
<tr><td rowspan="2">明确任务</td><td>1. 接受古法白酒拍摄文案。
2. 收集分析同类型案例。
3. 了解该品牌的文化背景故事。</td><td>1. 教师组织学生进行团队组建，采用自由搭配为主，教师调配为辅的方式，每组 4~6 人为宜；组队完成后指导学生填写团队信息表并收集各团队表格存档留用。
2. 教师以剧组的形式要求学生进行角色扮演及拍摄调研，考察古法白酒的文化、色彩基调、故事基调、文化涵养等相关信息。
3. 采用问答法接受学生反馈提问，予以解答，帮助学生理解工作任务要求。
4. 收取学生小组填写完成的工作任务单评价记录后存档留用。</td><td>1. 在教师的指导下，进行团队组建，采用学生自由组队，教师协调调配的方式，每组控制在 4~6 人；团队组建完成后填写团队信息表并提交给教师存档留用。
2. 组队完成后，以剧组的形式要求进行角色扮演及拍摄调研，学生考察古法白酒的文化、色彩基调、故事基调、文化涵养等相关信息。
3. 各学生小组对任务单及工作要求存在不明确的地方提出疑问，与教师沟通并补充记录。
4. 将填写完成的工作任务单提交教师存档留用。</td><td>师评：
(1) 教师现场记录评价各学生小组的主动性、聆听技巧、表达技巧、要点解读能力。
(2) 团队信息表是否完善、无误。
(3) 拍摄工作单是否详细、完整。</td></tr>
<tr><td colspan="4">课时：8 课时
1. 硬资源：图形工作站等。
2. 软资源：Adobe 系列软件、Office 系列软件、参考教材、任务书、工作页、数字资源等。
3. 教学设施：多媒体教学系统、白板、白板笔、白板擦等。
4. 文本资源：团队信息表、拍摄任务单等。</td></tr>
<tr><td rowspan="2">制订工作计划与文字脚本设计</td><td>1. 制订古法白酒拍摄计划书。</td><td>1. 发放摄影工作计划书模版并讲解计划要点。
2. 指导各小组编写分镜头脚本。
3. 收集各小组工作计划书初稿并组织小组互评、教师点评。
4. 收取汇总各小组定稿的工作计划书存档留用。</td><td>1. 学生小组领取工作计划书模版并阅读理解计划拍摄要点。
2. 小组讨论编写拍摄分镜头脚本。
3. 分镜头脚本初稿完成后提交给教师进行展示评价反馈。
4. 根据小组互评及教师反馈意见修改工作计划书至通过。</td><td>1. 师评：
(1) 工作计划书是否完善无误及工作计划的可执行性。
(2) 拍摄基调是否能反映古法白酒文化视觉基调。
2. 小组互评：
工作计划书是否完善无误及工作计划的可执行性。</td></tr>
<tr><td colspan="4">课时：8 课时
1. 硬资源：图形工作站等。
2. 软资源：Adobe 系列软件、Office 系列软件、参考教材、任务书、工作页、数字资源等。
3. 教学设施：多媒体教学系统、白板、白板笔、白板擦等。
4. 文本资源：工作计划书模版等。</td></tr>
</table>

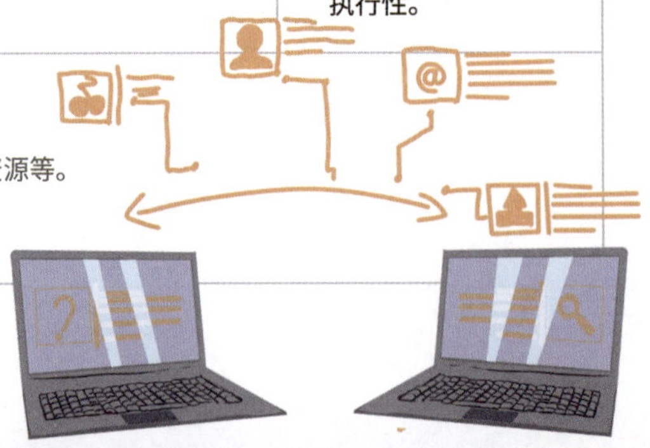

工作子步骤	教师活动	学生活动	评价
2. 古法白酒广告案例资料收集与分析。	1. 教师采用教授法与示范法结合讲授资料收集的方法渠道，打开相关网站进行案例收集操作示范，对选取的案例进行拍摄分析，画出布光图。 2. 巡回指导各小组进行本工作任务同类案例的资料收集。 3. 巡回指导各小组选择代表性参考案例进行布光构图的分析。 4. 组织学生小组进行资料收集与分析结果的展示并进行小组间的互评；教师点评。 5. 收集汇总本阶段各小组成果存档。	1. 学生获取教师讲授资料收集的方法渠道。 2. 结合现有的拍摄条件，通过互联网搜索及书籍查阅，各小组进行同类案例资料的收集，将收集的图片归档保存。 3. 在收集的案例中，选择风格相近或者相符合的案例进行布光模拟、构图等要点分析。 4. 各小组展示自己收集的资料与成果分析，并进行互评及接受教师点评。	1. 师评： （1）小组各成员的参与度、主动性、沟通表达能力。 （2）学生提交上来的摄影案例资料数量与代表性案例分析结果。 2. 小组互评： 广告案例资料数量与代表性案例分析结果。

课时：6 课时
1. 硬资源：图形工作站等。
2. 软资源：Adobe 系列软件、Office 系列软件、参考教材、任务书、工作页、数字资源等。
3. 教学设施：多媒体教学系统、白板、白板笔、白板擦等。

工作子步骤	教师活动	学生活动	评价
3. 填写设备需求清单，领取相关拍摄设备与整理拍摄场地。	1. 为各小组发放设备需求清单并组织填写。 2. 收集各小组提交的设备需求清单，按需求清单组织发放设备。 3. 组织各小组进行拍摄场地整理。 4. 收集汇总本阶段各小组成果存档。	1. 各小组领取并填写设备需求清单。 2. 根据清单领取本次拍摄所需设备。 3. 通过查阅相关书籍与网络资料、设备使用说明书，了解相关设备的功能及操作方法。 4. 提交小组收集的资料与记录文档；听取教师对摄像机、三脚架等设备使用方法及操作规范的总结与重点分析讲解。 5. 各小组根据拍摄任务与设备清单进行拍摄前的场地整理。	师评： （1）小组各成员的参与度、主动性、沟通表达能力。 （2）各小组对相关提问的回答是否正确、合理。 （3）学生提交上来的相关设备功能及使用方法资料内容完整、详细程度。 （4）团队性拍摄是否体现出良好的合作意识。

课时：2 课时
1. 硬资源：图形工作站等。
2. 软资源：Adobe 系列软件、Office 系列软件、参考教材、任务书、工作页、数字资源等。
3. 教学设施：多媒体教学系统、白板、白板笔、白板擦等。
4. 文档资源：设备需求清单。

学习任务 2 古法白酒广告片制作

1 明确任务 → 2 制订工作计划与文字脚本设计 → 3 前期拍摄 → 4 后期制作 → 5 展示总结评价

前期拍摄

工作子步骤	教师活动	学生活动	评价
1. 定稿剧本。 2. 定稿分镜头脚本。	1. 组织各小组进行设备的连接与拍摄场景布置；观察实施过程，其间巡回指导各个小组进行操作实施。 2. 在学生调试设备期间给予技术支持与答疑。 3. 收集汇总本阶段各小组成果存档。	1. 各小组根据前期策划与准备进行拍摄场景布置与设备连接，包括场景搭建、产品摆放、安装灯架、连接摄像机与ASXMOV系统等。 2. 布置完毕后进行设备调试与摄像机的设置，包括接通电源、开启追焦器等。	师评： (1) 场地布置与设备连接过程是否规范、安全。 (2) 硬件安装是否规范、合理。 (3) 是否遵循团队合作和职业素养。
课时： 8 课时 1. 硬资源：图形工作站等。 2. 软资源：Adobe 系列软件、Office 系列软件、参考教材、任务书、工作页、数字资源等。 3. 教学设施：多媒体教学系统、白板、白板笔、白板擦等。			
3. 设置调整摄像机相关参数与灯光参数位置。 4. 执行分镜头拍摄。	1. 采用演示法进行拍摄过程示范，过程中讲解拍摄过程步骤及注意要点。 2. 组织各小组进行拍摄，在拍摄过程中巡回观察指导与答疑。 3. 根据学生提交上来的完整布光拍摄视频，进行意见反馈与建议修改，指导学生进行二次拍摄直至拍摄完成。 4. 收集汇总本阶段各小组成果存档。	1. 认真观察理解教师拍摄演示，掌握拍摄过程步骤及要点。 2. 认真观察教师对灯光以及画面的同步调试。 3. 完成完整布光视频录制后，将最终布光效果动态预览后提交教师，结合教师反馈意见调整语言表达，继续拍摄，获取最终确定的布光效果和动态预览拍摄图。 4. 将拍摄过程照片整理汇总后提交教师。	师评： (1) 拍摄过程中对灯光及设备使用是否规范到位。 (2) 各小组拍摄的视频素材质量从曝光是否准确、对焦是否准确、构图是否合理、布光效果是否美观、镜头语言组合是否完整等方面进行评价。
课时： 16 课时 1. 硬资源：图形工作站等。 2. 软资源：Adobe 系列软件、Office 系列软件、参考教材、任务书、工作页、数字资源等。 3. 教学设施：多媒体教学系统、白板、白板笔、白板擦等。 4. 文本资源：设备需求表等。			

1 明确任务 → 2 制订工作计划与文字脚本设计 → 3 前期拍摄 → 4 后期制作 → 5 展示总结评价

	工作子步骤	教师活动	学生活动	评价
后期制作	1. 对拍摄素材进行初步剪辑。 2. 将素材导入达·芬奇进行调色。 3. 将调色完的素材回批，进行最终剪辑。 4. 片头、片尾特效制作。	1. 教师采用案例法进行视频剪辑后期处理要点讲解。 2. 采用示范法选取一段视频进行调色操作示范。 3. 组织各小组进行视频后期处理操作，要求学生通过剪辑手法突出价值信仰，其间巡回观察指导及答疑相关软件操作技能点与知识点。	1. 认真观察教师讲解案例的后期处理要点，理解与做好必要记录。 2. 认真观察教师示范案例的后期处理过程，理解与做好必要记录。 3. 学生根据拍摄完成的素材进行后期制作，要求通过剪辑手法突出价值信仰，遇疑难点要查阅相关资料、团队沟通交流、咨询教师进行解决。 4. 视频后期处理完成后对相关文件进行保存及导出对应格式的最终视频进行呈现。	师评： 视频后期剪辑效果； （1）色彩还原是否正确。 （2）风格修正是否合理。 （3）剪辑节奏、镜头语法是否精准。 （4）音乐配比是否合理。
	课时： 8 课时 1. 硬资源：图形工作站等。 2. 软资源：Adobe 系列软件、Office 系列软件、参考教材、任务书、工作页、数字资源等。 3. 教学设施：多媒体教学系统、白板、白板笔、白板擦等。 4. 文本资源：设备需求清单等。			
展示总结评价	1. 对本次任务过程中所有相关文件与资料进行整理归档。 2. 制作 PPT 进行工作任务完成整体情况的展示汇报。	1. 组织学生小组整理归档文件资料。 2. 组织小组轮流展示汇报拍摄报告，进行小组互评，小组互评后教师点评总结。 3. 收集汇总各小组工作任务全过程所有阶段性资料成果进行存档。	1. 各小组整理归档任务过程中所有相关文件与资料。 2. 各小组对本次拍摄任务结果全过程资料进行制作汇报展示。 3. 各小组进行拍摄任务完成情况及成果进行展示汇报，小组间进行互相评价，最后教师总结点评。 4. 将整个工作任务全过程所有阶段性资料成果整理打包，最终提交教师存档。	1. 师评： （1）小组作品是否充分表达了文化积淀的主题，体现了价值作品的信仰，并对资料进行必要的汇报。 （2）成果验收：教师验收点评任务完成结果。 （3）团队合作成熟程度。 2. 小组互评： 各小组根据评分表进行小组互评。
	课时： 4 课时 1. 硬资源：图形工作站等。 2. 软资源：Adobe 系列软件、Office 系列软件、参考教材、任务书、工作页、数字资源等。 3. 教学设施：多媒体教学系统、白板、白板笔、白板擦等。 4. 文档资源：汇报 PPT 大纲模版、拍摄成果评分表等。			

考核标准

考核时间：320 分钟；成绩：100 分

任务名称：

三维与现实合成拍摄制作。

情境描述：

某手机品牌需为其产品做广告宣传视频一集，要求摄影团队为其策划拍摄一组三维 + 实拍视频，从拍摄素材种自行选择所需素材进行后期制作合成，最终得到广告片正片一集。第一阶段初步剪辑完成后先交付客户，确认无误后再进行后期制作，最后将处理完成的广告成片交付客户验收。以严谨的影视制作流程（选题—文案—分镜—剪辑—调色—合成—输出）进行制作，加上字幕，最终输出成片，视频编码为 QuickTime, 套封 H264。

品牌商将提供实物产品连同完整包装 3 套供摄制使用。

任务要求：

1. 要求拍摄视频原素材达 1920×1080 像素或以上。
2. 广告片最终压制为 H264 格式。
3. 最终合成画面要求具有创造性，能够反映手机的档次与质感。
4. 广告画面需结合文案内容进行合适的编排拍摄。
5. 最终交付客户的资料要包含相关的视频素材、成片的源文件及最终压制的编码文件。

参考资料：

客户提供风格意向。

评价方式及标准：

考核分数主要由任课教师根据评分规范进行评价，其中纸笔测试占 30 分，实操测试占 70 分。

纸笔测试（方案设计）评分表（总分 30 分）

考核内容	评分细则	配分	得分
分镜头格式运用正确		5	
分镜头设计逻辑合理、叙事是否清晰		10	
分镜头设计中对语言表达的运用		15	

实操测试评分表（总分 70 分）

序号	评分标准	配分	得分
1	团队分工合理、合作良好	10	
2	摄像机拍摄运用得当，符合“平、匀、稳、准”的基本要求	10	
3	视频拍摄构图设计合理	10	
4	视频拍摄灯光运用合理	10	
5	视频短片的剪辑合理、叙事清晰	10	
6	视频短片在蒙太奇手法运用方面是否合理	10	
7	视频短片中剪辑效果、音效的运用	10	
合计			

课程 6 二维特效制作

学习任务 1

PR 剪辑基础、影片剪辑、镜头蒙太奇剪辑

（24）课时

学习任务 2

AE 合成进阶（含《垃圾虫》特效合成）

（56）课时

课程目标

学习完二维特效制作课程后，学生应当能独立完成短视频二维类基础特效创作，电视台片头、片尾栏目包装，舞台艺术背景等制作，具备操作专业后期合成软件 AE、剪辑软件 PR 等职业技能，具体包括：

1. 能够认真阅读任务书，明确工作时间及要求。能使用专业术语与项目主管进行沟通，获取特效制作信息，以及输出格式和交付时间等要求，通过任务书培养学生的解读与反馈沟通能力。
2. 能够根据设计要求，通过互联网、书籍资料等渠道，进行视频素材的收集，视频制作风格定位，制订工作计划表，合理安排特效制作进度；培养学生收集分析信息、案例及工作计划的能力。
3. 能够使用 AE 及 PR 等后期软件进行视频流制作，掌握视频流制作的软件技巧。
4. 能够进行几大类（短视频二维特效，片头、片尾栏目包装，舞台艺术背景）商业视频媒体流制作，通过实训案例培养学生的二维特效视频制作能力。
5. 能明确团队合作重要性，通过项目分工、工作时间规划，培养学生的团队协作能力。
6. 能接受项目主管及总监对视频制作的改进意见，对项目文件进行优化，将最终成品交项目主管验收，以此培养学生沟通交流、解决问题的能力。
7. 能够在实施工作任务过程中严格遵守企业相关操作流程规范、安全管理制度等管理规定，培养学生的职业操作规范。
8. 能够遵守行业相关法律法规与市场规则，培养学生具备诚信、专业素养、工匠精神等良好职业道德，并通过示范案例的学习，提高学生道德和环保意识。
9. 对新设备、新技术能及时更新掌握，能够使用新软件、新技术对制作流程进行优化，简化制作步骤，缩短制作周期，提升制作效率，培养学生的创新思维能力。

课时：80

课程内容

对照本课程目标，学生应当掌握以下知识、技能及职业素养：

1. 蒙太奇视频镜头剪辑，画面构图，色调基本搭配，动画关键帧基本理论知识；
2. 后期软件的市场分类，PC 配置要求，视频媒体流类型的区别，软件输出对应播放设备的要求及区别；
3. 后期软件各个命令模块的应用：合成、抠像、蒙版、遮罩、粒子特效、文本特效等；
4. 短视频二维特效，片头、片尾栏目包装，舞台艺术背景三大类媒体流的制作思路以及技巧；
5. 视频流制作的素材相关版权与法规章程；
6. 视频制作职业的生涯规划与发展，后期制作师的创新创业；
7. 新时代下的视频后期媒体制作师的新趋势、发展变化及对从业者的新要求；
8. 讲解社会道德观，提高学生环保意识。

学习任务 1　PR 剪辑基础、影片剪辑、镜头蒙太奇剪辑

任务描述

学习任务课时：**24** 课时

任务情境：

某影视剧组计划剪辑两部电影的预告片视频作为宣传。该剧组已经完成了电影视频素材的准备。该剧组与我校沟通可否完成影片中的预告片剪辑，以及背景音乐的合成。影片整体时长为 2 分钟，需用到 Adobe Premiere 的剪辑、颜色校正、配乐等多种后期技能，制作时间为 6 天。我校影视专业教师认为学生具有制作该影片特效的能力，准备接受任务并带领学生完成该任务。

具体要求见下页。

工作流程和标准

工作环节 1

明确任务

1

根据任务要求明确本次任务制作的内容，收集相关案例，定位剪辑的风格，形成一份思路文案，展现影片预告片的大致内容与节奏。

主要成果：

1. 相关后期剪辑案例；
2. 影片预告片。

工作环节 2

制订工作计划

2

1. 制订一份工作计划，合理安排特效制作进度，进行任务分配和人员分工，并做出任务要求。
2. 对拟定好的计划和分工进行展示，并对反馈进行修改。

主要成果：

工作计划。

工作环节 3

后期剪辑视频制作

3

后期剪辑、校色、配乐、视频合成输出：

预告片制作：根据该片风格，运用 Adobe Premiere 进行后期影片的剪辑制作，对制作中的技术难点、蒙太奇手法运用的重点进行分析讲解。

后期合成：对应需要进行制作的镜头片段，把音乐素材按节奏合理进行合成，并对片段的画面色调进行匹配校色以及整体校色。对后期合成中的技术特点、优势和主要运用方向进行分析。实践中，培养学生对镜头节奏的把握，使之具有精益求精的工作态度。

主要成果：

1. 剪辑后的视频文件；
2. 后期软件剪辑、合成的技巧和应用。

工作环节 4

展示总结评价

4

1. 对本次任务过程中所有相关文件与资料进行整理归档。
2. 对输出的成片进行展示，分享制作过程，陈述制作的心得经验，特别是其中的技术难点和技术要点。
3. 评价者对成片进行点评，对项目文件进行归档。

主要成果：

1. 分析成果案例，包含技术难点与技术要点。
2. 习得文件素材规范整理、命名以及归档保存。

学习内容

知识点	1.1 后期剪辑技术要点，蒙太奇理念； 1.2 PR 软件知识	2.1 工作计划的制作流程策划； 2.2 影片剪辑流程
技能点	1.1 资料收集及整合； 1.2 PR 软件的使用	2.1 后期软件的使用； 2.2 人员分工明细
工作环节	工作环节 1 明确任务	制订工作计划 工作环节 2
成果	1.1 一份动态预览片	2.1 一份工作计划和时间策划
素养	1.1 解读信息能力； 1.2 沟通表达能力； 1.3 自我学习能力	2.1 文字表达能力； 2.2 沟通表达能力； 2.3 策划能力

学习任务 1　PR 剪辑基础、影片剪辑、镜头蒙太奇剪辑

	3.1 剪辑转场制作要点； 3.2 PR 剪辑工具使用	4.1 视频格式渲染要求与输出； 4.2 蒙太奇剪辑理念	5.1 文件管理； 5.2 沟通表达艺术
	3.1 PR 软件配乐应用； 3.2 风格节奏的把握	4.1 PR 剪辑软件与转场特效的使用； 4.2 风格节奏的把握	5.1 文件资料整理； 5.2 制作成果展示汇报

	3.1 视频文件	5.1 评价表
		5.1 文件整理能力； 5.2 表达能力
	思政元素：遵守剪辑设计规范，对节奏精益求精，培养工匠精神	

课程 6　二维特效制作

学习任务 1　PR 剪辑基础、影片剪辑、镜头蒙太奇剪辑

1 明确任务 → 2 制订工作计划 → 3 后期剪辑视频制作 → 4 展示总结评价

	工作子步骤	教师活动	学生活动	评价
明确任务	根据任务要求明确本次任务制作的内容，收集剪辑相关案例剪辑的风格。制作一份动态预览片，展现剪辑后的视频效果；形成一份简短的视觉预览视频动态分镜。	1. 采用角色扮演法，教师角色扮演客户向学生发布工作任务并讲解任务要求要点，包括： (1) 制作内容发布； (2) 风格定位； (3) 制作时间； (4) 输出格式； (5) 时间进度要求。 2. 采用问答法接受学生反馈提问，予以解答，帮助学生理解工作任务要求。 3. 对学生收集的资料和分析报告进行巡回指导。 4. 对学生提交的资料进行讲评与分析。	1. 采用角色扮演法，学生扮演影视剧组成员，认真听取教师发布工作任务并记录任务要求要点，包括： (1) 需要制作的内容； (2) 风格定位； (3) 制作时间； (4) 输出格式； (5) 时间进度要求。 2. 学生对任务及工作要求存在不明确的地方提出疑问，与教师沟通并补充记录。 3. 学生收集相关资料、预告片以及蒙太奇、剪辑制作流程等。 4. 学生听讲，教师进行本环节的总结与讲评。	1. 师评： (1) 教师现场记录评价各学生小组的主动性、聆听技巧、表达技巧、要点解读能力； (2) 制作工作单是否详细、完整； (3) 分析报告的准确性。 2. 思政元素：语言表达能力、解决问题能力。

课时： 1 课时
1. 硬资源：图形工作站等。
2. 软资源：Adobe 系列软件、Office 系列软件、参考教材、任务书、工作页、数字资源等。
3. 教学设施：多媒体教学系统、白板、白板笔、白板擦等。
4. 文本资源：任务单等。

	工作子步骤	教师活动	学生活动	评价
制订工作计划	制订工作计划。	1. 组织学生，并指导编写工作计划。 2. 收取汇总定稿的工作计划书存档留用。	1. 学生理解计划要点。 2. 编写工作计划。 3. 工作计划书初稿完成后与教师沟通、评价反馈。 4. 根据反馈意见修改工作计划书至确定通过。	师评： 工作计划书是否完善无误及工作计划的可执行性。

课时： 1 课时
1. 硬资源：图形工作站等。
2. 软资源：Adobe 系列软件、Office 系列软件、参考教材、任务书、工作页、数字资源等。
3. 教学设施：多媒体教学系统、白板、白板笔、白板擦等。

	工作子步骤	教师活动	学生活动	评价
后期剪辑视频制作	1. 根据计划要求，对视频、音频等素材进行整理、命名以及排序制作。	组织学生进行影片剪辑制作，并巡堂指导。	学生根据计划方案要求，进行影片剪辑制作。	师评： 学生是否具备自觉动手能力。

课时： 20 课时
1. 硬资源：图形工作站等。
2. 软资源：Adobe 系列软件、Office 系列软件、参考教材、任务书、工作页、数字资源等。
3. 教学设施：多媒体教学系统、白板、白板笔、白板擦等。

	工作子步骤	教师活动	学生活动	评价
后期剪辑视频制作	2. 根据计划要求，运用 PR 剪辑软件对视频素材进行剪辑。	1. 采用演示法进行视频剪辑的制作演示，过程中讲解过程步骤及注意要点。 2. 巡回指导，在学生练习过程中巡回观察指导与答疑。 3. 教师对学生提交的初稿进行点评，提出修改意见。	1. 认真观察，理解教师视频剪辑制作演示，重点了解蒙太奇预览特效的制作方法。 2. 学生根据要求完成特效练习。 3. 思政元素：学生提交剪辑初稿，点评并修改，要求学生对待作品精益求精，具备追求卓越的工匠精神。 4. 学生进行视频的输出。 5. 学生进行整套视频的整理与检查。	师评： （1）学生对软件技术的掌握程度； （2）视频剪辑制作的节奏、转场，以及音效等方面的制作水平。
	1. 硬资源：图形工作站等。 2. 软资源：Adobe 系列软件、Office 系列软件、参考教材、任务书、工作页、数字资源等。 3. 教学设施：多媒体教学系统、白板、白板笔、白板擦等。			
	3. 按照视频输出要求进行输出。	1. 教师对学生视频的输出进行巡回指导。 2. 接收学生提交样片。	1. 学生按照任务要求进行视频的渲染输出。 2. 学生提交样片。	师评： 学生对整片的技术掌握程度。
	1. 硬资源：图形工作站等。 2. 软资源：Adobe 系列软件、Office 系列软件、参考教材、任务书、工作页、数字资源等。 3. 教学设施：多媒体教学系统、白板、白板笔、白板擦等。			
展示总结评价	1. 对本次任务过程中所有相关文件与资料进行整理归档。 2. 任务完成整体情况的展示汇报。	1. 组织学生小组整理归档文件资料。 2. 组织学生制作任务完成汇报文件，巡堂指导。 3. 组织轮流展示汇报 PPT，进行互评，互评后教师点评总结。 4. 收集汇总工作任务全过程所有阶段性资料成果进行存档。	1. 学生整理归档任务过程中所有相关文件与资料。 2. 各小组对本次制作任务结果全过程进行汇报展示。 3. 将整个工作任务全过程所有阶段性资料成果整理打包，最终提交教师存档。	1. 师评： （1）过程中学生是否全部参与、积极表现。被评价的学生是否充分配合检查，并对资料进行必要的汇报。 （2）成果验收：教师验收点评任务完成结果。 2. 学生互评： 根据评分表进行互评。
	课时： 2 课时 1. 硬资源：图形工作站等。 2. 软资源：Adobe 系列软件、Office 系列软件、参考教材、任务书、工作页、数字资源等。 3. 教学设施：多媒体教学系统、白板、白板笔、白板擦等。			

学习任务 2　AE 合成进阶（含《垃圾虫》特效合成）

任务描述

学习任务课时：56 课时

任务情境：

某影视剧组计划拍摄真人与特效结合的公益广告《垃圾虫》。该剧组已经完成前期、中期设计制作，与我校沟通可否完成该影片中的二维可乐合成特效。完成特效需要用到层式合成、粒子特效制作、后期配色、影片输出等多种后期技术，制作时间为 26 天。我校影视专业教师认为学生具有制作该影片特效的能力，准备接受任务并带领学生完成该任务。

具体要求见下页。

工作流程和标准

工作环节 1

明确任务

1

根据任务要求明确本次任务制作的内容，收集相关案例，观看相关同等类型的公益广告影片，定位后期特效的风格。制作一份动态预览片，展现可乐特效合成素材的大致内容与节奏；形成一份简短的视觉预览视频动态分镜。

主要成果：

1. 相关的二维特效案例；
2. 动态视觉预览。

工作环节 2

制订工作计划

2

1. 制订一份工作计划，合理安排特效制作进度，进行任务分配和人员分工，并做出任务要求。
2. 对拟定好的计划和分工进行展示，并根据反馈结果进行修改。

主要成果：

工作计划。

工作环节 3

《垃圾虫》后期特效制作

3

二维特效制作：根据该片风格，运用 After Effects 进行特效合成的制作，对制作中的难点、重点进行分析讲解。

特效合成：对应需要进行特效制作的镜头，把特效素材按节奏合理合成到 After Effects，并对色调进行整体校对匹配。对特效合成中的技术特点、优势和主要运用方向进行分析。

主要成果：

1. 合成后的视频文件；
2. 特效合成软件制作技巧及应用。

工作环节 4

展示总结评价

4

1. 对本次任务过程中所有相关文件与资料进行整理归档。
2. 对输出的成片进行展示，分享制作过程，陈述制作的心得经验，特别是其中的技术难点和技术要点。
3. 评价者对成片进行点评，对项目文件进行归档。

主要成果：

分析成果案例，包含技术难点与技术要点。

学习内容

知识点	1.1 特效制作技术要点； 1.2 AE 软件知识	2.1 工作计划的制作流程策划； 2.2 特效制作流程
技能点	1.1 资料收集及整合； 1.2 AE 软件的使用	2.1 后期软件的使用； 2.2 人员分工明细
工作环节 	工作环节 1 明确任务	制订工作计划 工作环节 2
成果	1.1 一份动态预览片	2.1 一份工作计划和时间策划
素养	1.1 解读信息能力； 1.2 沟通表达能力； 1.3 自我学习能力	2.1 文字表达能力； 2.2 沟通表达能力； 2.3 策划能力
	思政元素：倡导社会公德，提高环保意识	

	3.1 层式合成制作要点； 3.2 特效合成制作要点	4.1 视频格式渲染要求与输出； 4.2 影片制作思路	5.1 文件管理； 5.2 沟通表达艺术
	3.1 AE 软件颜色校正； 3.2 风格节奏的把握	4.1 AE 制作软件与转场特效的使用； 4.2 风格节奏的把握	5.1 相关文件与资料进行整理归档； 5.2 对输出的视频进行展示，分享制作过程，陈述制作的心得经验，特别是其中的技术难点和技术要点

	3.1 视频文件		5.1 评价表
	3.1 艺术审美能力		5.1 文件整理能力； 5.2 表达能力

课程 6　二维特效制作

学习任务 2　AE 合成进阶（含《垃圾虫》特效合成）

1 明确任务 → 2 制订工作计划 → 3《垃圾虫》后期特效制作 → 4 展示总结评价

	工作子步骤	教师活动	学生活动	评价
明确任务	根据任务要求，明确本次任务制作的内容，收集相关案例，定位合成视频风格；制作一份动态预览片，展现特效可乐罐与场景融合大致内容与节奏；形成一份简短的视觉预览视频动态分镜。	1. 采用角色扮演法，教师角色扮演客户向学生发布工作任务并讲解任务要求要点，包括： (1) 制作内容发布； (2) 风格定位； (3) 制作时间； (4) 输出格式； (5) 时间进度要求。 2. 采用问答法接受学生反馈提问，予以解答，帮助学生理解工作任务要求。 3. 对学生的收集资料和分析报告进行巡回指导。 4. 对学生提交的资料进行讲评与分析。	1. 采用角色扮演法，学生扮演影视剧组成员，认真听取教师发布工作任务并记录任务要求要点，包括： (1) 需要制作的内容； (2) 风格定位； (3) 制作时间； (4) 输出格式； (5) 时间进度要求。 2. 学生对任务及工作要求存在不明确的地方提出疑问，与教师沟通并补充记录。 3. 学生收集相关资料，包括垃圾虫图片、特效制作流程等。 4. 学生听取教师对本环节的总结与讲评。	1. 师评： (1) 老师现场记录评价各学生小组的主动性、聆听技巧、表达技巧、要点解读能力； (2) 制作的工作单是否详细、完整； (3) 分析报告的准确性。 2. 思政元素： 语言表达能力、解决问题能力。
	课时： 2 课时 1. 硬资源：图形工作站等。 2. 软资源：互联网、可乐罐相关参考资料等。 3. 教学设施：多媒体教学系统、白板、白板笔、白板擦等。 4. 文本资源：任务单等。			
制订工作计划	制订工作计划。	1. 组织学生，并指导编写工作计划。 2. 收取汇总定稿的工作计划书存档留用。	1. 学生理解计划要点。 2. 编写工作计划。 3. 工作计划书初稿完成后与教师沟通、评价反馈。 4. 根据反馈意见修改工作计划书至确定通过。	师评： 工作计划书是否完善无误及工作计划的可执行性。
	课时： 2 课时 1. 硬资源：图形工作站等。 2. 软资源：互联网、可乐罐相关参考资料、制作内容素材资源等。 3. 教学设施：多媒体教学系统等。			
《垃圾虫》后期特效制作	1. 根据计划要求，进行相关视频、图片、文字、声音素材的制作。	组织学生进行各方面素材的整合，并巡堂指导制作。	学生根据计划要求进行各方面素材的整合与实习制作。	师评： 学生是否具备自主动手能力。
	课时： 50 课时 1. 硬资源：图形工作站等。 2. 软资源：互联网、可乐罐相关参考资料等。 3. 教学设施：多媒体教学系统等。			

1 明确任务 → 2 制订工作计划 → 3 《垃圾虫》后期特效制作 → 4 展示总结评价

	工作子步骤	教师活动	学生活动	评价
《垃圾虫》后期特效制作	2. 根据计划要求，使用 Adobe After Effects 进行后期特效制作。	1. 采用演示法进行《垃圾虫》特效制作演示，过程中讲解过程步骤及注意要点。 2. 巡回指导，在学生练习过程中巡回观察指导与答疑。 3. 教师对学生提交的初稿进行点评，提出修改意见。	1. 认真观察老师对《垃圾虫》特效的制作演示，重点理解后期特效的制作方法。 2. 学生根据要求完成特效练习。 3. 学生提交《垃圾虫》特效初稿，点评并修改，学生对待作品应精益求精，具备追求卓越的工匠精神，在制作过程中加深环保意识。 4. 学生进行《垃圾虫》特效渲染与输出。 5. 学生进行整套视频的整理与检查。	师评： (1) 学生对软件技术的掌握程度； (2)《垃圾虫》特效在动画、节奏等方面的制作水平。
	1. 硬资源：图形工作站等。 2. 软资源：互联网、可乐罐相关参考资料等。 3. 教学设施：多媒体教学系统等。			
	3. 按照视频输出要求进行输出。	1. 教师对学生视频的输出进行巡回指导。 2. 接收学生提交的样片。	1. 学生按照任务要求进行视频的渲染输出。 2. 学生提交样片。	师评： 学生对整片的技术掌握程度。
	1. 硬资源：图形工作站等。 2. 软资源：互联网、可乐罐相关参考资料等。 3. 教学设施：多媒体教学系统等。			
展示总结评价	1. 对本次任务过程中所有相关文件与资料进行整理归档。 2. 任务完成整体情况的展示汇报。	1. 组织学生小组整理归档文件资料。 2. 组织学生制作任务完成汇报文件，巡堂指导。 3. 组织轮流展示汇报 PPT，进行互评，互评后老师点评总结。 4. 收集汇总工作任务全过程所有阶段性资料成果进行存档。	1. 学生整理归档任务过程中所有相关文件与资料。 2. 各小组对本次制作任务结果全过程进行汇报展示。 3. 将整个工作任务全过程所有阶段性资料成果整理打包，最终提交老师存档。	1. 师评： (1) 过程中学生是否全部参与、积极表现。被评价的学生是否充分配合检查，并对资料进行必要的汇报。 (2) 成果验收：教师验收点评任务完成结果。 2. 小组互评： 根据评分表进行互评。
	课时： 2 课时 1. 硬资源：图形工作站等。 2. 软资源：互联网、可乐罐相关参考资料等。 3. 教学设施：多媒体教学系统等。			

考核标准

考核时间：160 分钟；成绩：100 分

任务名称：

后期特效合成《屏幕替换》。

情境描述：

某视频拍摄公司拍摄了一段广场上的大屏幕视频素材资料片，为了达到更好的视觉效果，要求学生团队为视频素材上的大屏幕替换上视觉更佳的视觉素材，并要求整体色偏矫正、跟踪匹配、清晰画面。最终输出编码为 H264、比特率不低于 20 b/s、每秒 25 帧的 1920p 高清视频。最后将处理完成的视频交付客户验收。

任务要求：

1. 对视频正确匹配视频解码；
2. 色彩白平衡设定到位；
3. 需要合成的素材跟踪到位；
4. 整体画面及合成素材融合不偏色；
5. 输出格式正确。

参考资料：

色彩搭配理论、2016 足球广告片段、后期合成宝典，以及相关学习平台资源、相关教材书籍、微课小视频等。

评价方式及标准：

考核分数主要由任课教师根据评分规范进行评价。满分为 100 分。

评价标准

序号	评分标准	配分	得分
1	视频正确解码：分辨率、帧数、视频码率正确	10	
2	色彩校准到位：不偏色，白平衡到位	30	
3	合成素材与原视频融合度：跟踪到不抖动，素材边缘像素融合	30	
4	输出格式正确：分辨率、帧数、视频码率正确	10	
5	有一定艺术效果	20	
合计			

课程 7　二维电视栏目包装

学习任务 1
简单文字效果节目片头制作
（20）课时

学习任务 2
二维电视台呼号片制作
（30）课时

课程目标

学习完本课程后，学生应当能够完成各类视频节目的栏目包装策划与制作。学生能够进行栏目包装画面及剧本的策划，运用各类影音编辑合成软件，如 Photoshop、Premiere、After Effects 等，进行影音效果的合成、编辑，综合运用影音编辑的技术和设计能力展开具有实战性的项目制作。

通过本课程的学习， 能够培养学生以下各方面的能力：

1. 能够进行影视画面构成及剧本的创意和写作。
2. 能够使用 Photoshop、Premiere、After Effects 等软件进行影音效果的合成、编辑与创作。
3. 能够运用创意设计思维进行影视画面的构建。
4. 能够综合运用影音编辑的技术和设计能力展开具有实战性的项目制作。
5. 培养学生的审美构图意识，以及对传统元素吸收运用的意识。
6. 培养学生勤于观察、探究和勇于创新的品格。
7. 在任务训练过程中能够进行有效分工和团队合作。
8. 能够具备良好的专业创新意识，对新设备、新技术能及时更新掌握。
9. 能够具备职业发展意识，能对职业生涯进行合理规划及了解相关创业信息。
10. 能够在栏目包装创作过程中，融入中国传统文化或爱国主义精神的元素。
11. 具备专业情怀和工匠精神。

课时：80

学习任务 3

二维电视栏目整体包装策划与制作

（30）课时

课程内容

对照本课程目标，学生应当掌握以下知识、技能及职业素养。

1. 影视画面构成理论、剧本创意策划技巧与方法、影视镜头语言。

2. Photoshop、Premiere、After Effects 等软件进行影音效果的合成、编辑技术。

3. 创意设计思维方法。

4. 项目制作的概念、流程和过程结果管理。

5. 知识产权相关法律法规、行业规范等。

6. 栏目包装从业人员的职业生涯规划与发展。

7. 新时代背景下栏目包装行业的新趋势、发展变化及对从业者的新要求。

学习任务 1　简单文字效果节目片头制作

任务描述

学习任务课时：20 课时

任务情境：

校园电视台“砥砺”是一个关于学生日常技能训练与学习生活的纪实性新闻节目，需要做一个简单的文字效果片头，时长在 15 秒以内，已提供部分电视节目视频的素材。整体风格要求节奏感强，音乐动感，以富有年轻色彩的青绿色调为主，体现学生丰富的校园生活，字体采用经典的中式印刷字体。要求在 7 天内完成，并先提供一个简单的文字脚本，而后完成全部内容。

具体要求见下页。

工作流程和标准

工作环节 1

明确任务

1

根据任务要求，明确本次任务制作的内容，明确要包装的电视台节目风格定位、视频制作的风格要求、片头的制作周期要求；收集分析同类型案例。

主要成果：
相关片头案例收集与分析总结资料

工作环节 2

制订工作计划与文字脚本设计

2

1. 制订工作计划；
2. 设计文字脚本。

主要成果：
1. 制作的工作计划；
2. 工作计划制订的明细与规范；
3. 设计的文字脚本；
4. 文字脚本的写作规范。

工作环节 3

片头制作

3

1. 根据文字脚本，进行相关视频、图片、文字、声音素材的收集与整理。
2. 根据文字脚本，使用 Photoshop、After Effects 进行文字片头的制作。
3. 能够对色彩搭配有初步的认识，运用色彩表达特定的风格、情感，传达特定的信息。
4. 按照视频输出要求进行片头视频样片的输出。

主要成果：
1. 素材文件包；
2. 制作片头产生的相关源文件；
3. 能够综合运用 Photoshop、After Effects 等相关技术进行文字片头相关素材的合成处理和片头制作，能够熟练地运用 After Effects 的基本动画功能和文字动画功能；
4. 输出的样片；
5. 视频格式的分类、特点及用途。

工作环节 4

展示总结评价

4

1. 对本次任务过程中所有相关文件与资料进行整理归档。
2. 制作一份本次任务分析 PPT，对本次任务的文字脚本和输出的视频进行展示，分享制作过程，陈述制作的心得经验，特别是其中的技术难点和技术要点。

主要成果：
分析 PPT，包含技术难点与技术要点。

学习内容

知识点	1.1 电视栏目包装流程； 1.2 电视栏目包装的概念、分类与作用； 1.3 电视栏目包装的制作要点； 1.4 中式经典印刷字体	2.1 工作计划的元素与构成	3.1 文字脚本的元素与构成； 3.2 简单镜头语言知识	
技能点	1.1 资料收集； 1.2 办公软件使用	2.1 办公软件使用	3.1 办公软件使用	4.1 资料的整理
工作环节	工作环节 1 明确任务	制订工作计划与文字脚本设计 工作环节 2		
成果	1.1 相关片头案例收集与分析总结资料	2.1 制作的工作计划； 2.2 工作计划制订的明细与规范	3.1 能够设计规范、清晰的文字脚本； 3.2 能够运用简单的镜头运动方法	4.1 根据文字脚本，进行相关视频、图片、文字、声音素材的收集与整理
素养	1.1 解读信息能力； 1.2 沟通表达能力； 1.3 自我学习能力	2.1 文字表达能力； 2.2 沟通表达能力； 2.3 策划能力		4.1 艺术审美能力
	思政元素：砥砺知行			思政元素：多样文化的艺术审美能力

学习任务 1　简单文字效果节目片头制作

5.1 回顾在“图像处理”课程中学习的 PS 使用方法； 5.2 AE 中的关键帧动画概念； 5.3 色彩构成与色彩搭配的方法	6.1 视频格式和视频编码的种类、功能和特点		
5.1 PS 的制作与后期处理； 5.2 AE 的基本动画功能和文字动画功能； 5.3 AE 特色特效的使用	6.1AE 视频输出	7.1 办公软件使用	8.1 办公软件使用

5.1 制作片头产生的相关源文件； 5.2 能够综合运用 Photoshop、After Effects 等相关技术进行文字片头相关素材的合成处理和片头制作，能够熟练地运用 After Effects 的基本动画功能、文字动画功能和调色特效； 5.3 能够对色彩搭配有初步的认识，运用色彩表达特定的风格、情感，传达特定的信息	6.1 输出的样片； 6.2 视频格式的分类、特点及用途	7.1 文件资料归档； 7.2 分析 PPT
		7.1 文件整理能力； 7.2 表达能力

二维电视栏目包装

学习任务 1　简单文字效果节目片头制作

1 明确任务　2 制订工作计划与文字脚本设计　3 片头制作　4 展示总结评价

	工作子步骤	教师活动	学生活动	评价
明确任务	根据任务要求，明确本次任务制作的内容，明确要包装的电台节目风格定位、视频制作的风格要求、片头的制作周期要求；收集分析同类型案例。	1. 采用角色扮演法，教师角色扮演客户向学生发布工作任务并讲解任务要求要点，包括片头的制作内容、风格定位、视频时间、输出格式及时间进度要求。 2. 采用问答法接受学生反馈提问，予以解答，帮助学生理解工作任务要求。 3. 对学生的收集资料和分析报告进行巡回指导（90 分钟）。 4. 收取学生填写完成的工作任务单和分析报告评价记录后存档留用。 5. 对学生提交的资料进行讲评与分析。	1. 采用角色扮演法，学生扮演影视广告制作公司成员，认真听取教师发布的工作任务并记录任务要求要点，包括片头的制作内容、风格定位、视频时间、输出格式及时间进度要求。 2. 学生对任务单及工作要求存在不明确的地方提出疑问，与教师沟通并补充记录。 3. 学生收集相关电视栏目包装的资料，包括片头案例，电视栏目包装的工作流程、概念、分类与作用，制作要点，中式经典印刷字体及字体结构分析等。 4. 学生完成制作任务的分析报告。 5. 将填写完成的任务单和分析报告提交教师存档。 6. 学生听取教师对本环节的总结与讲评。	师评： （1）教师现场记录评价各学生小组的主动性、聆听技巧、表达技巧、要点解读能力。 （2）制作工作单是否详细、完整。 （3）分析报告中对砥砺知行精神的理解，对学生努力训练的体现。
	课时： 2 课时 1. 硬资源：图形工作站等。 2. 软资源：Adobe 系列软件、Office 系列软件、参考教材、任务书、工作页、数字资源等。 3. 教学设施：多媒体教学系统、白板、白板笔、白板擦等。 4. 文本资源：任务单等。			
制订工作计划与文字脚本设计	1. 制订工作计划。	1. 发放工作计划书模版并讲解计划要点。 2. 指导编写工作计划书和项目流程控制表。 3. 收集工作计划书初稿并组织点评。 4. 收取汇总定稿的工作计划书存档留用。	1. 学生领取工作计划书模版并阅读理解计划要点。 2. 编写工作计划书和项目流程控制表。 3. 工作计划书初稿完成后提交给教师进行展示评价反馈。 4. 根据反馈意见修改工作计划书至确定通过。	师评： 工作计划书是否完善无误及工作计划的可执行性。
	课时： 1 课时 1. 硬资源：图形工作站等。 2. 软资源：Adobe 系列软件、Office 系列软件、参考教材、任务书、工作页、数字资源等。 3. 教学设施：多媒体教学系统、白板、白板笔、白板擦等。 4. 文本资源：工作计划表模板等。			

1 明确任务 2 制订工作计划与文字脚本设计 3 片头制作 4 展示总结评价

	工作子步骤	教师活动	学生活动	评价
制订工作计划与文字脚本设计	2. 设计文字脚本。	1. 教师采用教授法讲解文字脚本的设计方法和镜头语言知识。 2. 巡回指导案例的资料收集。 3. 巡回指导文字脚本设计。 4. 组织学生资料收集与分析结果的展示并进行点评。 5. 收集汇总本阶段各小组成果存档。	1. 学生听教师讲解文字脚本的设计方法和镜头语言知识。 2. 学生通过互联网收集文字脚本格式和案例资料。 3. 学生进行本次任务的文字脚本的设计。 4. 各小组展示自己的资料收集与分析成果，并进行点评。	师评： （1）参与度、主动性、沟通表达能力。 （2）根据学生提交上来的资料和文字脚本质量进行点评。
	课时： 2 课时 1. 硬资源：图形工作站等。 2. 软资源：Adobe 系列软件、Office 系列软件、参考教材、任务书、工作页、数字资源等。 3. 教学设施：多媒体教学系统、白板、白板笔、白板擦等。 4：文本资源：文字脚本案例等。			
片头制作	1. 根据文字脚本，进行相关视频、图片、文字、声音素材的收集与整理。	组织学生文字脚本进行各方面素材的收集与整理。	各小组根据文字脚本进行各方面素材的收集与整理。	师评： 整理资料的条理性。
	课时： 2 课时 1. 硬资源：图形工作站等。 2. 软资源：Adobe 系列软件、Office 系列软件、参考教材、任务书、工作页、数字资源等。 3. 教学设施：多媒体教学系统、白板、白板笔、白板擦等。			

课程 7　二维电视栏目包装

学习任务 1　简单文字效果节目片头制作

1 明确任务　2 制订工作计划与文字脚本设计　3 片头制作　4 展示总结评价

片头制作

工作子步骤	教师活动	学生活动	评价
2. 根据文字脚本，使用 Photoshop、After Effects 进行文字片头的制作。	1. 采用演示法进行 AE 文字片头制作演示，过程中讲解过程步骤及注意要点。 2. 在学生制作过程中巡回观察指导与答疑。 3. 教师对学生提交的初稿进行点评，提出修改意见。 4. 在学生制作过程中巡回观察指导与答疑。	1. 认真观察理，解教师 AE 文字片头制作演示，重点了解文字动画的制作方法。 2. 学生根据各自设计的文字脚本运用 PS 和 AE 进行片头的文字动画制作。 3. 学生提交初稿，并认真听取修改意见。 4. 学生进行片头的修改。	师评： 1. 学生对 PS、AE 软件技术的掌握程度。 2. 片头的色彩、节奏、镜头、画面构图等方面的制作水平。
课时： 10 课时 1. 硬资源：图形工作站等。 2. 软资源：Adobe 系列软件、Office 系列软件、参考教材、任务书、工作页、数字资源等。 3. 教学设施：多媒体教学系统、白板、白板笔、白板擦等。			
3. 按照视频输出要求进行片头视频样片的输出。	1. 教师组织学生收集相关视频编码格式的资料，包含种类、功能和特点，形成 Word 文档提交。 2. 教师对学生视频样片的输出进行巡回指导。 3. 接收学生提交样片。	1. 学生收集相关视频编码格式的资料，包含种类、功能和特点，形成 Word 文档提交。 2. 学生按照任务要求进行视频样片的输出。 3. 学生提交样片。	师评： 学生对 PS、AE 软件技术的掌握程度。
课时： 1 课时 1. 硬资源：图形工作站等。 2. 软资源：Adobe 系列软件、Office 系列软件、参考教材、任务书、工作页、数字资源等。 3. 教学设施：多媒体教学系统、白板、白板笔、白板擦等。			

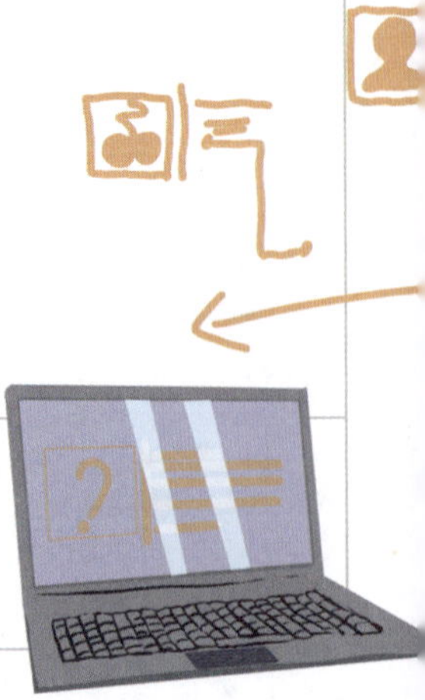

1 明确任务 → 2 制订工作计划与文字脚本设计 → 3 片头制作 → **4 展示总结评价**

展示总结评价

工作子步骤	教师活动	学生活动	评价
1. 对本次任务过程中所有相关文件与资料进行整理归档。 2. 制作 PPT 进行工作任务完成整体情况的展示汇报。	1. 组织学生小组整理归档文件资料。 2. 组织学生制作任务完成汇报 PPT，巡回指导学生完成 PPT 制作。 3. 组织轮流展示汇报 PPT，进行互评，互评后教师点评总结。 4. 收集汇总工作任务全过程所有阶段性资料成果进行存档。	1. 各小组整理归档任务过程中所有相关文件与资料。 2. 各小组对本次拍摄任务结果全过程资料进行制作汇报展示 PPT。 3. 各小组进行拍摄任务完成情况及成果进行展示汇报，小组间进行互相评价，最后教师总结点评。 4. 将整个工作任务全过程所有阶段性资料成果整理打包，最终提交教师存档。	1. 师评： （1）过程中学生是否全部参与、积极表现。被评价的学生是否充分配合检查，并对资料进行必要的汇报。 （2）成果验收：教师验收点评任务完成结果。 2. 学生互评： 根据评分表进行互评。

课时： 2 课时

1. 硬资源：图形工作站等。
2. 软资源：Adobe 系列软件、Office 系列软件、参考教材、任务书、工作页、数字资源等。
3. 教学设施：多媒体教学系统、白板、白板笔、白板擦等。
4. 文档资源：汇报 PPT 大纲模版、拍摄成果评分表等。

学习任务 2　二维电视台呼号片制作

任务描述

学习任务课时：30 课时

任务情境：

某电视台需要做一个电视台的呼号片，时长为 15~20 秒。该电视台以播放足球节目直播和相关电视节目为主，要求呼号片要能够完整体现该电视台的属性，整体风格要有充分的足球元素，体现足球代表人物历经磨难依然努力拼搏的体育精神，并且能够融入纪实片的风格，声音方面融入球赛现场声音。该呼号片应该有较好的拓展性，未来可在该呼号片基础上进行整体电视台包装的延展。要求在 14 天内完成，首先提供一份简单的文字脚本，而后完成全部内容。

具体要求见下页。

工作流程和标准

工作环节 1

明确任务

1

根据任务要求，明确本次任务制作的内容，明确要包装的电视台风格定位、视频制作的风格要求、呼号片的制作周期要求；收集分析同类型案例。

主要成果：
相关呼号片案例收集与分析总结资料。

工作环节 2

制订工作计划与文字脚本设计

2

制订工作计划。

主要成果：
1. 制作的工作计划；
2. 设计的文字脚本；
3. 能够运用品牌 VI 视觉识别系统帮助进行呼号片的设计，有一定的品牌形象思维。

学习任务 2　二维电视台呼号片制作

工作环节 3

呼吁号片制作

3

1. 根据文字脚本，进行相关视频、图片、文字、声音素材的收集与整理。
2. 根据文字脚本，使用 Photoshop、After Effects 进行文字片头的制作。

主要成果：
1. 素材文件包；
2. 制作片头产生的相关源文件；
3. 能够综合运用 Photoshop、After Effects 等相关技术进行文字片头相关素材的合成处理和片头制作，能够熟练地运用 After Effects 的合成嵌套、蒙版遮罩和三维动画功能；
4. 能够对设计构图有初步的认识，运用特定的构图形式表达特定的含义与情感；
5. 按照视频输出要求进行片头视频样片的输出；
6. 输出的样片。

工作环节 4

展示总结评价

4

1. 对本次任务过程中所有相关文件与资料进行整理归档。
2. 制作一份本次任务分析 PPT，对本次任务的文字脚本和输出的视频进行展示，分享制作过程，陈述制作的心得经验，特别是其中的技术难点和技术要点。

主要成果：
分析 PPT，包含技术难点与技术要点。

学习内容

知识点	1.1 频道呼号片的设计要点	2.1 工作计划的元素与构成	3.1 简单镜头语言知识； 3.2 VI 视觉识别系统设计的概念与品牌形象设计的概念	
技能点	1.1 资料收集； 1.2 办公软件使用	2.1 办公软件使用	3.1 办公软件使用	4.1 资料的整理
工作环节	工作环节 1 明确任务	制订工作计划与文字脚本设计 工作环节 2		
成果	1.1 相关呼号片案例收集与分析总结资料	2.1 制作的工作计划； 2.2 工作计划制订的明细与规范	3.1 设计的文字脚本； 3.2 能够运用品牌 VI 视觉识别系统帮助进行呼号片的设计，有一定的品牌形象思维； 3.3 能够运用简单的镜头运动方法	4.1 素材文件包
素养	1.1 解读信息能力； 1.2 沟通表达能力； 1.3 自我学习能力	2.1 文字表达能力； 2.2 沟通表达能力； 2.3 策划能力		
	思政元素：砥砺知行、努力拼搏的精神，健全人格（体育精神）			思政元素：多样文化的艺术审美能力

5.1 回顾在“图像处理”课程中学习的 PS 使用方法； 5.2 AE 中的合成概念； 5.3 平面构图与影视构图方法；	6.1 视频格式和视频编码的种类、功能与特点		
5.1 PS 的制作与后期处理； 5.2 After Effects 的合成嵌套、蒙版遮罩； 5.3 After Effects 的三维动画功能	6.1 AE 视频输出	7.1 办公软件使用	8.1 办公软件使用

5.1 制作呼号片产生的相关源文件 5.2 能够综合运用 Photoshop、After Effects 等相关技术进行文字呼号片相关素材的合成处理和呼号片制作，能够熟练地运用 After Effects 的合成嵌套、蒙版遮罩和三维动画功能 5.3 能够对设计构图有初步的认识，运用特定的构图形式表达特定的含义与情感	6.1 输出的样片； 6.2. 视频格式的分类、特点与用途	7.1 文件资料归档； 7.2 分析 PPT
		7.1 文件整理能力； 7.2 表达能力

教学活动

课程 7 二维电视栏目包装

学习任务 2 二维电视台呼号片制作

1 明确任务 → 2 制订工作计划与文字脚本设计 → 3 呼号片制作 → 4 展示总结评价

	工作子步骤	教师活动	学生活动	评价
明确任务	根据任务要求，明确本次任务制作的内容，明确要包装的电台风格定位、视频制作的风格要求、呼号片的制作周期要求。收集分析同类型案例。	1. 采用角色扮演法，教师角色扮演客户向学生发布工作任务并讲解任务要求要点，包括呼号片的制作内容、风格定位、视频时间、输出格式及时间进度要求。 2. 采用问答法接受学生反馈提问，予以解答，帮助学生理解工作任务要求。 3. 对学生的收集资料和分析报告进行巡回指导（90 分钟）。 4. 收取学生填写完成的工作任务单和分析报告评价记录后存档留用。 5. 对学生提交的资料进行讲评与分析。	1. 采用角色扮演法，学生扮演影视广告制作公司成员，认真听取教师发布工作任务并记录任务要求要点，包括呼号片的制作内容、风格定位、视频时间、输出格式及时间进度要求。 2. 学生对任务单及工作要求存在不明确的地方提出疑问，与教师沟通并补充记录。 3. 学生收集相关电视栏目包装的资料，包括呼号片案例、制作流程等。 4. 学生完成制作任务的分析报告。 5. 将填写完成的任务单和分析报告提交教师存档。 6. 学生听取教师对本环节的总结与讲评。	师评： （1）教师现场记录评价各学生小组的主动性、聆听技巧、表达技巧、要点解读能力。 （2）制作工作单是否详细、完整。 （3）分析报告的准确性。

课时： 4 课时

1. 硬资源：图形工作站等。
2. 软资源：Adobe 系列软件、Office 系列软件、参考教材、任务书、工作页、数字资源等。
3. 教学设施：多媒体教学系统、白板、白板笔、白板擦等。
4. 文本资源：任务单等。

	工作子步骤	教师活动	学生活动	评价
制订工作计划与文字脚本设计	1. 制订工作计划。	1. 发放工作计划书模版并讲解计划要点。 2. 指导编写工作计划书。 3. 收集工作计划书初稿并组织点评。 4. 收取汇总定稿的工作计划书存档留用。	1. 学生领取工作计划书模版并阅读理解计划要点（5 分钟）。 2. 编写工作计划书。 3. 工作计划书初稿完成后提交给教师进行展示评价反馈。 4 根据反馈意见修改工作计划书至确定通过。	师评： 工作计划书是否完善无误及工作计划的可执行性。

课时： 1 课时

1. 硬资源：图形工作站等。
2. 软资源：Adobe 系列软件、Office 系列软件、参考教材、任务书、工作页、数字资源等。
3. 教学设施：多媒体教学系统、白板、白板笔、白板擦等。
4. 文本资源：工作计划表模板等。

1 明确任务 → 2 制订工作计划与文字脚本设计 → 3 呼号片制作 → 4 展示总结评价

	工作子步骤	教师活动	学生活动	评价
制订工作计划与文字脚本设计	2. 设计文字脚本。	1. 教师采用教授法讲解镜头语言知识。 2. 巡回指导案例的资料收集。 3. 通过问答的形式提问学生 VI 品牌相关知识内容。 4. 巡回指导文字脚本设计。 5. 组织学生资料收集与分析结果的展示并进行点评。 6. 收集汇总本阶段各小组成果存档。	1. 学生听教师讲解镜头语言知识。 2. 学生通过互联网收集 VI 品牌资料。 3. 通过问答的形式回答教师提出的 VI 品牌相关问题。 4. 学生进行本次任务的文字脚本的设计。 5. 各小组展示自己的资料收集与分析成果，并进行点评。	师评： (1) 参与度、主动性、沟通表达能力。 (2) 根据学生提交上来的资料和文字脚本质量进行点评。
	课时： 2 课时 1. 硬资源：图形工作站等。 2. 软资源：Adobe 系列软件、Office 系列软件、参考教材、任务书、工作页、数字资源等。 3. 教学设施：多媒体教学系统、白板、白板笔、白板擦等。 4. 文本资源：文字脚本案例等。			
呼号片制作	1. 根据文字脚本，进行相关视频、图片、文字、声音素材的收集与整理。	组织学生根据文字脚本进行各方面素材的收集与整理。	各小组根据文字脚本进行各方面素材的收集与整理。	师评： 整理资料的条理性。
	课时： 2 课时 1. 硬资源：图形工作站等。 2. 软资源：Adobe 系列软件、Office 系列软件、参考教材、任务书、工作页、数字资源等。 3. 教学设施：多媒体教学系统、白板、白板笔、白板擦等。			

课程 7　二维电视栏目包装

学习任务 2　二维电视台呼号片制作

1 明确任务 → 2 制订工作计划与文字脚本设计 → 3 呼号片制作 → 4 展示总结评价

呼号片制作

工作子步骤	教师活动	学生活动	评价
2. 根据文字脚本，使用 Photoshop、After Effects 进行文字呼号片的制作。	1. 采用演示法进行 AE 文字呼号片制作演示，过程中讲解过程步骤及注意要点。 2. 在学生制作过程中巡回观察指导与答疑。 3. 教师组织学生进行资料的收集。 4. 教师通过问答的形式来检查学生对构图形式和作用知识的了解。 5. 在学生制作过程中巡回观察、指导与答疑。 6. 教师对学生提交的初稿进行点评，提出修改意见。 7. 巡回指导，在学生制作过程中巡回观察指导与答疑。	1. 认真观察，理解教师 AE 文字呼号片制作演示，重点了解合成嵌套、蒙版遮罩和三维动画功能的制作方法。 2. 学生完成针对性的 AE 技术小练习。 3. 学生收集相关平面构图和影视构图的资料，并对资料进行认真的整理和阅读。 4. 学生回答教师关于构图形式和作用知识的提问。 5. 学生根据各自设计的文字脚本和风格要求运用 PS 和 AE 进行呼号片制作。 6. 学生提交初稿，并认真听取修改意见。 7. 学生进行呼号片的修改。	师评： (1) 学生对 PS、AE 软件技术的掌握程度。 (2) 呼号片的色彩、节奏、镜头等方面的制作水平。
课时： 16 课时 1. 硬资源：图形工作站等。 2. 软资源：Adobe 系列软件、Office 系列软件、参考教材、任务书、工作页、数字资源等。 3. 教学设施：多媒体教学系统、白板、白板笔、白板擦等。			
3. 按照视频输出要求进行呼号片视频样片的输出。	1. 教师对学生视频样片的输出进行巡回指导。 2. 接收学生提交的样片。	1. 学生按照任务要求进行视频样片的输出。 2. 学生提交样片。	师评： 学生对 PS、AE 软件技术的掌握程度。
课时： 16 课时 1. 硬资源：图形工作站等。 2. 软资源：Adobe 系列软件、Office 系列软件、参考教材、任务书、工作页、数字资源等。 3. 教学设施：多媒体教学系统、白板、白板笔、白板擦等。			

展示总结评价

工作子步骤	教师活动	学生活动	评价
1. 对本次任务过程中所有相关文件与资料进行整理归档。 2. 制作 PPT 进行工作任务完成整体情况的展示汇报。	1. 组织学生小组整理归档文件资料。 2. 组织学生制作任务完成汇报 PPT，巡回指导学生完成 PPT 制作。 3. 组织轮流展示汇报 PPT，进行互评，互评后教师点评总结。 4. 收集汇总工作任务全过程所有阶段性资料成果进行存档。	1. 各小组整理归档任务过程中所有相关文件与资料。 2. 各小组对本次拍摄任务结果全过程资料进行制作汇报展示 PPT。 3. 各小组进行拍摄任务完成情况及成果进行展示汇报，小组间进行互相评价，最后教师总结点评。 4. 将整个工作任务全过程所有阶段性资料成果整理打包，最终提交教师存档。	1. 师评： （1）过程中学生是否全部参与、积极表现。被评价的学生是否充分配合检查，并对资料进行必要的汇报。 （2）成果验收：教师验收点评任务完成结果。 2. 学生互评： 根据评分表进行互评。

课时： 2 课时

1. 硬资源：图形工作站等。
2. 软资源：Adobe 系列软件、Office 系列软件、参考教材、任务书、工作页、数字资源等。
3. 教学设施：多媒体教学系统、白板、白板笔、白板擦等。
4. 文本资源：汇报 PPT 大纲模版、拍摄成果评分表等。

学习任务 3　二维电视栏目整体包装策划与制作

任务描述

学习任务课时：30 课时

任务情境：

某时尚电视频道需要进行整体的包装，包括 15~20 秒频道呼号片、10 秒频道广告时间视频（广告前、广告后各 1 条，5 秒 / 条）、频道电视节目预告视频。该频道的整体风格清新靓丽，具有小清新的格调且需参考新中式风格，在频道包装中满足中式传统元素与时尚风格相结合的要求。请在充分了解频道现状的基础上，首先进行整体包装的策划，完成文字台本的设计。在经过充分沟通修改后，在方案通过的基础上，进行视频、图片、声音素材的收集整理，并完成整体包装的制作。

具体要求见下页。

工作流程和标准

工作环节 1

明确任务

1

根据任务要求，明确本次任务制作的内容，明确要包装的电视台风格定位、视频制作的风格要求、呼号片的制作周期要求；收集分析同类型案例。

主要成果：
相关呼号片案例收集与分析总结资料。

工作环节 2

制订电视栏目包装策划书

2

制订策划书。

主要成果：
1. 制订的电视栏目包装策划书（其中包含文字脚本和工作计划）；
2. 能够运用各种途径进行策划书的市场定位数据或资料收集，并进行市场定位的分析；
3. 能够根据市场分析对电视栏目的整体包装进行一些系列的建议，并进行方案设计，包含方案图文说明、文字脚本和工作计划。

学习任务 3　二维电视栏目整体包装策划与制作

工作环节 3

电视栏目包装制作

3

1. 根据文字脚本，进行相关视频、图片、文字、声音素材的收集与整理。
2. 根据文字脚本，使用 Photoshop、After Effects 进行文字片头的制作。
3. 按照视频输出要求进行片头视频样片的输出

主要成果：
1. 素材文件包；
2. 制作电视栏目包装产生的相关源文件；
3. 能够综合运用 Photoshop、After Effects 等相关技术进行文字片头相关素材的合成处理和片头制作，能够熟练地运用 After Effects 的粒子特效和光效功能；
4. 输出的样片；
5. 视频格式的分类、特点与用途。

工作环节 4

展示总结评价

4

1. 对本次任务过程中所有相关文件与资料进行整理归档。
2. 制作一份本次任务分析 PPT，对本次任务的文字脚本和输出的视频进行展示，分享制作过程，陈述制作的心得经验，特别是其中的技术难点和技术要点。

主要成果：
分析 PPT，包含技术难点与技术要点。

学习内容

知识点	1.1 知识产权与版权知识	2.1 电视栏目包装策划书的元素与构成； 2.2 市场定位与分析的方法； 2.3 工作计划的元素与构成； 2.4 文字脚本的元素与构成； 2.5 电视节目预告的构成元素； 2.6 中式传统元素； 2.7 现代时尚风格	
技能点	1.1 资料收集； 1.2 办公软件使用	2.1 办公软件使用	3.1 资料的整理； 3.2 办公软件使用
工作环节	工作环节 1 明确任务	制订电视栏目包装策划书 工作环节 2	
成果	1.1 相关栏目包装案例收集	2.1 制订的电视栏目包装策划书（其中包含文字脚本和工作计划）； 2.2 能够运用各种途径进行策划书的市场定位数据或资料收集，并进行市场定位的分析； 2.3 能够根据市场分析对电视栏目的整体包装进行一些系列的建议，并进行方案设计，包含方案图文说明、文字脚本和工作计划	3.1 素材文件包
素养	1.1 解读信息能力； 1.2 沟通表达能力； 1.3 自我学习能力	2.1 文字表达能力； 2.2 沟通表达能力； 3.3 策划能力	
素养	思政元素：砥砺知行、努力拼搏的精神，健全人格（体育精神）	思政元素：了解传统图案的意蕴与历史背景，能够把传统元素转化为新的核心概念表现在方案中，加深对传统文化的理解和运用	思政元素：艺术审美能力

	4.1 回顾在“图像处理”课程中学习的 PS 使用方法； 4.2 AE 粒子的概念	5.1 视频格式和视频编码的种类、功能和特点		
	4.1 PS 的制作与后期处理； 4.2 After Effects 的粒子特效使用； 4.3 After Effects 的光效功能使用	5.1 AE 视频输出	6.1 办公软件使用	7.1 办公软件使用

	4.1 制作电视栏目包装产生的相关源文件； 4.2 能够综合运用 Photoshop、After Effects 等相关技术进行文字片头相关素材的合成处理和片头制作，能够熟练地运用 After Effects 的粒子特效和光效功能	5.1 输出的样片； 5.2 视频格式的分类、特点与用途	6.1 文件资料归档； 6.2 分析 PPT	
			6.1 文件整理能力； 6.2 表达能力	

学习任务 3　二维电视栏目整体包装策划与制作

1 明确任务 → 2 制作电视栏目包装策划书 → 3 电视栏目包装制作 → 4 展示总结评价

	工作子步骤	教师活动	学生活动	评价
明确任务	根据任务要求明确本次任务制作的内容，明确要包装的电视栏目风格定位、视频制作的风格要求、视频制作的周期要求。	1. 采用角色扮演法，教师角色扮演客户向学生发布工作任务并讲解任务要求要点，包括栏目包装的制作内容.风格定位.视频时间、输出格式及时间进度要求。 2. 采用问答法接受学生反馈提问，予以解答，帮助学生理解工作任务要求。 3. 对学生的收集资料和分析报告进行巡回指导。 4. 收取学生填写完成的工作任务单和分析报告评价记录后存档留用。 5. 对学生提交的资料进行讲评与分析。	1. 采用角色扮演法，学生扮演影视广告制作公司成员认真听取教师发布工作任务并记录任务要求要点，包括栏目包装的制作内容、风格定位、视频时间、输出格式及时间进度要求。 2. 学生对任务单及工作要求存在不明确的地方提出疑问，与教师沟通并补充记录。 3. 学生收集相关电视栏目包装的资料，包括电视栏目包装案例、制作流程等，收集关于知识产权的反面案例，学习知识产权知识。 4. 将填写完成的任务单和分析报告提交教师存档。 5. 学生听讲教师进行本环节的总结与讲评。	师评： （1）教师现场记录评价各学生小组的主动性、聆听技巧、表达技巧、要点解读能力。 （2）制作工作单是否详细、完整。 （3）分析报告的准确性。
	课时： 2 课时 1. 硬资源：图形工作站等。 2. 软资源：Adobe 系列软件、Office 系列软件、参考教材、任务书、工作页、数字资源等。 3. 教学设施：多媒体教学系统、白板、白板笔、白板擦等。 4. 文本资源：任务单等。			
制作电视栏目包装策划书	制订策划书。	1. 组织学生收集策划书相关案例资料。 2. 以问答形式检验学生对策划书的了解情况。 3. 教师组织学生完成策划书各个部分的撰写，并巡回指导。 4. 收集工作计划书初稿并组织点评。 5. 巡回指导学生修改。 6. 收取汇总定稿的工作计划书存档留用。	1. 学生通过网络收集创意策划书或设计策划书的案例。 2. 通过问答的方式，学生回答教师问题，分析策划书的构成元素。 3. 学生进行同类电视节目栏目包装的案例分析，包括色彩、构图、声音、制作技术、市场定位等多方面分析。 4. 学生进行本次任务的市场定位分析。 5. 学生进行本次任务的工作计划填写。 6. 学生进行本次任务的文字脚本设计。 7. 学生整理完成本环节完成的所有内容，并完成一份完整的策划。 8. 策划书初稿完成后提交给教师进行展示评价反馈。 9. 根据反馈意见修改至确定通过。	师评： （1）策划书的完整度。 （2）各类分析的准确性。 （3）佐证材料准确性和完善度。
	课时： 4 课时 1. 硬资源：图形工作站等。 2. 软资源：Adobe 系列软件、Office 系列软件、参考教材、任务书、工作页、数字资源等。 3. 教学设施：多媒体教学系统、白板、白板笔、白板擦等。 4. 文本资源：策划书模板等。			
电视栏目包装制作	1. 根据文字脚本，进行相关视频、图片、文字、声音素材的收集与整理。	组织学生根据文字脚本进行各方面素材的收集与整理。	各小组根据文字脚本进行各方面素材的收集与整理。	师评： 整理资料的条理性。
	课时： 2 课时 1. 硬资源：图形工作站等。 2. 软资源：Adobe 系列软件、Office 系列软件、参考教材、任务书、工作页、数字资源等。 3. 教学设施：多媒体教学系统、白板、白板笔、白板擦等。			

1 明确任务　2 制作电视栏目包装策划书　3 电视栏目包装制作　4 展示总结评价

	工作子步骤	教师活动	学生活动	评价
电视栏目包装制作	2. 根据文字脚本，使用 Photoshop、After Effects 进行电视栏目包装的制作。	1. 采用演示法进行 AE 文字电视栏目包装制作演示，过程中讲解过程步骤及注意要点。 2. 在学生练习过程中巡回观察指导与答疑。 3. 在学生正式制作过程中巡回观察指导与答疑。 4. 教师对学生提交的初稿进行点评，提出修改意见。 5. 在学生整理制作文件过程中巡回观察指导与答疑。	1. 认真观察理解教师 AE 文字电视栏目包装制作演示，重点了解粒子特效和光效功能的制作方法。 2. 学生完成针对性的 AE 技术小练习。 3. 学生根据各自设计的文字脚本和风格要求运用 PS 和 AE 进行频道呼号片制作。 4. 学生提交呼号片的初稿点评并修改。 5. 学生进行广告时间视频制作。 6. 学生提交广告时间视频的初稿点评并修改。 7. 学生进行电视节目预告视频制作。 8. 学生提交电视节目预告视频的初稿点评并修改。 9. 学生进行整套包装的整理与检查。	师评： （1）学生对 PS、AE 软件技术的掌握程度。 （2）电视栏目包装的色彩、节奏、镜头等方面的制作水平。
	课时： 16 课时 1. 硬资源：图形工作站等。 2. 软资源：Adobe 系列软件、Office 系列软件、参考教材、任务书、工作页、数字资源等。 3. 教学设施：多媒体教学系统、白板、白板笔、白板擦等。			
	3. 按照视频输出要求进行电视栏目包装视频样片的输出。	1. 教师对学生视频样片的输出进行巡回指导。 2. 接收学生提交样片。	1. 学生按照任务要求进行视频样片的输出。 2. 学生提交样片。	师评： 学生对 PS、AE 软件技术的掌握程度。
	课时： 4 课时 1. 硬资源：图形工作站等。 2. 软资源：Adobe 系列软件、Office 系列软件、参考教材、任务书、工作页、数字资源等。 3. 教学设施：多媒体教学系统、白板、白板笔、白板擦等。			
展示总结评价	1. 对本次任务过程中所有相关文件与资料进行整理归档。 2. 制作 PPT 进行工作任务完成整体情况的展示汇报。	1. 组织学生小组整理归档文件资料。 2. 组织学生制作任务完成汇报 PPT，巡回指导学生完成 PPT 制作。 3. 组织轮流展示汇报 PPT，进行互评，互评后教师点评总结。 4. 收集汇总工作任务全过程所有阶段性资料成果进行存档。	1. 各小组整理归档任务过程中所有相关文件与资料。 2. 各小组对本次拍摄任务结果全过程资料进行制作汇报展示 PPT。 3. 各小组对拍摄任务完成情况及成果进行展示汇报，小组间进行互相评价，最后教师总结点评。 4. 将整个工作任务全过程所有阶段性资料成果整理打包，最终提交教师存档。	1. 师评： （1）过程中学生是否全部参与、积极表现。被评价的学生是否充分配合检查，并对资料进行必要的汇报。 （2）成果验收：教师验收点评任务完成结果。 2. 学生互评： 根据评分表进行互评。
	课时： 2 课时 1. 硬资源：图形工作站等。 2. 软资源：Adobe 系列软件、Office 系列软件、参考教材、任务书、工作页、数字资源等。 3. 教学设施：多媒体教学系统、白板、白板笔、白板擦等。 4. 文本资源：汇报 PPT 大纲模版、拍摄成果评分表等。			

考核标准

任务名称：

校园电视台二维电视栏目包装制作

情境描述：

校园电视台需要进行整体的包装，包括 15~20 秒频道呼号片、10 秒频道广告时间视频（广告前、广告后各 1 条，5 秒 / 条）、10 秒频道电视节目预告视频。整体风格要求节奏感强，有青春气息，音乐动感。现已提供相关的视频、图片、声音素材，要求在充分了解频道现状的基础上，先进行整体包装的策划，完成文字台本的设计，在方案通过的基础上，进行视频、图片、声音素材的收集整理，并完成整体包装的制作。

任务要求：

1. 要求包括 15~20 秒频道呼号片、10 秒频道广告时间视频（广告前、广告后各 1 条，5 秒 / 条）、10 秒频道电视节目预告视频。
2. 要求完成文字台本的设计。
3. 视频大小为 1080p, 提交源文件及输出视频文件，视频文件格式为 H264。
4. 整体风格要求节奏感强，有青春气息，音乐动感，文案及画面内容积极健康，能够体现新时代新风尚的精神。
5. 最终交付客户的内容要包含文字台本方案、整理打包好的源文件及输出的视频文件。

参考资料：

各类青春、校园节目频道包装或者片头资料。

评价方式及标准：

考核分数主要由任课教师根据评分规范进行评价，其中纸笔测试占 30 分，实操测试占 70 分。

评价标准

纸笔测试（方案设计）评分表（总分 30 分）

考核内容	评分细则	配分	得分
文字台本内容清晰、格式规范		5	
叙事条理清晰		10	
镜头语言运用合理，对视频制作有效引导		10	
剧情有一定创意		5	

实操测试评分表（总分 70 分）

序号	评分标准	配分	得分
1	视频合成画幅、像素、格式符合任务要求	10	
2	软件使用熟练，无技术错误	10	
3	镜头画面衔接符合镜头语言要求	10	
4	视频合成符合影视合成规范与流程	20	
5	合成创意新颖、视觉效果精美	10	
6	视频合成视觉美观，形象合理、醒目	10	
合计			

课程 8　三维特效制作

学习任务 1	学习任务 2
《神笔》三维特效制作	《垃圾虫》三维特效制作
（70）课时	（60）课时

课程目标

学习完三维特效制作课程后，学生应当能独立完成三维类特效镜头的制作、高级栏目包装设计、工业三维动画制作，具备操作专业三维特效制作软件 Maya、后期合成软件 AE、镜头跟踪软件 Boujou 的操作技能，具体包括：

1. 能够认真阅读任务书，明确工作时间及要求。能使用专业术语与项目主管进行沟通，获取特效制作信息，以及输出格式和交付时间等要求，通过任务书培养学生的解读与反馈沟通能力。

2. 能够根据设计要求，通过互联网、书籍资料等渠道，进行视频素材的收集，定位视频制作风格，制订工作计划表，合理安排特效制作进度；培养学生收集分析信息、案例及制订工作计划的能力。

3. 能够使用三维软件，独立搭建基础三维模型，制作灯光材质和渲染；能够使用 AE 合成软件、Maya、Boujou 等三维软件进行三维特效视频制作。

4. 能够进行几大类（三维镜头特效，高级片头、片尾栏目包装，工业产品动画）商业视频媒体流制作。通过实训案例培养学生的三维特效制作能力。

5. 能明确团队合作重要性，通过项目分工、工作时间规划，培养学生的团队协作能力。

6. 能接收项目主管及总监对视频制作的改进意见，对项目文件进行优化，将最终成品交项目主管验收，以此培养学生沟通交流、解决问题的能力。

7. 能够在实施工作任务过程中严格遵守企业相关操作流程规范、安全管理制度等管理规定，培养学生的职业操作规范。

8. 能够遵守行业相关法律法规与市场规则，培养学生具备诚信、工匠精神及良好的职业道德素养，并通过学习特效案例，从中了解中国传统文化，提高道德修养，增强民族意识。

9. 能够及时更新与掌握新设备、新技术，能够使用新软件、新技术对制作流程进行优化，简化制作步骤，缩短制作周期，提升制作效率，培养学生的创新思维能力。

课时：160

学习任务 3

《彩旗飘扬》三维特效制作

（30）课时

课程内容

对照本课程目标，学生应当掌握以下知识、技能及职业素养：

1. 三维软件的市场分类，PC 配置要求，案例观赏以及案例讲解，三维特效师的基本艺术修养等；
2. 三维基础模型搭建，三维灯光材质设定，渲染以及基础关键帧动画设定；
3. 三维软件各个命令模块的应用：建模、灯光、材质、渲染、气态流体；
4. 三维特效镜头特效制作，高级栏目包装，三维映射技术制作思路以及技巧；
5. 视频制作的素材相关版权与法规章程；
6. 视频制作职业的生涯规划与发展，后期制作师的创新创业；
7. 新时代下视频后期媒体制作师的新趋势、发展变化及对从业者的新要求；
8. 讲解中国传统文化，了解“文房四宝”；
9. 讲解社会道德观，提高学生环保意识。

学习任务 1　《神笔》三维特效制作

任务描述

学习任务课时：70 课时

任务情境：

某影视剧组计划拍摄一部实拍与三维特效结合的宣传视频。该剧组已经完成剧本、分镜头设计和视频素材拍摄。该剧组与我校沟通可否完成该影片中的玉雕毛笔三维特效制作及合成。该影片整体时长为 10 分钟，三维特效镜头 4 个，约 40 秒，需用到建模、材质、灯光渲染、毛发动力学特效、后期合成等多种三维技能，制作时间为 10 天。我校影视专业教师认为学生具有制作该影片特效的能力，准备接受任务并带领学生完成该任务。

具体要求见下页。

工作流程和标准

工作环节 1

明确任务

1

根据任务要求，明确本次任务制作的内容，收集相关案例。了解历史文化，了解“文房四宝”，能从中提炼毛笔相关设计内容进行制作，定位三维特效的风格。制作一份动态预览片，展现三维毛笔特效合成素材的大致内容与节奏；形成一份简短的视觉预览视频动态分镜。

主要成果：

1. 相关三维特效案例；
2. 动态视觉预览。

工作环节 2

制订工作计划

2

1. 制订一份工作计划，合理安排特效制作进度，进行任务分配和人员分工，并做出任务要求。
2. 对拟定好的计划和分工进行展示，并根据反馈意见进行修改。

主要成果：

工作计划。

工作环节 3

玉雕毛笔三维特效制作

3

三维特效制作：根据该片风格，运用 Maya2017、Arnold、nHair 进行三维特效的制作，对制作中的难点、重点进行分析讲解。输出素材后，合成至 After Effects 后期软件中。

特效合成：对需要进行特效制作的镜头，把特效素材按节奏合理合成到 After Effects，并对色调进行整体校对匹配。对特效合成中的技术特点、优势和主要运用方向进行分析。

主要成果：

1. 合成后的视频文件；
2. 三维软件制作及应用合成技巧。

工作环节 4

展示总结评价

4

1. 对本次任务过程中所有相关文件与资料进行整理归档。
2. 对输出的成片进行展示，分享制作过程，陈述制作的心得经验，特别是其中的技术难点和技术要点。
3. 评价者对成片进行点评，对项目文件进行归档。

主要成果：

1. 分析成果案例，包含技术难点与技术要点。
2. 习得文件素材规范整理、命名以及归档保存。

学习内容

知识点	1.1 三维现实合成制作要点； 1.2 Maya2017 软件知识	2.1 工作计划的制作流程策划； 2.2 “文房四宝”相关知识及毛笔的制作工艺等传统文化	3.1 玉雕毛笔三维模型制作； 3.2 色彩搭配
技能点	1.1 资料收集及整合； 1.2 Maya2017 软件的使用	2.1 办公软件的使用； 2.2 人员管理分配明细	3.1 特效软件的应用； 3.2 对工作计划进行落实
工作环节	工作环节 1 明确任务	制订工作计划 工作环节 2	
成果	1.1 一份动态预览片	2.1 一份工作计划，制作进度任务分配和人员分工表	3.1 视频文件
素养	1.1 解读信息能力； 1.2 沟通表达能力； 1.3 自我学习能力	2.1 文字表达能力； 2.2 沟通表达能力； 2.3 策划能力	3.1 艺术审美能力
	思政元素：加深对传统文化如“文房四宝”的认知，传承优秀传统文化		

学习任务 1　《神笔》三维特效制作

4.1 毛发系统笔刷运动； 4.2 色彩搭配	5.1 视频格式渲染要求与输出； 5.2 毛笔系统知识	6.1 文件管理； 6.2 沟通表达艺术
4.1 特效软件的应用； 4.2 对工作计划进行落实	5.1 视频格式的要求与输出； 5.2 Maya2017、Arnold、XGen 三维软件与特效的使用	6.1. 相关文件与资料进行整理归档； 6.2 对输出的视频进行展示分享

		6.1 评价表
		6.1 文件整理能力； 6.2 表达能力

课程 8　三维特效制作

学习任务 1　《神笔》三维特效制作

1 明确任务　2 制订工作计划　3 玉雕毛笔三维特效制作　4 展示总结评价

	工作子步骤	教师活动	学生活动	评价
明确任务	明确本次任务制作的内容，分析素材，定位三维特效的风格。	1. 采用角色扮演法，教师角色扮演客户向学生发布工作任务并讲解任务要求要点，包括： (1) 制作内容发布； (2) 风格定位，通过头脑风暴提炼设计元素，并进行创新设计； (3) 制作时间； (4) 输出格式； (5) 时间进度要求。 2. 采用问答法接受学生反馈提问，予以解答，帮助学生理解工作任务要求。 3. 对学生的收集资料和分析报告进行巡回指导。 4. 对学生提交的资料进行讲评与分析。	1. 采用角色扮演法，学生扮演影视剧组成员，认真听取教师发布工作任务并记录任务要求要点，包括： (1) 需要制作的内容； (2) 元素提炼，风格定位； (3) 制作时间； (4) 输出格式； (5) 时间进度要求。 2. 学生对任务及工作要求存在不明确的地方提出疑问，与教师沟通并补充记录。 3. 学生收集相关资料，包括毛笔罐图片、特效制作流程等。 4. 学生听取教师对本环节的总结与讲评。	师评： (1) 教师现场记录评价各学生小组的主动性、聆听技巧、表达技巧、要点解读能力； (2) 制作工作单是否详细、完整； (3) 分析报告的准确性。
	课时： 4 课时 1. 硬资源：图形工作站等。 2. 软资源：Adobe 系列软件、Office 系列软件、参考教材、任务书、工作页、数字资源等。 3. 教学设施：多媒体教学系统、白板、白板笔、白板擦等。 4. 文本资源：任务单等。			
制订工作计划	制订工作计划。	1. 组织学生，并指导编写工作计划。 2. 收取汇总定稿的工作计划书存档留用。	1. 学生理解计划要点。 2. 编写工作计划。 3. 工作计划书初稿完成后与教师沟通、评价反馈。 4. 根据反馈意见修改工作计划书至确定通过。	师评： 工作计划书是否完善无误及工作计划的可执行性。
	课时： 4 课时 1. 硬资源：图形工作站等。 2. 软资源：Adobe 系列软件、Office 系列软件、参考教材、任务书、工作页、数字资源等。 3. 教学设施：多媒体教学系统、白板、白板笔、白板擦等。			

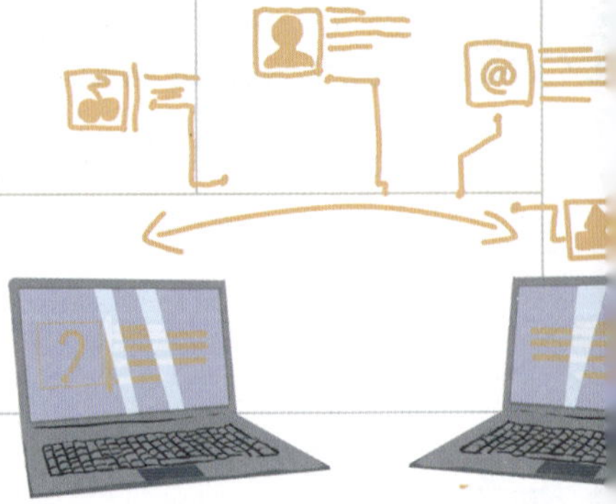

基准课时：70

1 明确任务 → 2 制订工作计划 → 3 玉雕毛笔三维特效制作 → 4 展示总结评价

<table>
<tr><th></th><th>工作子步骤</th><th>教师活动</th><th>学生活动</th><th>评价</th></tr>
<tr><td rowspan="3">玉雕毛笔三维特效制作</td><td>1. 根据计划要求，进行相关视频、图片、文字、声音素材的制作。</td><td>组织学生进行各方面素材的整合，并巡堂指导制作。</td><td>学生根据计划要求进行各方面素材的整合与实习制作。收集“文房四宝”、毛笔造型与制作工艺等相关资料进行分析学习，为毛笔特效制作做好准备。</td><td>师评：
学生是否具备自觉动手能力。</td></tr>
<tr><td>2. 根据计划要求，使用 Maya2017、Arnold、毛发系统进行笔刷动态制作。</td><td>1. 采用演示法进行毛发系统三维特效制作演示，过程中讲解过程步骤及注意要点。
2. 在学生练习过程中巡回观察指导与答疑。
3. 教师对学生提交的初稿进行点评，提出修改意见。</td><td>1. 认真观察理解教师进行玉雕毛笔特效制作演示，重点了解毛发特效的制作方法。
2. 学生根据要求完成特效练习。
3. 学生提交玉雕毛笔特效初稿，在教师点评后进行修改，要求学生对待作品精益求精，具备追求卓越的工匠精神。
4. 学生进行玉雕毛笔三维特效渲染与输出。
5. 学生进行整套视频的整理与检查。</td><td>师评：
（1）学生对软件技术的掌握程度；
（2）玉雕毛笔三维特效制作在动画、节奏、特效等方面的制作水平。</td></tr>
<tr><td>3. 按照视频输出要求进行输出。</td><td>1. 教师对学生视频的输出进行巡回指导。
2. 接收学生提交样片。</td><td>1. 学生按照任务要求进行视频的渲染输出。
2. 学生提交样片。</td><td>师评：
学生对整片的技术掌握程度。</td></tr>
<tr><td></td><td colspan="4">课时：50 课时
1. 硬资源：图形工作站等。
2. 软资源：Adobe 系列软件、Office 系列软件、参考教材、任务书、工作页、数字资源等。
3. 教学设施：多媒体教学系统、白板、白板笔、白板擦等。</td></tr>
<tr><td>展示总结评价</td><td>1. 对本次任务过程中所有相关文件与资料进行整理归档。
2. 任务完成整体情况的展示汇报。</td><td>1. 组织学生小组整理归档文件资料。
2. 组织学生制作任务完成汇报文件，巡堂指导。
3. 组织学生轮流展示汇报 PPT，进行互评，互评后教师点评总结。
4. 收集汇总工作任务全过程所有阶段性资料成果进行存档。</td><td>1. 学生整理归档任务过程中所有相关文件与资料。
2. 各小组对本次制作任务结果全过程进行汇报展示。
3. 将整个工作任务全过程所有阶段性资料成果整理打包，最终提交教师存档。</td><td>1. 师评：
（1）过程中学生是否全部参与、积极表现。被评价的学生是否充分配合检查，并对资料进行必要的汇报。
（2）成果验收：教师验收点评任务完成结果。
2. 学生互评：
根据评分表进行互评。</td></tr>
<tr><td></td><td colspan="4">课时：12 课时
1. 硬资源：图形工作站等。
2. 软资源：Adobe 系列软件、Office 系列软件、参考教材、任务书、工作页、数字资源等。
3. 教学设施：多媒体教学系统、白板、白板笔、白板擦等。</td></tr>
</table>

学习任务 2　《垃圾虫》三维特效制作

任务描述

学习任务课时：60 课时

任务情境：

某影视剧组计划拍摄真人与三维特效结合、名为“垃圾虫”的公益广告。该剧组已经完成剧本、分镜头设计。该剧组与我校沟通可否完成该广告影片中的“可乐镜头”特效制作。该影片整体时长为 3 分钟，三维特效镜头 2 个，约 6 秒，需用到建模、材质、灯光渲染、流体力学系统、后期合成等多种三维技能，制作时间为 10 天。我校影视专业教师认为学生具有制作该影片特效的能力，准备接受任务并带领学生完成该任务。

具体要求见下页。

公益广告
特效制作

工作流程和标准

工作环节 1

明确任务

1

根据任务要求，明确本次任务制作的内容，收集相关案例，定位三维特效的风格。制作一份动态预览片，展现可乐特效合成素材的大致内容与节奏；形成一份简短的视觉预览视频动态分镜。

主要成果：

1. 相关三维特效案例；
2. 动态视觉预览。

工作环节 2

制订工作计划

2

1. 制订一份工作计划，合理安排特效制作进度，进行任务分配和人员分工，并做出任务要求。
2. 对拟定好的计划和分工进行展示，并根据反馈意见进行修改。

主要成果：

工作计划。

学习任务 2 《垃圾虫》三维特效制作

工作环节 3

特效制作与合成

3

三维特效制作：根据该片风格，运用 Maya2017、Arnold、流体系统进行三维特效的制作，对制作中的难点、重点进行分析讲解。输出素材后，合成至 After Effects 后期软件中。

特效合成：对应需要进行特效制作的镜头，把特效素材按节奏合理合成到 After Effects，并对色调进行整体校对匹配。对特效合成中的技术特点、优势和主要运用方向进行分析。

主要成果：

1. 合成后的视频文件；
2. 三维软件制作、合成的技巧和应用。

工作环节 4

展示总结评价

4

1. 对本次任务过程中所有相关文件与资料进行整理归档。
2. 对输出的成片进行展示，分享制作过程，陈述制作的心得经验，特别是其中的技术难点和技术要点。
3. 评价者对成片进行点评，对项目文件进行归档。

主要成果：

1. 分析成果案例，包含技术难点与技术要点。
2. 习得文件素材规范整理、命名以及归档保存。

学习内容

知识点	1.1 三维现实合成制作要点、特效风格； 1.2 Maya2017 软件知识	2.1 工作计划的制作流程策划	3.1 可乐罐三维模型制作； 3.2 色彩搭配
技能点	1.1 资料收集及整合； 1.2 Maya2017 软件的使用	2.1 办公软件的使用； 2.2 人员管理分配明细	3.1 特效软件的应用
工作环节	工作环节 1 明确任务	制订工作计划 工作环节 2	
成果	1.1 一份动态预览片	2.1 一份工作计划； 2.2 制作进度任务分配和人员分工表	3.1 视频文件
素养	1.1 解读信息能力； 1.2 沟通表达能力； 1.3 自我学习能力	2.1 文字表达能力； 2.2 沟通表达能力； 2.3 策划能力	3.1 艺术审美能力

学习任务 2 《垃圾虫》三维特效制作

4.1 烟雾流体运动； 4.2 色彩搭配	5.1 视频格式渲染要求与输出； 5.2 流体系统知识	6.1 文件管理； 6.2 沟通表达艺术
4.1 特效软件的应用	5.1 视频格式的要求与输出； 5.2 Maya2017、Arnold、流体三维软件与特效的使用	6.1 对输出的视频进行展示，分享制作过程，陈述制作的心得经验，特别是其中的技术难点和技术要点
工作环节 3 特效制作与合成		工作环节 4 展示总结评价
		6.1 评价表
		6.1 文件整理能力； 6.2 表达能力

三维特效制作

课程 8　三维特效制作

学习任务 2　《垃圾虫》三维特效制作

1 明确任务　2 制订工作计划　3 特效制作与合成　4 展示总结评价

<table>
<tr><th></th><th>工作子步骤</th><th>教师活动</th><th>学生活动</th><th>评价</th></tr>
<tr><td rowspan="2">明确任务</td><td>明确本次任务制作的内容，分析素材，定位三维特效的风格。</td><td>1. 采用角色扮演法，教师角色扮演客户向学生发布工作任务并讲解任务要求要点，包括：
(1) 制作内容发布；
(2) 风格定位；
(3) 制作时间；
(4) 输出格式；
(5) 时间进度要求。
2. 采用问答法接受学生反馈提问，予以解答，帮助学生理解工作任务要求。
3. 对学生的收集资料和分析报告进行巡回指导。
4. 对学生提交的资料进行讲评与分析。</td><td>1. 采用角色扮演法，学生扮演影视剧组成员，认真听取教师发布工作任务并记录任务要求要点，包括：
(1) 需要制作的内容；
(2) 风格定位；
(3) 制作时间；
(4) 输出格式；
(5) 时间进度要求。
2. 学生对任务及工作要求存在不明确的地方提出疑问，与教师沟通并补充记录。
3. 学生收集相关资料，包括可乐罐图片、特效制作流程等。
4. 学生听取教师对本环节的总结与讲评。</td><td>师评：
(1) 教师现场记录评价各学生小组的主动性、聆听技巧、表达技巧、要点解读能力；
(2) 制作工作单是否详细、完整；
(3) 分析报告的准确性。</td></tr>
<tr><td colspan="4">课时：4 课时
1. 硬资源：图形工作站等。
2. 软资源：Adobe 系列软件、Office 系列软件、参考教材、任务书、工作页、数字资源等。
3. 教学设施：多媒体教学系统、白板、白板笔、白板擦等。
4. 文本资源：任务单等。</td></tr>
<tr><td rowspan="2">制订工作计划</td><td>制订工作计划。</td><td>1. 组织学生，并指导编写工作计划。
2. 收取汇总定稿的工作计划书存档留用。</td><td>1. 学生理解计划要点。
2. 编写工作计划。
3. 工作计划书初稿完成后与教师沟通、评价反馈。
4. 根据反馈意见修改工作计划书至确定通过。</td><td>师评：
工作计划书是否完善无误及工作计划的可执行性。</td></tr>
<tr><td colspan="4">课时：4 课时
1. 硬资源：图形工作站等。
2. 软资源：Adobe 系列软件、Office 系列软件、参考教材、任务书、工作页、数字资源等。
3. 教学设施：多媒体教学系统、白板、白板笔、白板擦等。</td></tr>
</table>

基准课时：40

1 明确任务　2 制订工作计划　3 特效制作与合成　4 展示总结评价

<table>
<tr><th></th><th>工作子步骤</th><th>教师活动</th><th>学生活动</th><th>评价</th></tr>
<tr><td rowspan="4">特效制作与合成</td><td>1. 根据计划要求，进行相关视频、图片、文字、声音素材的制作。</td><td>组织学生进行各方面素材的整合，并巡堂指导制作。</td><td>学生根据计划要求进行各方面素材的整合与实习制作。</td><td>师评：
学生是否具备自觉动手能力。</td></tr>
<tr><td>2. 根据计划要求，使用Maya2017、Arnold、流体系统进行烟雾、灰尘动态制作。</td><td>1. 采用演示法进行烟雾流体三维特效制作演示，过程中讲解过程步骤及注意要点。
2. 在学生练习过程中巡回观察指导与答疑。
3. 教师对学生提交的初稿进行点评，提出修改意见。</td><td>1. 认真观察理解教师《垃圾虫》特效制作演示，重点了解流体特效的制作方法。
2. 学生根据要求完成特效练习。
3. 学生进行《垃圾虫》三维特效渲染与输出。
4. 学生进行整套视频的整理与检查。</td><td>师评：
(1) 学生对软件技术的掌握程度。
(2) 《垃圾虫》三维特效制作在动画、节奏、特效等方面的制作水平。</td></tr>
<tr><td>3. 按照视频输出要求进行输出。</td><td>1. 教师对学生视频的输出进行巡回指导。
2. 接收学生提交样片。</td><td>1. 学生按照任务要求进行视频的渲染输出。
2. 学生提交样片。</td><td>师评：
学生对整片的技术掌握程度。</td></tr>
<tr><td colspan="4">课时：40 课时
1. 硬资源：图形工作站等。
2. 软资源：Adobe 系列软件、Office 系列软件、参考教材、任务书、工作页、数字资源等。
3. 教学设施：多媒体教学系统、白板、白板笔、白板擦等。</td></tr>
<tr><td rowspan="2">展示总结评价</td><td>1. 对本次任务过程中所有相关文件与资料进行整理归档。
2. 任务完成整体情况的展示汇报。</td><td>1. 组织学生小组整理归档文件资料。
2. 组织学生制作任务完成汇报文件，巡堂指导。
3. 组织学生轮流展示汇报 PPT，进行互评，互评后教师点评总结。
4. 收集汇总工作任务全过程所有阶段性资料成果进行存档。</td><td>1. 学生整理归档任务过程中所有相关文件与资料。
2. 各小组对本次制作任务结果全过程进行汇报展示。
3. 将整个工作任务全过程所有阶段性资料成果整理打包，最终提交教师存档。</td><td>1. 师评：
(1) 过程中学生是否全部参与、积极表现。被评价的学生是否充分配合检查，并对资料进行必要的汇报。
(2) 成果验收：教师验收点评任务完成结果。
2. 学生互评：
根据评分表进行互评。</td></tr>
<tr><td colspan="4">课时：12 课时
1. 硬资源：图形工作站等。
2. 软资源：Adobe 系列软件、Office 系列软件、参考教材、任务书、工作页、数字资源等。
3. 教学设施：多媒体教学系统、白板、白板笔、白板擦等。</td></tr>
</table>

学习任务 3 《彩旗飘扬》三维特效制作

任务描述

学习任务课时：30 课时

任务情境：

某影视剧组计划拍摄真人演绎的特效片。该剧组已经完成剧本、分镜头设计，以及真人拍摄的部分。该剧组与我校沟通可否完成该影片中的“彩旗”特效制作。该影片整体时长为 10 分钟，三维特效镜头 1 个，约 5 秒，需用到建模、材质、灯光渲染、布料软体动力学系统及后期合成等多种技能，制作时间为 2 天。我校影视专业教师认为学生具有制作该影片特效的能力，准备接受任务并带领学生完成该任务。

具体要求见下页。

Maya

工作流程和标准

工作环节 1

明确任务

1

根据任务要求，明确本次任务制作的内容，收集相关案例，定位三维特效的风格。了解三维布料柔体系统，制作一份动态预览片，展现特效合成素材的大致内容与节奏；形成一份简短的视觉预览视频动态分镜。

主要成果：

1. 相关三维特效案例；
2. 动态视觉预览。

工作环节 2

制订工作计划

2

1. 制订一份工作计划，合理安排特效制作进度，并做出任务要求。
2. 对拟定好的计划和分工进行展示，并根据反馈意见进行修改。

主要成果：

工作计划。

工作环节 3

特效制作与合成

3

三维特效制作：根据该片风格，运用 Maya2017、Arnold、布料力学系统进行三维特效的制作，对制作中的难点、重点进行分析讲解。输出素材后，合成至 After Effects 后期软件中。

特效合成：对应需要进行特效制作的镜头，把特效素材按节奏合理合成到 After Effects，并对色调进行整体校对匹配。对特效合成中的技术特点、优势和主要运用方向进行分析。

主要成果：

1. 合成后的视频文件；
2. 三维软件制作、合成的技巧和应用。

工作环节 4

展示总结评价

4

1. 对本次任务过程中所有相关文件与资料进行整理归档。
2. 对输出的成片进行展示，分享制作过程，陈述制作的心得经验，特别是其中的技术难点和技术要点。
3. 评价者对成片进行点评，对项目文件进行归档。

主要成果：

1. 分析成果案例，包含技术难点与技术要点。
2. 习得文件素材规范整理、命名以及归档保存。

学习内容

知识点	1.1 三维现实合成制作要点、特效风格； 1.2 Maya2017 软件知识	2.1 工作计划制作流程策划； 2.2 彩旗规格及背景历史知识	3.1 布料运动规律； 3.2 布料软体系统知识
技能点	1.1 资料收集及整合； 1.2 Maya2017 软件的使用	2.1 办公软件的使用； 2.2 人员管理分配明细	3.1 特效软件的应用； 3.2 对工作计划进行落实
工作环节	工作环节 1 明确任务	制订工作计划 工作环节 2	
成果	1.1 一份动态预览片	2.1 一份工作计划； 2.2 制作进度任务分配和人员分工表	3.1 视频文件
素养	1.1 解读信息能力； 1.2 沟通表达能力； 1.3 自我学习能力	2.1 文字表达能力； 2.2 沟通表达能力； 2.3 策划能力	3.1 艺术审美能力

4.1 布料运动规律； 4.2 色彩搭配	5.1 视频格式渲染要求与输出； 5.2 软件输出要领	6.1 文件管理； 6.2 沟通表达艺术
4.1 特效软件的应用； 4.2 对工作计划进行落实	5.1 Maya2017、Arnold、nHair 三维软件与特效的使用	6.1 相关文件与资料整理归档； 6.2 对输出的视频进行展示，分享制作过程，陈述制作的心得经验，特别是其中的技术难点和技术要点

		6.1 评价表
		6.1 文件整理能力； 6.2 表达能力

课程 8　三维特效制作

学习任务 3　《彩旗飘扬》三维特效制作

1 明确任务　2 制订工作计划　3 《彩旗飘扬》三维特效制作　4 展示总结评价

	工作子步骤	教师活动	学生活动	评价
明确任务	明确本次任务制作的内容，分析素材，定位三维特效的风格。	1. 采用角色扮演法，教师角色扮演客户向学生发布工作任务并讲解任务要求要点，包括： (1) 制作内容发布； (2) 风格定位； (3) 制作时间； (4) 输出格式； (5) 时间进度要求。 2. 采用问答法接受学生反馈提问，予以解答，帮助学生理解工作任务要求。 3. 对学生收集资料和分析报告进行巡回指导。结合案例需求，讲解彩旗色彩、形状等设计规格，激发学生爱国情怀。 4. 对学生提交的资料进行讲评与分析。	1. 采用角色扮演法，学生扮演影视剧组成员，认真听取教师发布工作任务并记录任务要求要点，包括： (1) 需要制作的内容； (2) 风格定位； (3) 制作时间； (4) 输出格式； (5) 时间进度要求。 2. 学生对任务及工作要求存在不明确的地方提出疑问，与教师沟通并补充记录。 3. 学生收集相关资料，包括彩旗图片、特效制作流程等。观看视频及资料，认识彩旗色调、形状规格等。 4. 学生听取教师对本环节的总结与讲评。	师评： (1) 教师现场记录评价各学生小组的主动性、聆听技巧、表达技巧、要点解读能力。 (2) 制作工作单是否详细、完整。 (3) 分析报告的准确性。

课时： 4 课时

1. 硬资源：图形工作站等。
2. 软资源：Adobe 系列软件、Office 系列软件、参考教材、任务书、工作页、数字资源等。
3. 教学设施：多媒体教学系统、白板、白板笔、白板擦等。
4. 文本资源：任务单等。

	工作子步骤	教师活动	学生活动	评价
制订工作计划	制订工作计划。	1. 组织学生，并指导编写工作计划。 2. 收取汇总定稿的工作计划书存档留用。	1. 学生理解计划要点。 2. 编写工作计划。 3. 工作计划书初稿完成后与教师沟通、评价反馈。 4. 根据反馈意见修改工作计划书至确定通过。	师评： 工作计划书是否完善无误及工作计划的可执行性。

课时： 4 课时

1. 硬资源：图形工作站等。
2. 软资源：Adobe 系列软件、Office 系列软件、参考教材、任务书、工作页、数字资源等。
3. 教学设施：多媒体教学系统、白板、白板笔、白板擦等。

基准课时：30

❶ 明确任务 ❷ 制订工作计划 ❸ 《彩旗飘扬》三维特效制作 ❹ 展示总结评价

	工作子步骤	教师活动	学生活动	评价
《彩旗飘扬》三维特效制作	1. 根据计划要求，进行相关视频、图片、文字、声音素材的制作。	组织学生进行各方面素材的整合，并巡堂指导制作。	学生根据计划要求进行各方面素材的整合与实习制作。	师评： 学生是否具备自觉动手能力。
	2. 根据计划要求，使用Maya2017、Arnold、布料柔体系统进行彩旗动态制作。	1. 采用演示法进行《彩旗飘扬》三维特效制作演示，过程中讲解过程步骤及注意要点。 2. 在学生练习过程中巡回观察指导与答疑。 3. 教师对学生提交的初稿进行点评，提出修改意见。	1. 认真观察理解教师《彩旗飘扬》特效制作演示，重点了解布料特效的制作方法。 2. 学生根据要求完成特效练习。 3. 学生提交《彩旗飘扬》特效初稿，教师点评，学生进行修改，要求学生对待作品精益求精，具备追求卓越的工匠精神。 4. 学生进行《彩旗飘扬》特效三维特效渲染与输出。 5. 学生进行整套视频的整理与检查。	师评： （1）学生对软件技术的掌握程度； （2）彩旗三维特效制作在动画、节奏、特效等方面的制作水平。
	3. 按照视频输出要求进行输出。	1. 教师对学生视频的输出进行巡回指导。 2. 接收学生提交样片。	1. 学生按照任务要求进行视频的渲染输出。 2. 学生提交样片。	师评： 学生对整片的技术掌握程度。
	课时： 14 课时 1. 硬资源：图形工作站等。 2. 软资源：Adobe 系列软件、Office 系列软件、参考教材、任务书、工作页、数字资源等。 3. 教学设施：多媒体教学系统、白板、白板笔、白板擦等。			
展示总结评价	1. 对本次任务过程中所有相关文件与资料进行整理归档。 2. 任务完成整体情况的展示汇报。	1. 组织学生小组整理归档文件资料。 2. 组织学生制作任务完成汇报文件，巡堂指导。 3. 组织学生轮流展示汇报 PPT，进行互评，互评后教师点评总结。 4. 收集汇总工作任务全过程所有阶段性资料成果进行存档。	1. 学生整理归档任务过程中所有相关文件与资料。 2. 各小组对本次制作任务结果全过程进行汇报展示。 3. 将整个工作任务全过程所有阶段性资料成果整理打包，最终提交教师存档。	1. 师评： （1）过程中学生是否全部参与、积极表现。被评价的学生是否充分配合检查，并对资料进行必要的汇报。 （2）成果验收：教师验收点评任务完成结果。 2. 学生互评： 根据评分表进行互评。
	课时： 8 课时 1. 硬资源：图形工作站等。 2. 软资源：Adobe 系列软件、Office 系列软件、参考教材、任务书、工作页、数字资源等。 3. 教学设施：多媒体教学系统、白板、白板笔、白板擦等。			

考核标准

考核时间：320 分钟；成绩：100 分

任务名称：

三维特效机械 Logo 片头制作

情境描述：

某电影公司拍摄了一部科幻电影《变形金刚》。为了给影片制作符合机械类风格的片头，要求学生团队利用特效三维软件进行创作。要求片头 Logo 建模比例正确，金属材质有光泽，贴图显示正确，关键帧动画动态酷炫、节奏正确，渲染光影富有冷艳的金属气氛。最终输出编码为 H264、比特率不低于 20 b/s、每秒 25 帧的 1920p 高清视频。将处理完成的视频交付客户验收。

任务要求：

1. 模型搭建，布线正确；
2. 金属材质到位；
3. 动画节奏、关键帧合理；
4. 渲染布光合理，气氛到位；
5. 渲染输出格式、命名正确；
6. 后期合成画面及三维素材融合不偏色；
7. 输出格式正确。

参考资料：

电影《变形金刚》《机器侠》《功夫机器侠》片头设计。

评价方式及标准：

考核分数主要由任课教师根据评分规范进行评价。满分为 100 分。

(1) 三维模型、材质、灯光渲染等到位；

(2) 三维渲染格式、色彩校准到位；

(3) 动画节奏、关键帧合理；

(4) 合成素材与原视频融合度；

(5) 输出格式正确；

(6) 有一定艺术效果。

评价标准

序号	评分标准	配分	得分
1	模型布线	10	
2	灯光材质	20	
3	动画关键帧	30	
4	合成融合度及色调	35	
5	输出格式	5	
合计			

课程 9　三维电视栏目包装

学习任务 1
三维台标呼号片策划与制作
（40）课时

学习任务 2
三维主题电视栏目包装策划与制作
（40）课时

课程目标

学习完本课程后，学生应当能够完成各类视频节目的栏目包装策划与制作。学生能够进行栏目包装画面及剧本的策划，运用各类影音编辑合成软件，如 Photoshop、Premiere、After Effects、Maya 进行影音效果的合成、编辑，综合运用影音编辑的技术和设计能力展开具有实战性的项目制作。

通过本课程的学习，能够培养学生以下各方面的能力：

1. 能够进行影视画面构成及剧本的创意和写作。
2. 能够使用 Photoshop、Premiere、After Effects、Maya 等软件进行影音效果的合成、编辑与创作能力的建立，特别是 Maya 等三维软件的技术运用。
3. 能够运用创意设计思维进行影视画面的构建。
4. 能够综合运用影音编辑的技术和设计能力展开具有实战性的项目制作。
5. 培养学生的审美构图意识，以及对传统元素吸收运用的意识。
6. 培养学生勤于观察、探究和勇于创新的品格。
7. 在任务训练过程中能够进行有效分工和团队合作。
8. 能够具备良好的专业创新意识，对新设备、新技术能及时更新掌握。
9. 能够具备职业发展意识，能对职业生涯进行合理规划及了解相关创业信息。
10. 能够在栏目包装创作过程中，融入中国传统文化或爱国主义精神的元素。
11. 能够具备专业情怀和工匠精神。

课时：80

课程内容

对照本课程目标，学生应当掌握以下知识、技能及职业素养：

1. 影视画面构成理论、剧本创意策划技巧与方法、影视镜头语言。

2. 频道包装中的视觉形象识别系统运用。

3. 使用 Photoshop、Premiere、After Effects、Maya 等软件进行影音效果的合成、编辑技术。

4. 创意设计思维方法。

5. 项目制作的概念、流程和过程结果管理。

6. 知识产权相关法律法规、行业规范等。

7. 栏目包装从业人员的职业生涯规划与发展。

8. 新时代背景下栏目包装行业的新趋势、发展变化及对从业者的新要求。

学习任务 1　三维台标呼号片策划与制作

任务描述

学习任务课时：40 课时

任务情境：

某体育直播平台需要做一个体育频道台标呼号片，时长为 30~40 秒。该网络平台以直播足球节目和相关体育节目为主，要求三维台标呼号片要能够完整体现该电视台的属性，整体风格要有充分的足球（体育运动）元素，体现体育人拼搏向上和积极健康的体育精神，通过三维包装立体化展示，能够融入纪实片的风格，声音方面融入球赛现场声音。主题栏目包装应该有较好的拓展性，未来可在该栏目包装的基础上进行整体电视台包装的延展。要求在 15 天内完成，并先提供一个文字（图画）脚本，而后完成全部内容。

具体要求见下页。

工作流程和标准

工作环节 1

明确任务

1

根据任务要求，明确本次任务制作的内容，明确要包装的电视台风格定位、视频制作的风格要求、栏目包装制作时间周期要求；收集分析同类型案例。

主要成果：
相关栏目包装案例收集与分析总结资料。

工作环节 2

制订工作计划与文字脚本设计

2

1. 制订工作计划；
2. 设计文字脚本。

主要成果：
1. 制作的工作计划；
2. 设计的文字脚本；
3. 能够运用品牌 VI 视觉识别系统帮助进行栏目包装的设计，有一定的品牌形象思维。

工作环节 3

三维台标呼号片制作

3

1. 根据文字脚本，进行相关视频、图片、文字、声音素材的收集与整理。
2. 根据文字脚本，使用 Photoshop、After Effects 进行三维台标呼号片的制作。

主要成果：
1. 素材文件包；
2. 制作片头产生的相关源文件；
3. 能够综合运用 Photoshop、After Effects 等相关技术进行文字片头相关素材的合成处理和片头制作，能够熟练地运用 After Effects 的合成嵌套、蒙版遮罩和三维动画功能；
4. 能够对设计构图有一定的认识，运用特定的构图形式表达特定的含义与情感；
5. 按照视频输出要求进行片头视频样片的输出；
6. 输出的样片。

工作环节 4

展示总结评价

4

1. 对本次任务过程中所有相关文件与资料进行整理归档。
2. 制作一份本次任务分析 PPT，对本次任务的文字脚本和输出的视频进行展示，分享制作过程，陈述制作的心得经验，特别是其中的技术难点和技术要点。

主要成果：
分析 PPT，包含技术难点与技术要点。

学习内容

知识点	1.1 三维台标呼号片的设计要点； 1.2 三维台标呼号片的风格定位	2.1 工作计划的元素与构成； 2.2 工作元素的网络收集渠道	3.1 镜头语言知识； 3.2 VI 视觉识别系统设计的概念与品牌形象设计的概念	
技能点	1.1 资料收集； 1.2 办公软件使用	2.1 办公软件使用	3.1 办公软件使用	4.1 资料的整理
工作环节	工作环节 1 明确任务	制订工作计划与文字脚本设计 工作环节 2		
成果	1.1 相关三维台标呼号片案例收集与分析总结资料	2.1. 制作的工作计划； 2.2 工作计划制订的明细与规范	3.1 设计的文字（图像）脚本； 3.2 能够运用品牌 VI 视觉识别系统帮助进行呼号片的设计，有一定的品牌形象思维； 3.3 能够运用的镜头运动方法； 3.4 能够理顺画面调度设定	4.1 素材文件包
素养	1.1 解读信息能力； 1.2 沟通表达能力； 1.3 自我学习能力	2.1 文字表达能力； 2.2 沟通表达能力； 2.3 策划能力		4.1 艺术审美能力
		思政元素：体育精神和健全人格相融合，不畏挫折的精神、正确积极的价值信仰		

学习任务 1　三维台标呼号片策划与制作

5.1 回顾在“图像处理”课程中学习的 PS 使用方法； 5.2 AE 中的合成概念； 5.3 平面构图与影视构图的方法；	6.1 视频格式和视频编码的种类、功能和特点		
5.1 PS 的制作与后期处理； 5.2 After Effects 的合成； 5.3 After Effects 的三维动画功能； 5.4 Element 3D 的使用； 5.5 C4D 的使用	6.1 AE 视频输出； 6.2 小丸子编码软件	7.1 办公软件使用	8.1 办公软件使用
工作环节 3 **三维台标呼号片制作**			**工作环节 4** **展示总结评价**
5.1 制作三维台标呼号片产生的相关源文件； 5.2 能够综合运用 Photoshop、After Effects 等相关技术进行文字呼号片相关素材的合成处理和呼号片制作，能够熟练地运用 After Effects 的合成嵌套、蒙版遮罩和三维动画功能； 5.3 能够对设计构图有初步的认识，运用特定的构图形式表达特定的含义与情感；	6.1 输出的样片； 6.2 视频格式的分类、特点与用途	7.1 文件资料归档； 7.2 文件夹分析 PPT	
		7.1 文件整理能力； 7.2 表达能力	

学习任务 1　三维台标呼号片策划与制作

1 明确任务　2 制订工作计划与文字脚本设计　3 三维台标呼号片制作　4 展示总结评价

	工作子步骤	教师活动	学生活动	评价
明确任务	根据任务要求，明确本次任务制作的内容，明确要包装的电视台风格定位、视频制作的风格要求、呼号片的制作时间周期要求。收集分析相关体育类节目片头的同类型案例。	1. 采用角色扮演法，教师角色扮演客户向学生发布工作任务并讲解任务要求要点，包括呼号片的制作内容、风格定位、视频时间、输出格式及时间进度要求。 2. 采用问答法接受学生反馈提问，予以解答，帮助学生理解工作任务要求。 3. 对学生的收集资料和分析报告进行巡回指导（90 分钟）。 4. 收取学生填写完成的工作任务单和分析报告评价记录后存档留用。 5. 对学生提交的资料进行讲评与分析。	1. 采用角色扮演法，学生扮演影视广告制作公司成员认真听取教师发布工作任务并记录任务要求要点，包括呼号片的制作内容、风格定位、视频时间、输出格式及时间进度要求。 2. 学生对任务单及工作要求存在不明确的地方提出疑问，与教师沟通并补充记录。 3. 学生收集相关电视栏目包装的资料，包括呼号片案例、制作流程、收集相关体育类拼搏故事等。 4. 学生完成制作任务的分析报告。 5. 将填写完成的任务单和分析报告提交教师存档。 6. 学生听教师进行本环节的总结与讲评。	师评： （1）教师现场记录评价各学生小组的主动性、聆听技巧、表达技巧、要点解读能力。 （2）制作工作单是否详细、完整。 （3）分析报告的准确性。
	课时： 4 课时 1. 硬资源：图形工作站等。 2. 软资源：Adobe 系列软件、Office 系列软件、参考教材、任务书、工作页、数字资源等。 3. 教学设施：多媒体教学系统、白板、白板笔、白板擦等。 4. 文本资源：任务单。			
制订工作计划与文字脚本设计	1. 制订工作计划。	1. 发放工作计划书模版并讲解计划要点。 2. 指导编写工作计划书。 3. 收集工作计划书初稿并组织点评。 4. 收取汇总定稿的工作计划书存档留用。	1. 学生领取工作计划书模版并阅读理解计划要点。 2. 编写工作计划书，在工作计划书中体现。 3. 工作计划书初稿完成后提交给教师进行展示评价反馈。 4. 根据反馈意见修改工作计划书至确定通过。	师评： 工作计划书是否完善无误及工作计划的可执行性。
	课时： 4 课时 1. 硬资源：图形工作站等。 2. 软资源：Adobe 系列软件、Office 系列软件、参考教材、任务书、工作页、数字资源等。 3. 教学设施：多媒体教学系统、白板、白板笔、白板擦等。 4. 文本资源：工作计划表模板等。			

	工作子步骤	教师活动	学生活动	评价
制订工作计划与文字脚本设计	2. 设计文字脚本。	1. 教师采用教授法讲解镜头语言知识。 2. 巡回指导案例的资料收集。 3. 通过问答的形式提问学生 VI 品牌的相关知识内容。 4. 巡回指导文字脚本设计。 5. 组织学生资料收集与分析结果的展示并进行点评。 6. 收集汇总本阶段各小组成果存档。	1. 学生听教师讲解镜头语言知识。 2. 学生通过互联网收集 VI 品牌资料。 3. 通过问答的形式回答教师 VI 品牌的相关知识内容。 4. 学生进行本次任务文字脚本的设计。 5. 各小组展示自己的资料收集与分析成果，并进行点评。	师评： (1) 参与度、主动性、沟通表达能力。 (2) 根据学生提交上来的资料和文字脚本质量进行点评。
	课时： 4 课时 1. 硬资源：图形工作站等。 2. 软资源：Adobe 系列软件、Office 系列软件、参考教材、任务书、工作页、数字资源等。 3. 教学设施：多媒体教学系统、白板、白板笔、白板擦等。 4. 文本资源：文字脚本案例等。			
三维台标呼号片制作	1. 根据文字脚本，进行相关视频、图片、文字、声音素材的收集与整理。	组织学生文字脚本进行各方面素材的收集与整理。	各小组根据文字脚本进行各方面素材的收集与整理。	师评： 整理资料的条理性。
	课时： 2 课时 1. 硬资源：图形工作站等。 2. 软资源：Adobe 系列软件、Office 系列软件、参考教材、任务书、工作页、数字资源等。 3. 教学设施：多媒体教学系统、白板、白板笔、白板擦等。			

课程 9　三维电视栏目包装

学习任务 1　三维台标呼号片策划与制作

① 明确任务　② 制订工作计划与文字脚本设计　③ 三维台标呼号片制作　④ 展示总结评价

三维台标呼号片制作

工作子步骤	教师活动	学生活动	评价
2. 根据文字脚本，使用 Photoshop、After Effects 进行三维台标呼号片的制作。	1. 采用演示法进行三维台标呼号片制作分步骤演示，过程中讲解过程步骤及注意要点。 2. 在学生制作过程中巡回观察指导与答疑。 3. 教师组织学生进行资料的收集。 4. 教师通过问答的形式来检查学生对解构图形式和作用知识的了解。 5. 在学生制作过程中巡回观察指导与答疑。 6. 教师对学生提交的初稿进行点评，提出修改意见。 7. 在学生制作过程中巡回观察指导与答疑。	1. 认真观察理解教师三维台标呼号片制作流程图以及思考方式，重点了解合成嵌套、光效制作、运动力学、摄像机布阵、Bojou 跟踪的制作方法。 2. 学生完成针对性的 AE 技术小练习。 3. 学生收集相关的分段特效模块，并对模块进行认真的整理和阅读。 4. 学生回答教师关于模块和解构图作用知识的提问。 5. 学生根据各自设计的文字脚本和风格要求运用 AE 为主进行呼号片制作。 6. 学生提交初稿，并认真听取修改意见。 7. 学生进行呼号片的修改。	师评： (1) 学生对 PS、AE 软件技术的掌握程度。 (2) 呼号片在色彩、节奏、镜头等方面的制作水平。
课时： 20 课时 1. 硬资源：图形工作站等。 2. 软资源：Adobe 系列软件、Office 系列软件、参考教材、任务书、工作页、数字资源等。 3. 教学设施：多媒体教学系统、白板、白板笔、白板擦等。			
3. 按照视频输出要求进行三维台标呼号片视频样片的输出。	1. 教师对学生视频样片的输出进行巡回指导。 2. 接收学生提交样片。	1. 学生按照任务要求进行视频样片的输出。 2. 学生提交样片。	师评： 学生对软件综合技术的掌握程度。
课时： 4 课时 1. 硬资源：图形工作站等。 2. 软资源：Adobe 系列软件、Office 系列软件、参考教材、任务书、工作页、数字资源等。 3. 教学设施：多媒体教学系统、白板、白板笔、白板擦等。			

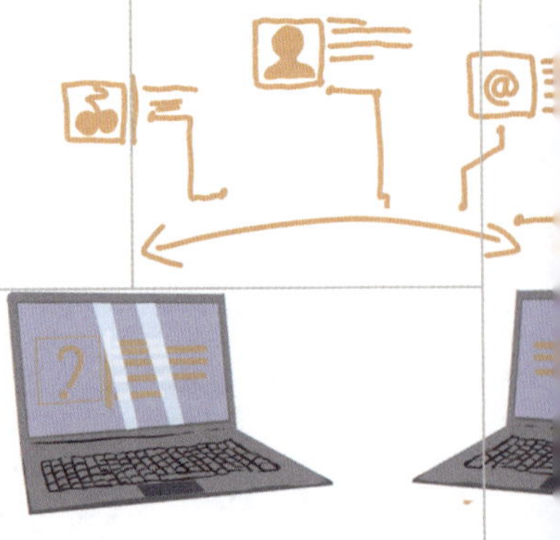

基准课时：40

1 明确任务 → 2 制订工作计划与文字脚本设计 → 3 三维台标呼号片制作 → 4 展示总结评价

	工作子步骤	教师活动	学生活动	评价
展示总结评价	1. 对本次任务过程中所有相关文件与资料进行整理归档。 2. 制作 PPT 进行工作任务完成整体情况的展示汇报。	1. 组织学生小组整理归档文件资料。 2. 组织学生制作任务完成汇报 PPT，巡回指导学生完成 PPT 制作。 3. 组织学生轮流展示汇报 PPT，进行互评，互评后教师点评总结。 4. 收集汇总工作任务全过程所有阶段性资料成果进行存档。	1. 各小组整理归档任务过程中所有相关文件与资料。 2. 各小组对本次拍摄任务结果全过程资料进行制作汇报展示 PPT。 3. 各小组进行拍摄任务完成情况及成果进行展示汇报，小组间进行互相评价，最后教师总结点评。 4. 将整个工作任务全过程所有阶段性资料成果整理打包，最终提交教师存档。	1. 师评： （1）过程中学生是否全部参与、积极表现。被评价的学生是否充分配合检查，并对资料进行必要的汇报。 （2）成果验收：教师验收点评任务完成结果。 2. 学生互评：根据评分表进行互评。
	课时： 2 课时 1. 硬资源：图形工作站等。 2. 软资源：Adobe 系列软件、Office 系列软件、参考教材、任务书、工作页、数字资源等。 3. 教学设施：多媒体教学系统、白板、白板笔、白板擦等。 4. 文档资源：汇报 PPT 大纲模版、拍摄成果评分表等。			

学习任务 2　三维主题栏目包装策划与制作

任务描述

学习任务课时：40 课时

任务情境：

某公司将制作一部以新冠疫情防控“90 后”逆行者为主题的短片，需要做一个带三维文字效果的片头，时长在 15 秒以内，已提供部分宣布片视频的风格定位。整体风格要求节奏感强，有青春气息，音乐节奏轻快而不轻佻，以富有年轻色彩的青绿色调为主。要求在 15 天内完成，并先提供一个简单的文字（图像）脚本，而后完成全部内容。

具体要求见下页。

防控疫情

工作流程和标准

工作环节 1

明确任务

1

根据任务要求，明确本次任务制作的内容，明确主题宣传片的风格定位、视频制作的风格要求、片头的制作周期要求；收集分析同类型案例。

主要成果：
相关片头案例收集与分析总结资料。

工作环节 2

制订工作计划与文字脚本设计

2

1. 制订工作计划；
2. 设计文字脚本。

主要成果：
1. 制作的工作计划；
2. 工作计划制订的明细与规范；
3. 设计的文字脚本；
4. 文字脚本的写作规范。

工作环节 3

片头制作

3

1. 根据文字脚本，进行相关视频、图片、文字、声音素材的收集与整理。
2. 根据文字（图像）脚本，使用 Photoshop、After Effects、Element 3D 进行文字片头的制作。

主要成果：
1. 素材文件包；
2. 制作片头产生的相关源文件；
3. 能够综合运用 Photoshop、After Effects 等相关软件进行文字片头相关素材的合成处理和片头制作，能够熟练地运用 After Effects 的基本动画功能和文字动画功能；
4. 能够对色彩搭配有初步的认识，运用色彩表达特定的风格、情感，传达特定的信息；
5. 按照视频输出要求进行片头视频样片的输出；
6. 输出的样片；
7. 视频格式的分类、特点与用途。

工作环节 4

展示总结评价

4

1. 对本次任务过程中所有相关文件与资料进行整理归档。
2. 制作一份本次任务分析 PPT，对本次任务的文字脚本和输出的视频进行展示，分享制作过程，陈述制作的心得经验，特别是其中的技术难点和技术要点。

主要成果：
分析 PPT，包含技术难点与技术要点。

学习内容

知识点	1.1 电视栏目包装流程； 1.2 电视栏目包装的概念、分类与作用； 1.3 电视栏目包装的制作要点； 1.4 三维效果的视觉特点	2.1 工作计划的元素与构成； 2.2 基本手绘解构图能力； 2.3 三维电视栏目包装制作工作流程、项目流程管理方法	3.1 文字脚本的元素与构成； 3.2 简单镜头语言知识； 3.3 拍摄设备使用技能	
技能点	1.1 资料收集 1.2 办公软件使用	2.1 办公软件使用	3.1 办公软件使用； 3.2 手绘技能	4.1 资料的整理
工作环节	工作环节 1 明确任务	制订工作计划与文字脚本设计 工作环节 2		
成果	1.1 相关片头案例收集与分析总结资料	2.1 制作的工作计划； 2.2 工作计划制订的明细与规范	3.1 能够设计规范清晰的文字脚本； 3.2 能够运用专业的镜头运动方法； 3.3 能够绘制拍摄结构图	4.1 素材文件包
素养	1.1 解读信息能力； 1.2 沟通表达能力； 1.3 自我学习能力	2.1 文字表达能力； 2.2 沟通表达能力； 2.3 策划能力		4.1 艺术审美能力
		思政元素：融入“90 后”爱国观念、集体意识、家国情怀		

5.1 回顾在“图像处理”课程中学习的 PS 使用方法； 5.2 AE 中的关键帧动画概念； 5.3 色彩构成与色彩搭配的方法； 5.4 Element 3D 的使用技法	6.1 视频格式和视频编码的种类、功能和特点		
5.1 PS 的制作与后期处理； 5.2 AE 的基本动画功能和文字动画功能； 5.3 AE 的特色特效的使用； 5.4 Element 3D 的使用技法	6.1 AE 视频输出； 6.2 小丸子压缩编码器	7.1 办公软件使用	8.1 办公软件使用

5.1 制作片头产生的相关源文件； 5.2 能够综合运用 Photoshop、After Effects 等相关技术进行文字片头相关素材的合成处理和片头制作，能够熟练地运用 After Effects 的基本动画功能、文字动画功能和调色特效； 5.3 能够对色彩搭配有初步的认识，运用色彩表达特定的风格、情感，传达特定的信息	6.1 输出的样片； 6.2 视频格式的分类、特点与用途	7.1 文件资料归档； 7.2 文件夹分析 PPT
		7.1 文件整理能力； 7.2 表达能力

课程 9 三维电视栏目包装

学习任务 2 三维主题栏目包装策划与制作

1 明确任务 → 2 制订工作计划与文字脚本设计 → 3 片头制作 → 4 展示总结评价

	工作子步骤	教师活动	学生活动	评价
明确任务	根据任务要求，明确本次任务制作的内容，明确要包装的主题宣传片风格定位、视频制作的风格要求、片头的制作时间周期要求，收集分析同类型案例。	1. 采用角色扮演法，教师角色扮演客户向学生发布工作任务并讲解任务要求要点，包括片头的制作内容、风格定位、视频时间、输出格式及时间进度要求。 2. 采用问答法接受学生反馈提问，予以解答，帮助学生理解工作任务要求。 3. 对学生的收集资料和分析报告进行巡回指导。 4. 收取学生填写完成的工作任务单和分析报告评价记录后存档留用。 5. 对学生提交的资料进行讲评与分析。	1. 采用角色扮演法，学生扮演影视广告制作公司成员，认真听取教师发布工作任务并记录任务要求要点，包括片头的制作内容、风格定位、视频时间、输出格式及时间进度要求。 2. 学生对任务单及工作要求存在不明确的地方提出疑问，与教师沟通并补充记录。 3. 学生收集相关电视栏目包装的资料，包括片头案例，电视栏目包装的工作流程、概念、分类与作用，制作要点等。 4. 学生完成制作任务的分析报告。 5. 将填写完成的任务单和分析报告提交教师存档。 6. 学生听取教师对本环节的总结与讲评。	师评： （1）教师现场记录评价各学生小组的主动性、聆听技巧、表达技巧、要点解读能力。 （2）制作工作单是否详细、完整。 （3）分析报告的准确性。
	课时： 4 课时 1. 硬资源：图形工作站等。 2. 软资源：Adobe 系列软件、Office 系列软件、参考教材、任务书、工作页、数字资源等。 3. 教学设施：多媒体教学系统、白板、白板笔、白板擦等。 4. 文本资源：任务单等。			
制订工作计划与文字脚本设计	1. 制订工作计划。	1. 发放工作计划书模版并讲解计划要点。 2. 指导编写工作计划书。 3. 收集工作计划书初稿并组织点评。 4. 收取汇总定稿的工作计划书存档留用。	1. 学生领取工作计划书模版并阅读理解计划要点（5 分钟）。 2. 编写工作计划书。 3. 工作计划书初稿完成后提交给教师进行展示评价反馈。 4. 根据反馈意见修改工作计划书至确定通过。	师评： 工作计划书是否完善无误及工作计划的可执行性。
	课时： 4 课时 1. 硬资源：图形工作站等。 2. 软资源：Adobe 系列软件、Office 系列软件、参考教材、任务书、工作页、数字资源等。 3. 教学设施：多媒体教学系统、白板、白板笔、白板擦等。 4. 文本资源：工作计划表模板等。			

基准课时：40

1 明确任务　2 制订工作计划与文字脚本设计　3 片头制作　4 展示总结评价

	工作子步骤	教师活动	学生活动	评价
制订工作计划与文字脚本设计	2. 设计文字（图像）脚本。	1. 教师采用教授法讲解文字脚本的设计方法和镜头语言知识。 2. 巡回指导案例的资料收集。 3. 巡回指导文字脚本设计。 4. 组织学生资料收集与分析结果的展示并进行点评。 5. 收集汇总本阶段各小组成果存档。	1. 学生听教师讲解文字脚本的设计方法和镜头语言知识。 2. 学生通过互联网收集文字脚本格式和案例资料。 3. 学生进行本次任务文字脚本的设计。 4. 各小组展示自己的资料收集与分析成果，并进行点评。	师评： (1) 参与度、主动性、沟通表达能力。 (2) 根据学生提交上来的资料和文字脚本质量进行点评。
	课时： 4 课时 1. 硬资源：图形工作站等。 2. 软资源：Adobe 系列软件、Office 系列软件、参考教材、任务书、工作页、数字资源等。 3. 教学设施：多媒体教学系统、白板、白板笔、白板擦等。 4. 文本资源：文字脚本案例等。			
片头制作	1. 根据文字脚本，进行相关视频、图片、文字、声音素材的收集与整理。	组织学生文字脚本进行各方面素材的收集与整理。	各小组根据文字脚本进行各方面素材的收集与整理。	师评： 整理资料的条理性。
	课时： 2 课时 1. 硬资源：图形工作站等。 2. 软资源：Adobe 系列软件、Office 系列软件、参考教材、任务书、工作页、数字资源等。 3. 教学设施：多媒体教学系统、白板、白板笔、白板擦等。			
	2. 根据文字脚本，使用 Photoshop、After Effects Element 进行文字片头的制作。	1. 采用演示法进行 AE 文字片头制作演示，过程中讲解过程步骤及注意要点。 2. 在学生制作过程中巡回观察指导与答疑。 3. 采用演示法进行 AE 文字片头制作演示，过程中讲解过程步骤及注意要点。 4. 在学生制作过程中巡回观察指导与答疑。 5. 教师对学生提交的初稿进行点评，提出修改意见。 6. 在学生制作过程中巡回观察指导与答疑。	1. 认真观察理解教师 AE 文字片头制作演示，重点了解文字动画的制作方法。 2. 学生根据各自设计的文字脚本运用 PS 和 AE 进行片头的文字动画制作。 3. 认真观察理解教师 AE 文字片头制作演示，重点了解调色特效的使用方法。 4. 学生根据各自设计的文字脚本和风格要求运用 AE 进行调色处理。 5. 学生提交初稿，并认真听取修改意见。 6. 学生进行片头的修改。	师评： (1) 学生对 PS、AE 软件技术的掌握程度。 (2) 片头在色彩、节奏、镜头等方面的制作水平。
	课时： 20 课时 1. 硬资源：图形工作站等。 2. 软资源：Adobe 系列软件、Office 系列软件、参考教材、任务书、工作页、数字资源等。 3. 教学设施：多媒体教学系统、白板、白板笔、白板擦等。			

学习任务 2 三维主题栏目包装策划与制作

1 明确任务 → 2 制订工作计划与文字脚本设计 → 3 片头制作 → 4 展示总结评价

	工作子步骤	教师活动	学生活动	评价
片头制作	3. 按照视频输出要求进行片头视频样片的输出。	1. 教师组织学生收集相关视频编码格式的资料，包含种类、功能和特点，形成 Word 文档提交。 2. 教师对学生视频样片的输出进行巡回指导。 3. 接收学生提交样片。	1. 学生收集相关视频编码格式的资料，包含种类、功能和特点，形成 Word 文档提交。 2. 学生按照任务要求进行视频样片的输出。 3. 学生提交样片。	师评： 学生对 PS、AE Element 软件技术的掌握程度。
	课时： 4 课时 1. 硬资源：图形工作站等。 2. 软资源：Adobe 系列软件、Office 系列软件、参考教材、任务书、工作页、数字资源等。 3. 教学设施：多媒体教学系统、白板、白板笔、白板擦等。			
展示总结评价	1. 对本次任务过程中所有相关文件与资料进行整理归档。 2. 制作 PPT 进行工作任务完成整体情况的展示汇报。	1. 组织学生小组整理归档文件资料。 2. 组织学生制作任务完成汇报 PPT，巡回指导学生完成 PPT 制作。 3. 组织学生轮流展示汇报 PPT，进行互评，互评后教师点评总结。 4. 收集汇总工作任务全过程所有阶段性资料成果进行存档。	1. 各小组整理归档任务过程中所有相关文件与资料。 2. 各小组对本次拍摄任务结果全过程资料进行制作汇报展示 PPT。 3. 各小组进行拍摄任务完成情况及成果进行展示汇报，小组间进行互相评价，最后教师总结点评。 4. 将整个工作任务全过程所有阶段性资料成果整理打包，最终提交教师存档。	1. 师评： (1) 过程中学生是否全部参与、积极表现。被评价的学生是否充分配合检查，并对资料进行必要的汇报。 (2) 成果验收：教师验收点评任务完成结果。 2. 学生互评： 根据评分表进行互评。
	课时： 2 课时 1. 硬资源：图形工作站等。 2. 软资源：Adobe 系列软件、Office 系列软件、参考教材、任务书、工作页、数字资源等。 3. 教学设施：多媒体教学系统、白板、白板笔、白板擦等。 4. 文档资源：汇报 PPT 大纲模版、拍摄成果评分表等。			

基准课时：40

考核标准

任务名称：

校园电视台三维电视栏目包装制作

情境描述：

校园电视台需要进行整体包装，包括 15 秒频道呼号片、10 秒频道广告时间视频（广告前、广告后各 1 条，5 秒 / 条）、10 秒频道电视节目预告视频。整体风格要求节奏感强，有青春气息，展现自信自爱的学生精神，音乐动感。现已提供相关的视频、图片、声音素材，要求在充分了解频道现状的基础上，先进行整体包装的策划，完成文字台本的设计，在方案通过的基础上，进行视频、图片、声音素材的收集整理，制作三维场景和元素为基础的整体电视栏目包装。

任务要求：

1. 要求包括 15 秒频道呼号片、10 秒频道广告时间视频（广告前、广告后各 1 条，5 秒 / 条）、10 秒频道电视节目预告视频，以三维场景、元素和动画为技术基础进行制作。
2. 要求完成文字台本的设计。
3. 视频大小为 1080p，提交源文件及输出视频文件，视频文件格式为 H264。
4. 整体风格要求节奏感强，有青春气息，音乐动感，展现自信自爱的学生精神，文案及画面内容积极健康，能够体现新时代新风尚的精神。
5. 最终交付客户的内容要包含文字台本方案、整理打包好的源文件及输出的视频文件。

参考资料：

各类青春、校园节目频道包装或者片头资料

评价方式及标准：

考核分数主要由任课教师根据评分规范进行评价，其中纸笔测试占 30 分，实操测试占 70 分。

评价标准

纸笔测试（方案设计）评分表（总分 30 分）

考核内容	评分细则	配分	得分
策划内容积极健康，符合社会主义核心价值观		5	
文字台本内容清晰、格式规范		5	
叙事条理清晰		10	
镜头语言运用合理，对视频制作有效引导		5	
剧情有一定创意		5	

实操测试评分表（总分 70 分）

序号	评分标准	配分	得分
1	视频合成画幅、像素、格式符合任务要求	10	
2	软件使用熟练，无技术错误	10	
3	镜头画面衔接符合镜头语言规范	10	
4	视频合成符合影视合成规范与流程，符合企业管理规范	20	
5	合成创意新颖，视觉效果精美	10	
6	视频合成视觉美观，形象合理、醒目	10	
合计			

课程 10　剧本与分镜头设计

学习任务 1
基础剧本写作方法
（40）课时

→

学习任务 2
电影分镜头绘制解构
（40）课时

课程目标

学习完本课程后，学生应当能够完成各类影视剧本工作任务，具备创作剧本、镜头分析的能力，对影视项目所得素材根据规范要求进行分镜头脚本制作处理的职业能力，具体包括：

1. 能够认真阅读项目书，明确剧本任务、目的、工作时间及要求。确保剧本内容积极正面，不得含有涉及反党、叛国、破坏社会安定、色情、暴力、种族与宗教歧视、盗版等违反法律法规禁止的内容，能使用影视制作方面的专业术语与项目主管进行沟通，获取影片风格等信息，以及影片输出和交付时间等要求。
2. 能够使用影视剧本理论、剧本技巧进行影视剧本创作。
3. 熟悉分镜头脚本的作用和原则，能分析判断组合镜头的相互联系和片中作用，进行前期镜头设计处理。
4. 能合理安排个人工作时间，完好地融入制作团队，提高影片剧本创作的工作效率，在保证剧本质量的基础上按时交稿，并按项目文件管理制度对剧本进行相关保密意识训练。
5. 能接收项目主管对交付剧本的改进意见，对影片进行优化，将最终成品交项目主管验收。
6. 在实施工作任务过程中，能严格遵守企业相关操作流程规范、安全管理制度等管理规定。
7. 能够具备良好的团队协作能力与职业道德素养。
8. 能够具备良好的专业创新意识，对新设备、新技术能及时更新掌握。
9. 能够具备职业发展意识，能对职业生涯进行合理规划及了解相关创业信息。
10. 能够具备专业情怀和工匠精神。

课时：80

课程内容

对照本课程目标，学生应当掌握以下知识、技能及职业素养：

1. 具有较强的项目生产流程观念、影视基础理论、剧本格式、剧本创作方法，包括剧本提案、故事题材、故事结构、情节设计、戏剧冲突设计、生活内容萃取、升华创作及后期合成等。

2. 影视剧本理论的分类及功能应用；影视剧本理论的结构与各模块功能；影视剧本理论、剧本格式的功能、分镜头应用；影视剧本故事题材、故事结构、情节设计；影视剧本各种创作模式的应用等。

3. 文字分镜头及画面分镜头的功能及操作，各类故事题材的功能及使用。

4. 综合运用影视电影短片的设计规律，电影短片、脚本分镜头与故事板的基本概念以及设计制作的方式方法，娴熟地制出短片剧本。

5. 使用剧本创作软件的流程与技巧。

6. 影视摄影师相关影片版权与法规章程。

7. 影视编剧的职业生涯规划与发展，编剧创新创业。

8. 新时代下影视剧作行业的新趋势、发展变化及对从业者的新要求。

学习任务 1　基础剧本写作方法

任务描述

学习任务课时：40 课时

任务情境：

基础剧本写作方法旨在带领学生通过影片分析读懂剧本故事的表达方法；根据所学的知识，在学习传承优秀传统文化，讲好中国故事的基础上完成剧本编写，树立文化自信。本课以讲述 + 实例分析为主，通过大量的国产影片实例，逐步构建学生的影像思维、中华文化审美逻辑，完成剧本分镜头表达的方法。

最终要求学生通过选题故事进修剧本编写，制作手法不限，最终输出为 Word 文档交付。

具体要求见下页。

Word
剧 本
故事梗概：
人物：XX，XX，XXX
1. XX房间．晚上

工作流程和标准

工作环节 1

解读剧本创作理论

1

根据课堂讲述与实例分析，明确剧本故事的专业地位——是进入影视学的总纲，并且由始至终贯穿整个影视项目，学习剧本故事是进入相关影视岗位的必经之路。

主要成果：
能够正确分析制作出短篇剧本，理解上下镜头关系。

工作环节 2

制订影视剧本编写学习计划

2

1. 制订剧本写作学习计划。
2. 整理短篇故事文字资料，确定好剧本写作所需的设备与配件工具等。

主要成果：
1. 案例剧本分析作业；
2. 剧本写作学习流程表。

工作环节 3

基础剧本写作

3

1. 基础剧本写作学习：根据案例掌握剧本故事中起因—经过—结果、开端—高潮—收尾，大小情节起承转合的关系构成。
2. 剧本写作学习：根据案例掌握镜头表达在剧本中的不同手法。
3. 蒙太奇剧本写作学习，掌握 12 种常用蒙太奇在剧本中的表达方式。
4. 运用所学的剧本写作方法，完成一个文创系广告宣传片制作或剧情影片故事剧本创作，制作形式不限，最终输出 Word 格式。

主要成果：

1. 正确分析制作出短篇剧本，理解上下镜头关系；
2. 通过指定的故事进行剧本改编，表述出此类剧本写作用法的含义所在；
3. 根据案例剧本描述出该片采用了何种蒙太奇；
4. 完成几分钟以内的剧本写作表达。

工作环节 4

展示总结评价

4

1. 对本次任务过程中所有相关文件与资料进行整理归档。
2. 制作一份本次剧本写作说明，对剧本写作进行展示、分享，并且每组学生口述学习前和学习后对影片理解的异同。

主要成果：

剧本及写作说明文。

学习内容

知识点	1.1 剧本工作为什么重要； 1.2 剧本理论知识； 1.3 剧本格式理论； 1.4 中国当下优秀剧本解读	2.1 剧本语法学习； 2.2 蒙太奇； 2.3 剧本故事的叙事方法； 2.4 剧本故事结构安排	3.1 剧本策划； 3.2 剧本写作流程； 3.3 剧本故事人物塑造； 3.4 剧本故事核心安排	4.1 故事创作方法； 4.2 故事的开端—高潮—收尾； 4.3 剧本故事中起因—经过—结果
技能点	1.1 资料收集； 1.2 Word 文档使用； 1.3 Excel 表格使用； 1.4 影视剧本解读解构能力； 1.5 网络文件收集下载技巧； 1.6 善于思考挖掘融入当下正能量的文化元素进行项目设计	2.1 收集大师短片； 2.2 使用 Word 编写文字剧本； 2.3 蒙太奇使用技巧； 2.4 叙事方法系统使用技巧； 2.5 各种因地制宜的创意性拍摄构思	3.1 剧本故事中起因—经过—结果； 3.2 剧本语言构成技法； 3.3 剧本叙事技法； 3.4 互联网资源搜索能力； 3.5 工作安排与分配能力	4.1 剧本故事中，起因—经过—结果； 4.2 故事结构安排； 4.3 故事组织力； 4.4 故事感染力； 4.5 开端—高潮—收尾

工作环节

成果	1.1 能够正确分析制作出短篇剧本，理解上下镜头关系	2.1 能够正确分析制作出短篇剧本，理解上下镜头关系	3.1 能够正确分析制作出短篇剧本，理解上下镜头关系	4.1 能够正确分析出剧本情节设置关系
素养	1.1 解读信息能力； 1.2 沟通表达能力； 1.3 自我学习能力； 1.4 策划能力	2.1 文字表达能力； 2.2 沟通表达能力		4.1 软件操作规范； 4.2 团队合作能力

思政元素：了解历史变迁，培养历史文化归属感，并能在剧本项目制作中融入历史文化因素和当下正能量的文化元素

学习任务 1　基础剧本写作方法

5.1 故事结构关系； 5.2 写作语法关系	6.1 剧本格式种类； 6.2 情节结构设置	7.1 基础镜头语法； 7.2 剧作的写作方法与分镜头关系； 7.3 情节结构设置； 7.4 导出格式的数据管理方法	8.1 熟悉剧作各方面职能； 8.2 职业自我修养； 8.3 团队有效管理方式	9.1 演讲与表达的要领； 9.2 任务资料的整理； 9.3 知识排序的理论
5.1 陈述句与陈述镜头的关系； 5.2 疑问句与疑问镜头的关系	6.1 剧本格式； 6.2 情节结构设置	7.1 剧本写作	8.1 工作安排与资金分配能力； 8.2 人员安排说服力； 8.3 业务组织能力	9.1 PPT 制作能力； 9.2 演讲与表达技巧； 9.3 文件汇报技巧

工作环节 3
基础剧本写作

工作环节 4
展示总结评价

5.1 能够通过指定的情节，表述出此类语法用法的含义所在	6.1 能够根据故事选择在剧本编写时采用何种蒙太奇	7.1 完成几分钟以内的剧本	8.1 剧本及写作说明文
			8.1 文件整理能力； 8.2 表达能力

剧本与分镜头设计

课程 10　剧本与分镜头设计

学习任务 1　基础剧本写作方法

1 解读剧本创作理论 → 2 制订影视剧本编写学习计划 → 3 基础剧本写作 → 4 展示总结评价

	工作子步骤	教师活动	学生活动	评价
解读剧本创作理论	1. 选题讨论。 2. 确定选题。 3. 解构项目。 4. 文案剧本设计、写作思路讨论。	1. 教师组织学生进行团队组建，采用自由搭配为主，教师调配为辅的方式，组队完成后指导学生填写团队信息表并收集各团队表格存档留用。 2. 组队完成后，采用故事资料收集法，学生小组扮演影视工作室团队，认真听取教师发布工作任务并记录任务要求要点，包括剧本短片的故事、语法、写法、格式、后期处理要求等。 3. 采用问答法接受学生反馈提问，予以解答，帮助学生理解工作任务要求。	1. 在教师的指导下进行团队组建，采用学生自由组队，教师协调调配的方式，每组 5 人。团队组建完成后填写团队信息表并提交给教师存档留用。 2. 组队完成后，采用故事资料收集法，学生小组扮演影视工作室团队，认真听取教师发布工作任务并记录任务要求要点，包括剧本短片的故事、语法、写法、格式、后期处理要求等。结合项目需求，搜集相关文字、图片、影像等正能量的文化元素资料。 3. 各学生小组对任务单及工作要求存在不明确的地方提出疑问，与教师沟通并补充记录。	师评： (1) 教师现场记录评价各学生小组的主动性、聆听讲解技巧、表达技巧、写作手法解读。 (2) 团队信息表是否完善、无误。 (3) 文案脚本是否详细、完整。
	课时： 4 课时 1. 硬资源：图形工作站等。 2. 软资源：Adobe 系列软件、Office 系列软件、参考教材、任务书、工作页、数字资源等。 3. 教学设施：多媒体教学系统、白板、白板笔、白板擦等。 4. 文本资源：剧务清单等。			
制订影视剧本编写学习计划	1. 制订案例剧本学习计划。 2. 制订剧本大纲工作计划。	1. 发放剧本格式模版并讲解计划要点。 2. 指导各小组编写剧本。 3. 收集各小组剧本大纲并组织小组互评、教师点评。 4. 收取汇总各小组定稿的剧本存档留用。	1. 学生小组领取样片并阅读理解计划要点。 2. 小组讨论编写剧本计划准备。 3. 编写剧本大纲初稿完成后提交给教师进行展示评价反馈。 4. 根据小组互评及教师反馈意见修改工作计划书至确定通过。	1. 师评： 剧本大纲是否完善无误及工作计划的可执行性。 2. 小组互评： 剧本大纲是否完善无误及工作计划的可执行性。
	课时： 8 课时 1. 硬资源：图形工作站等。 2. 软资源：Adobe 系列软件、Office 系列软件、参考教材、任务书、工作页、数字资源等。 3. 教学设施：多媒体教学系统、白板、白板笔、白板擦等。 4. 文本资源：剧本模版等。			

基准课时：40

1 解读剧本创作理论 → 2 制订影视剧本编写学习计划 → 3 基础剧本写作 → 4 展示总结评价

	工作子步骤	教师活动	学生活动	评价
基础剧本写作	1. 故事创作方法。 2. 故事的开端—高潮—收尾。 3. 掌握剧本故事中起因—经过—结果。 4. 布置工作细节，按要求进行工作分配。	1. 各小组根据前期大纲计划与准备进行剧本的编写。 2. 在学生剧本编写设计期间给予技术支持与答疑。 3. 做好过程记录。	1. 各小组根据前期大纲计划与准备进行剧本的编写。 2. 布置完毕后进行剧本方法的编写。	师评： 工作分工是否规范、安全。
	课时： 12 课时 1. 硬资源：图形工作站等。 2. 软资源：Adobe 系列软件、Office 系列软件、参考教材、任务书、工作页、数字资源等。 3. 教学设施：多媒体教学系统、白板、白板笔、白板擦等。			
	5. 剧本写作控制好叙事结构与蒙太奇的关系等。	1. 采用演示法进行剧本过程示范，过程中讲解剧本过程步骤及注意要点。 2. 组织各小组进行剧本，在剧本过程中巡回观察指导与答疑。 3. 根据学生提交上来的完整剧本，进行意见反馈与建议修改，指导学生进行二次剧本写作直至剧本完成。 4. 收集汇总本阶段各小组成果进行存档。	1. 认真观察理解教师的剧本演示，掌握剧本过程步骤及要点。 2. 开始剧本发展路线，调整剧本与文字表达路径关系，写下 Word 样品。 3. 完成完整写作后，将最终剧本效果提交教师，结合教师反馈意见调整剧本事项，继续剧本写作，获取最终确定的镜头表达效果素材。 4. 将剧本过程照片整理汇总后提交教师。	师评： (1) 剧本过程中对剧本方法的操作是否规范、安全。 (2) 各小组剧本的质量从格式是否准确、结构是否准确、不走题、故事叙事是否合理、结构是否完整等方面进行评价。
	课时： 12 课时 1. 硬资源：图形工作站等。 2. 软资源：Adobe 系列软件、Office 系列软件、参考教材、任务书、工作页、数字资源等。 3. 教学设施：多媒体教学系统、白板、白板笔、白板擦等。			
展示总结评价	1. 对本次任务过程中所有相关文件与资料进行整理归档。 2. 对输出的剧本进行展示，分享制作过程。	1. 组织学生小组整理归档文件资料。 2. 组织学生进行分镜演讲。 3. 组织小组互评，小组互评后教师点评总结。 4. 收集汇总各小组工作任务全过程所有阶段性资料成果进行存档。	1. 各小组整理归档任务过程中所有相关文件与资料。 2. 各小组对本次剧本任务结果，通过分镜进行演讲表达。 3. 各小组间进行互相评价，最后教师总结点评。 4. 将整个工作任务全过程所有阶段性资料成果整理打包，最终提交教师存档。	1. 师评： (1) 过程中各组组员是否全部参与，是否有明确分工。被评价的小组是否充分配合检查，并对资料进行必要的汇报。 (2) 成果验收：教师验收点评任务完成结果。 2. 小组互评： 各小组根据评分表进行小组互评。
	课时： 4 课时 1. 硬资源：图形工作站等。 2. 软资源：Adobe 系列软件、Office 系列软件、参考教材、任务书、工作页、数字资源等。 3. 教学设施：多媒体教学系统、白板、白板笔、白板擦等。 4. 文档资源：汇报 PPT 大纲模版、剧本成果评分表等。			

学习任务 2　电影分镜头绘制解构

任务描述

学习任务课时：40 课时

任务情境：

在剧本与分镜头设计课堂学习的第二阶段，我们进入分镜头设计阶段，首先学习理解先前的剧本故事，让学生反复分析细节，之后进行分镜头绘制内容。

具体工作任务要求如下：

第一阶段：根据剧本解构故事，运用分镜头绘制的常用表达技巧、常用表现手法、种类、景别关系、分镜头绘制的构成关系等。

第二阶段：根据完整故事完成分镜头绘制，需运用剧本分镜头制作技巧和画面表达。

具体要求见下页。

工作流程和标准

工作环节 1

明确任务

1

根据分镜头要求，明确本次学习任务的内容，明确分镜头设计思路和要点，学习分镜头的逻辑和文案化语言表达。

主要成果：
著名电影分镜头分解、赏析。

工作环节 2

制订工作计划与分镜头脚本设计

2

制订分镜头绘制解构的学习流程，分镜头设计流程（形式、矛盾、分镜头绘制、情感、视觉、节奏）；准备著名教学影片素材。

主要成果：
相关影片分镜头案例收集与分析总结资料。

工作环节 3

授课实施

3

根据完整故事完成分镜头绘制，进入分镜头绘制设计学习，要求逻辑清晰、思路严谨、解构深刻，并且以文本的形式叙述出来。

主要成果：
剧本分镜头设计。

工作环节 4

展示总结评价

4

1. 对本次任务过程中所有相关文件与资料进行整理归档。
2. 制作一份本次任务分析 PPT，分镜头绘制解构进行上台演讲，分享制作过程，陈述制作的心得经验，特别是学之前如何看电影，学之后该如何设计故事及分镜头。

主要成果：
分析 PPT，包含解构的技术难点与技术要点。

学习内容

知识点	1.1 什么是剧本分镜头； 1.2 剧本分镜头理论知识； 1.3 剧本分镜头格式理论； 1.4 优秀剧本分镜头解读	2.1 了解分镜头脚本有哪些种类； 2.2 分镜头脚本定义与目的； 2.3 分镜头剧本（Storyboard）绘制要求； 2.4 关于镜头方面的问题
技能点	1.1 资料收集； 1.2 Word 文档使用； 1.3 Excel 表格使用； 1.4 影视剧本分镜头解读解构能力； 1.5 网络文件收集下载技巧	2.1 制订分镜头绘制解构的学习流程； 2.2 分镜头设计流程（形式、矛盾、分镜头绘制、情感、视觉、节奏）
工作环节	工作环节 1 明确任务	制订工作计划与前期写作准备 工作环节 2
成果	1.1 著名电影分镜头分解、赏析	2.1 相关影片分镜头案例收集与分析总结资料
素养	1.1 解读信息能力； 1.2 沟通表达能力； 1.3 自我学习能力； 1.4 策划能力	2.1 文字表达能力； 2.2 沟通表达能力

学习任务 2　电影分镜头绘制解构

3.1 分镜头语法； 3.2 分镜头格式； 3.3 镜头调度； 3.4 镜头运动标示方法； 3.5 在分镜头中如何表现光影透视关系	4.1 画面组织能力； 4.2 语言组织能力
3.1 分镜头的格式； 3.2 分镜头脚本种类； 3.3 分镜头设计方式； 3.4 分镜头设计思路； 3.5 剧本的分镜头还原能力	4.1 PPT 制作能力

3.1 剧本分镜头设计	4.1 分析 PPT，包含解构的技术难点与技术要点
3.1 文字表达能力； 3.2 沟通表达能力	4.1 软件操作规范； 4.2 文件整理能力； 4.3 表达能力

教学活动

课程 10　剧本与分镜头设计

学习任务 2　电影分镜头绘制解构

1 明确任务　2 制订工作计划与前期写作准备　3 授课实施　4 展示总结评价

	工作子步骤	教师活动	学生活动	评价
明确任务	1. 分镜头理论。 2. 分解、赏析著名电影分镜头。 3. 解构剧本故事。 4. 分镜头设计工作计划、制作思路讨论。	1. 教师组织学生进行团队组建，采用自由搭配为主，教师调配为辅的方式，组队完成后指导学生填写团队信息表并收集各团队表格存档留用。 2. 组队完成后，采用故事资料收集法，学生小组扮演影视工作室团队，认真听取教师发布工作任务并记录任务要求要点，包括剧本分镜头的故事、语法、写法、格式、后期处理要求等。 3. 采用问答法接受学生反馈提问，予以解答，帮助学生理解工作任务要求。	1. 在教师的指导下，进行团队组建，采用学生自由组队，教师协调调配的方式，每组 5 人。团队组建完成后填写团队信息表并提交给教师存档留用。 2. 组队完成后，采用故事资料收集法，学生小组扮演影视工作室团队，认真听取教师发布工作任务并记录任务要求要点，包括剧本短片的故事、语法、写法、格式、后期处理要求等。 3. 各学生小组对任务单及工作要求存在不明确的地方提出疑问，与教师沟通并补充记录。	师评： (1) 教师现场记录评价各学生小组的主动性、聆听讲解技巧、表达技巧、写作手法解读。 (2) 团队信息表是否完善、无误。 (3) 文案脚本是否详细、完整。
	课时：4 课时 1. 硬资源：图形工作站等。 2. 软资源：Adobe 系列软件、Office 系列软件、参考教材、任务书、工作页、数字资源等。 3. 教学设施：多媒体教学系统、白板、白板笔、白板擦等。 4. 文本资源：剧务清单等。			
制订工作计划与前期写作准备	制订工作计划。	1. 讲授分镜头剧本格式并讲解计划要点。 2. 指导各小组设计分镜头剧本工作计划。 3. 收集各小组剧本分镜头工作计划并组织小组互评、教师点评。 4. 收取汇总各小组资料存档留用。	1. 学生小组领取剧本并阅读理解计划要点。 2. 小组讨论剧本故事。 3. 编写分镜头设计大纲初稿完成后提交给教师进行展示评价反馈。 4. 根据小组互评及教师反馈意见修改工作计划书至确定通过。	1. 师评： 剧本分镜头工作计划是否完善无误及工作计划的可执行性。 2. 小组互评： 剧本分镜头工作计划是否完善无误及工作计划的可执行性。
	课时：8 课时 1. 硬资源：图形工作站等。 2. 软资源：Adobe 系列软件、Office 系列软件、参考教材、任务书、工作页、数字资源等。 3. 教学设施：多媒体教学系统、白板、白板笔、白板擦等。 4. 文本资源：剧本模版等。			

基准课时：40

1 明确任务 2 制订工作计划与前期写作准备 3 授课实施 4 展示总结评价

	工作子步骤	教师活动	学生活动	评价
授课实施	1. 布置工作细节，按要求进行工作分配。 2. 操作剧本方法生产剧本，控制好景别画面与构图等。	1. 各小组根据前期计划与准备进行小组的工作分配指导等。 2. 在学生工作设计期间给予技术支持与答疑。 3. 做好工作记录。	1. 各小组根据前期计划与准备进行工作分配。 2. 安排完毕后进行各项工作设计制作。	师评： 小组分工是否规范、安全。
	课时： 24 课时 1. 硬资源：图形工作站等。 2. 软资源：Adobe 系列软件、Office 系列软件、参考教材、任务书、工作页、数字资源等。 3. 教学设施：多媒体教学系统、白板、白板笔、白板擦等。 4. 文本资源：剧本模版等。			
展示总结评价	1. 对本次任务过程中所有相关文件与资料进行整理归档。 2. 对输出的剧本进行展示，分享制作过程。	1. 组织学生小组整理归档文件资料。 2. 组织学生进行分镜演讲。 3. 组织小组互评，小组互评后教师点评总结。 4. 收集汇总各小组工作任务全过程所有阶段性资料成果进行存档。	1. 各小组整理归档任务过程中所有相关文件与资料。 2. 各小组对本次剧本任务结果，通过分镜进行演讲表达。 3. 各小组间进行互相评价，最后教师总结点评。 4. 将整个工作任务全过程所有阶段性资料成果整理打包，最终提交教师存档。	1. 师评： （1）过程中各组组员是否全部参与，有明确分工。被评价的小组是否充分配合检查，并对资料进行必要的汇报。 （2）成果验收：教师验收点评任务完成结果。 2. 小组互评： 各小组根据评分表进行小组互评。
	课时： 4 课时 1. 硬资源：图形工作站等。 2. 软资源：Adobe 系列软件、Office 系列软件、参考教材、任务书、工作页、数字资源等。 3. 教学设施：多媒体教学系统、白板、白板笔、白板擦等。 4. 文本资源：剧本模版等。			

考核标准

任务名称：

基础剧本写作方法与电影分镜头绘制（在学习 2 个学习任务后完成选题型剧本写作：①文创系广告宣传片；②剧情影片故事；②艺术剧情短片。任选一个题材进行剧本与分镜设计）。

情境描述：

影视团队需要为文创系某品牌专业制作招生广告宣传影片一部，要求编剧团队为其策划编写一个剧作文案，最终得到正稿一部，文案剧本必须符合编剧行业规范与相关技术标准文件。品牌商将提供影片宣传文字材料供编剧使用。第一阶段剧作文案完成后先交付影视团队，经客户确认无误后再进行下一步修改，最后将处理完成的剧作文案交付客户验收。

任务要求：

1. 根据品牌商提供的影片宣传文字材料，进行故事创作、构思与设计。
2. 构建剧本故事结构。
3. 在剧本项目制作中融入当下正能量的文化元素进行制作。
4. 根据此故事改编成文字剧本，形成 Word 文件。

参考资料：

书籍、故事影片范例、视频教程资料等；相关学习平台资源、相关教材书籍、微课小视频等。

评价方式及标准：

考核分数主要由任课教师根据评分规范进行评价，其中纸笔测试占 30 分，实操测试占 70 分。

评价标准

纸笔测试（方案设计）评分表（总分 30 分）

考核内容	评分细则	配分	得分
剧本故事清晰易懂	正确规范传承优秀传统文化，讲好中国故事，树立文化自信得 10 分，少一项扣 1 分，扣完为止	10	
剧情结构合理、细节缜密	剧情符合要求得 10 分，否则酌情减分	10	
故事面貌积极正面，能体现新时代文化形象	故事面貌完全正确给 10 分，不正确酌情扣分	10	

实操测试评分表（总分 70 分）

序号	评分标准	配分	得分
1	剧情合理，影片氛围符合积极向上主题	10	
2	剧本创作规范	10	
3	团队人员设置合理	10	
4	编剧完成的素材保存完整、正规、保密，有一定法律观念，剧本符合预期，能达到艺术效果	10	
5	剧本细节处理得当，符合主题要求	10	
6	剧本处理有一定艺术效果	10	
7	故事面貌积极正面，能体现新时代文化形象	10	
合计			

课程 11　毕业设计（微电影拍摄制作）

学习任务

微电影拍摄制作

（200）课时

课程目标

学习完本课程后，学生应当能够完成各类影视作品工作任务，具备操作专业数字摄影机及相关影视摄影设备器材，对影视摄影项目进行项目生产计划、项目提案、场景题材、造型设计、毕业设计视频内容创作及后期合成等制作流程与技术的设计及执行，对影视摄影所得影片素材根据规范要求进行后期制作处理的职业能力，具体包括：

1. 能够认真阅读项目书，明确工作时间及要求。能使用影视制作方面的专业术语与项目主管进行沟通，获取影片风格等信息，以及影片输出和交付时间等要求。
2. 能够使用数字摄影机、影视灯光等影视摄影设备器材进行影视创作。
3. 能够综合对毕业设计的项目生产计划、项目提案、场景题材、造型设计、毕业设计内容创作及后期合成等课程的理解，在教学中运用专业毕业设计与实践相结合的创作设计。
4. 能够使用影视创作软件对影片素材进行后期制作处理。
5. 能合理安排个人工作时间，完好地融入制作团队，提高影片影视摄影的工作效率，在保证影片质量的基础上按时交稿，并按公司文件管理制度对输出影片进行相关格式存储。
6. 能接收项目主管对交付影片的改进意见，对影片进行优化，将最终成品交项目主管验收。
7. 在实施工作任务过程中，能严格遵守企业相关操作流程规范、安全管理制度等管理规定。
8. 能够具备良好的团队协作能力与职业道德素养。
9. 能够具备良好的专业创新意识，对新设备、新技术能及时更新掌握。
10. 能够具备职业发展意识，能对职业生涯进行合理规划及了解相关创业信息。
11. 能够具备专业情怀和工匠精神。

课时：200

课程内容

对照本课程目标，学生应当掌握以下知识、技能及职业素养：

1. 具有较强的项目生产流程观念、影视基础理论，包括剧本提案、场景题材、造型设计、毕业设计内容创作及后期合成等。

2. 数字摄影机的分类及功能应用；数字摄影机的结构与各模块功能；数字摄影机镜头的功能及应用；数字摄影机的光圈与快门；数字摄影机各种影视摄影模式的应用等。

3. 影视灯光及其他相关影视摄影器材的功能及操作，各类灯具的功能及使用；各种影视摄影辅助设备的功能及使用。

4. 综合运用影视电影短片的设计规律，电影短片、脚本分镜头与故事板的基本概念以及设计制作的方式方法，娴熟地制出电影短片。

5. 使用影视创作软件修图的流程与技巧。

6. 影视摄影师相关影片版权与法规章程。

7. 影视摄影师的职业生涯规划与发展，摄影师创新创业。

8. 新时代下影视行业的新趋势、发展变化及对从业者的新要求。

学习任务　微电影拍摄制作

任务描述

学习任务课时：200 课时

任务情境：

根据所学的知识，完成所选选题的微电影制作。根据影视工作流程的步骤，综合对剧本、分镜头、选角、造型设计、成立剧组、影视拍摄制作及后期剪辑合成等工作环节进行策划、制作与实践。

选题一：现接到文创系宣传需要拍摄一部 6 分钟左右的宣传片。

选题二：企业产品销售宣传需要拍摄一组短片广告，形式不限（应考虑播出平台，如淘宝、抖音等）。

选题三：为检验专业学习成果，创作一部 5 分钟左右艺术剧情短片。

要求正确认识课程的性质、地位；全面了解课程的体系、结构，对电影短片课程有一个整体的认识；理解影视片的叙事语言风格、构架故事的逻辑和节奏的控制；掌握影视镜头语言表现方式方法和一般规律；将影视片文学剧本转化成形象化系列连续画面的视觉剧本，使学生娴熟地制出电影短片。整体风格要求节奏感强，有青春气息，音乐动感，以富有年轻色彩的青绿色调为主。要求在 2 个月内完成，并先按剧本、分镜头、选角、造型设计、成立剧组、影视拍摄制作及后期剪辑合成等步骤完成全部内容。

具体要求见下页。

十一月
微电影拍摄计划
1. 选题
2. 剧
3.
7. 影视拍摄
8. 后

工作流程和标准

工作环节 1

明确任务

1

1. 根据任务要求明确本次任务制作的内容，明确要制作的影片风格定位、视频制作的风格要求、片头的制作时间周期要求；收集分析同类型案例。
2. 思想与素养方面应当具备热爱影视技能与影视教育事业，支持教育事业，爱党爱国，积极参加政治学习。

主要成果：
相关片头案例收集与分析总结资料。

工作环节 2

制订工作计划与文字脚本设计

2

1. 制订工作计划。
2. 设计文字剧本、分镜头。
3. 选角，造型设计，成立剧组。

主要成果：
1. 制作的工作计划；
2. 工作计划制订的明细与规范；
3. 设计的文字脚本；
4. 文字剧本脚本的写作规范。

工作环节 3

微电影拍摄制作

3

1. 根据文字剧本脚本，进行相关视频镜头、图片、文字、声音素材的拍摄与整理。
2. 根据文字剧本脚本，使用影视设备进行视频镜头的制作。
3. 能够综合运用影视设备等相关技术进行相关素材的处理和制作，能够熟练地运用影视设备的基本功能和镜头表达。
4. 具备综合运用镜头的能力，能够运用镜头表达特定的内容、风格、情感，传达特定的信息。
5. 按照视频输出要求进行片头视频样片的输出。

主要成果：
1. 相关素材；
2. 制作剧本相关源文件；
3. 输出的样片，视频格式的分类、特点与用途。

工作环节 4

展示总结评价

4

1. 对本次任务过程中所有相关文件与资料进行整理归档。
2. 制作一份本次任务分析 PPT，对本次任务的文字脚本和输出的视频进行展示，分享制作过程，陈述制作的心得经验，特别是其中的技术难点和技术要点。

主要成果：
分析 PPT，包含技术难点与技术要点。

学习内容

知识点	1.1 微电影制作工作流程； 1.2 微电影的概念、分类与作用； 1.3 微电影的制作要点	2.1 工作计划的元素与构成	3.1 文字脚本的元素与构成； 3.2 简单镜头语言知识； 3.3 相关视频镜头、图片、文字、声音素材的拍摄与整理	
技能点	1.1 资料收集	2.1 资料归纳； 2.2 设备注意事项	3.1 资料分析使用； 3.2 影视灯光技术规范	4.1 镜头素材整理； 4.2 素材格式规范
工作环节	工作环节 1 明确任务	制订工作计划与文字脚本设计 工作环节 2		
成果	1.1 相关片头案例收集与分析总结资料	2.1 制作的工作计划； 2.2 工作计划制订的明细与规范	3.1 能够设计规范清晰的文字脚本； 3.2 能够运用简单的镜头运动方法	4.1 剧本素材文件包
素养	1.1 解读信息能力； 1.2 沟通表达能力； 1.3 自我学习能力	2.1 培养良好的逻辑思维能力； 2.2 制作逻辑思维导图的能力		4.1 艺术审美能力

思政元素：通过短片拍摄实践，掌握影视设计—拍摄—输出的工作流程与各环节规范、技术要点，体现专业特色，增强专业能力

5.1 回顾在过去两年课程中学习的影视知识与制作方法； 5.2 影片风格定位、概念； 5.3 案例收集与分析总结的方法	6.1 分镜头、视频格式和视频种类、特效技术和特点		
5.1 案例中影视制作与后期处理技术； 5.2 AE 的基本动画功能和文字动画技术； 5.3 微电影特色特效的使用	6.1 AE、PR 视频输出； 6.2 Word 办公软件使用		8.1 影片讲评 PPT 制作
工作环节 3 微电影拍摄制作		工作环节 4 展示总结评价	
5.1 成立剧组，准备拍摄前期工作	6.1 输出的样片	7.1 相关素材资料归档	
		7.1 文件整理能力； 7.2 沟通表达能力； 7.3 团队合作能力	

教学活动

学习任务　微电影拍摄制作

1 明确任务　2 制订工作计划与文字脚本设计　3 微电影拍摄制作　4 展示总结评价

	工作子步骤	教师活动	学生活动	评价
明确任务	根据任务要求，明确本次任务制作的内容，明确要制作的微电影风格定位、视频制作的风格要求、剧本分镜头的制作时间周期要求；收集分析同类型案例；成立剧组。	1. 根据影视制作需求单位发布的项目需求发布工作任务并讲解任务要求要点，包括分镜头的制作内容、风格定位、视频时间、输出格式、时间进度要求。 2. 采用问答法接受学生反馈提问，予以解答，帮助学生理解工作任务要求。 3. 对学生的收集资料和分析报告进行巡回指导。 4. 收取学生填写完成的工作任务单和分析报告评价记录后存档留用。 5. 对学生提交的资料进行讲评与分析。	1. 根据影视制作需求单位发布的项目需求做好工作任务计划并记录任务要求要点，包括分镜头的制作内容、风格定位、视频时间、输出格式、时间进度要求。 2. 学生对任务单及工作要求存在不明确的地方提出疑问，与教师沟通并补充记录。 3. 学生收集相关微电影制作的资料，包括分镜头案例、影视微电影制作的工作流程、概念、分类与作用、制作要点等。 4. 学生完成制作任务的分析报告。 5. 将填写完成的任务单和分析报告提交教师存档。 6. 学生听取教师对本环节的总结与讲评。	师评： (1) 教师现场记录评价各学生小组的主动性、聆听技巧、表达技巧、要点解读能力。 (2) 制作工作单是否详细、完整。 (3) 分析报告的准确性。
	课时： 40 课时 1. 硬资源：图形工作站等。 2. 软资源：Adobe 系列软件、Office 系列软件、参考教材、任务书、工作页、数字资源等。 3. 教学设施：多媒体教学系统、白板、白板笔、白板擦等。 4. 文本资源：任务单等。			
制订工作计划与文字脚本设计	1. 制订工作计划。	1. 发放工作计划书模版并讲解计划要点。 2. 指导编写工作计划书。 3. 收集工作计划书初稿并组织点评。 4. 收取汇总定稿的工作计划书存档留用。	1. 学生领取工作计划书模版并阅读理解计划要点。 2. 编写工作计划书。 3. 工作计划书初稿完成后提交给教师进行展示评价反馈。 4. 根据反馈意见修改工作计划书至确定通过。	师评： 工作计划书是否完善无误及工作计划的可执行性。
	课时： 20 课时 1. 硬资源：图形工作站等。 2. 软资源：Adobe 系列软件、Office 系列软件、参考教材、任务书、工作页、数字资源等。 3. 教学设施：多媒体教学系统、白板、白板笔、白板擦等。 4. 文本资源：工作计划表模板等。			
	2. 设计文字脚本	1. 教师采用教授法讲解文字脚本的设计方法和镜头语言知识。 2. 巡回指导案例的资料收集。 3. 巡回指导文字脚本设计。 4. 组织学生收集资料与分析结果的展示并进行点评。 5. 收集汇总本阶段各小组成果存档。	1. 学生听取教师讲解文字脚本的设计方法和镜头语言知识。 2. 学生通过互联网收集文字脚本格式和案例资料。 3. 学生进行本次任务文字脚本的设计。 4. 各小组展示自己的资料收集与分析成果，并进行点评。	师评： (1) 参与度、主动性、沟通表达能力。 (2) 根据学生提交上来的资料和文字脚本质量进行点评。
	课时： 20 课时 1. 硬资源：图形工作站等。 2. 软资源：Adobe 系列软件、Office 系列软件、参考教材、任务书、工作页、数字资源等。 3. 教学设施：多媒体教学系统、白板、白板笔、白板擦等。 4. 文本资源：文字脚本案例等。			

1 明确任务　2 制订工作计划与文字脚本设计　3 微电影拍摄制作　4 展示总结评价

	工作子步骤	教师活动	学生活动	评价
微电影拍摄制作	1. 根据文字脚本、相关分镜头，成立剧组，准备拍摄。	组织学生针对文字脚本进行各方面素材的收集与整理。	各小组根据文字脚本进行剧组镜头各方面素材的收集与整理。	师评： 整理资料的条理性。
	课时：20 课时 1. 硬资源：图形工作站等。 2. 软资源：Adobe 系列软件、Office 系列软件、参考教材、任务书、工作页、数字资源等。 3. 教学设施：多媒体教学系统、白板、白板笔、白板擦等。			
	2. 根据文字脚本，使用影视设备进行镜头的制作。	1. 采用演示法进行 AE 文字分镜头制作演示，过程中讲解过程步骤及注意要点。 2. 在学生制作过程中巡回观察指导与答疑。 3. 采用演示法进行镜头制作演示，过程中讲解过程步骤及注意要点。 4. 教师对学生提交的初稿进行点评，提出修改意见。	1. 认真观察理解教师 AE 文字分镜头制作演示，重点了解文字动画的制作方法。 2. 学生根据各自设计的文字脚本运用影视设备进行分镜头的拍摄制作。 3. 认真观察理解教师进行镜头制作演示，重点了解影视设备的使用方法。 4. 学生根据各自设计的文字脚本和风格要求运用 AE 进行调色处理。 5. 学生提交初稿，并认真听取修改意见。 6. 学生进行分镜头的修改。	师评： （1）学生对影视设备技术的掌握程度。 （2）镜头在色彩、节奏、镜头等方面的制作水平。
	课时：20 课时 1. 硬资源：图形工作站等。 2. 软资源：Adobe 系列软件、Office 系列软件、参考教材、任务书、工作页、数字资源等。 3. 教学设施：多媒体教学系统、白板、白板笔、白板擦等。			
微电影拍摄制作	3. 按照视频制作要求进行镜头全片视频样片的剪辑、制作、输出。	1. 教师组织学生收集相关视频编码格式的资料，包含种类、功能和特点，形成 Word 文档提交。 2. 教师对学生视频样片的输出进行巡回指导。 3. 接收学生提交样片。	1. 学生收集相关视频编码格式的资料，包含种类、功能和特点，形成 Word 文档提交。 2. 学生按照任务要求进行视频样片的输出。 3. 学生提交样片。	师评： 学生对影视设备，PR、AE 等影视软件技术的掌握程度。
	课时：50 课时 1. 硬资源：图形工作站等。 2. 软资源：Adobe 系列软件、Office 系列软件、参考教材、任务书、工作页、数字资源等。 3. 教学设施：多媒体教学系统、白板、白板笔、白板擦等。			
展示总结评价	1. 对本次任务过程中所有相关文件与资料进行整理归档。 2. 制作影片讲评 PPT，进行工作任务完成整体情况的展示汇报。	1. 组织学生小组整理归档文件资料。 2. 组织学生制作任务完成汇报影片，巡回指导学生完成影片讲评 PPT 制作。 3. 组织学生轮流展示汇报影片讲评 PPT，进行互评，互评后教师点评总结。 4. 收集汇总工作任务全过程所有阶段性资料成果进行存档。	1. 各小组整理归档任务过程中所有相关文件与资料。 2. 各小组对本次拍摄任务结果全过程资料进行制作汇报展示影片。 3. 各小组进行拍摄任务完成情况及成果进行展示汇报，小组间进行互相评价，最后教师总结点评。 4. 将整个工作任务全过程所有阶段性资料成果整理打包，最终提交教师存档。	1. 师评： （1）过程中学生是否全部参与、积极表现。被评价的学生是否充分配合检查，并对资料进行必要的汇报。 （2）成果验收：教师验收点评任务完成结果。 2. 学生互评： 根据评分表进行互评。
	课时：10 课时 1. 硬资源：图形工作站等。 2. 软资源：Adobe 系列软件、Office 系列软件、参考教材、任务书、工作页、数字资源等。 3. 教学设施：多媒体教学系统、白板、白板笔、白板擦等。 4. 文档资源：汇报影片讲评大纲模版；拍摄成果评分表等。			

考核标准

任务名称：

微电影拍摄制作

（毕业设计，任选一个题材：①文创系广告宣传片制作；②剧情影片故事片段制作；③艺术剧情短片）

情境描述：

文创系需为其某品牌专业制作一部招生广告宣传影片，要求影视团队为其策划影视摄影一组创意影片，再从影视摄影素材中自行选择所需影片进行后期制作合成，最终得到广告片正稿一部，广告视频画面尺寸要求不低于 2k，横竖不限，格式可为 MPG、MPEG、WMV、AVI、MP4、MOV 文件。品牌商将提供影片宣传文字材料，开放相关拍摄场地、设备、道具供影视摄影使用。第一阶段影片素材完成后先交付客户，确认无误后再进行后期制作，最后将处理完成的正片交付客户验收。

任务要求：

1. 剧本文本设计，成本核算，完成分镜头设计。

2. 组建拍摄团队，进行必要的创作说明会议。

3. 影片剧组建立、分工、项目制作生产：

（1）进行必要镜头摄制。

（2）影视镜头摄影完成后进行影片后期制作。

（3）提交原片，最终后期成片与视频源文件。

4. 其他要求：

（1）整片：有完整的故事及片头、片尾、字幕、主创人员名单，且不得含有涉及色情、暴力、种族与宗教歧视等违反版权所属地及评审地法律法规禁止的内容。

（2）审查：按需要提交项目申报材料，获得拍摄许可。

（3）时长：微型影片作品时长规定在 30 分钟以内。

（4）字幕：按需求添加字幕。

（5）版权：影片按需购置所使用的素材版权。

5. 设备的使用需管理得当、使用合理，需注意用电安全。

6. 最终交付客户的资料要包含一系列影视摄影影片素材的原图、所有涉及修图的源文件、最终合成广告海报的海报源文件及 jpg 文件。

7. 需要做到影片线索清晰易懂，剧情结构合理，细节缜密，画面整洁美观，剪辑流畅。根据需要可自行增加素材。

8. 视频分辨率在 1920×1080 像素及以上，无场，方形像素，输出为 WMV、AVI、MP4、MOV 文件各一个。

参考资料：

书籍、视频教程资料等；相关学习平台资源、相关教材书籍、微课小视频等。

评价方式及标准：

考核分数主要由任课教师根据评分规范进行评价，其中纸笔测试占 30 分，实操测试占 70 分。

评价标准

纸笔测试（方案设计）评分表（总分 30 分）

考核内容	评分细则	配分	得分
影片清晰易懂	正确规范传承优秀传统文化，讲好中国故事，树立文化自信得 15 分，少一项扣 2 分，扣完为止	15	
剧情结构合理，细节缜密	剧情符合要求得 15 分，否则酌情减分	15	

实操测试评分表（总分 70 分）

序号	评分标准	配分	得分
1	剧情合理，影片氛围符合积极向上主题	10	
2	摄影器材操作规范	10	
3	团队人员设置合理	10	
4	影片生产过程中完成的素材保存完整、正规、保密，有一定法律观念，影片符合预期，能达到艺术效果	20	
5	后期制作细节处理得当，色调符合主题要求	10	
6	后期处理有一定艺术效果	10	
合计			

学习任务　校园时光胶囊影像定制

任务描述

学习任务课时：**100** 课时

任务情境：

校园生活是人生经历中最值得回忆与留念的一段时光，每个学生在完成他们的学业后，面对即将到来的毕业，都强烈地渴望能够有一份纪念品来寄托他们对校园生涯的回忆与怀念，而最有价值、最有意义的纪念品之一当属校园时光影像了。普通照相馆模式相对内容单一，无法制作在校期间的过程性影像记录，而学生本人通过手机、相机拍摄的影像也缺乏整体整理包装再设计，并且缺乏个性，于是“校园时光胶囊”就有了落地的价值。

现在你们组织了一个校园时光胶囊影像定制团队，进驻众创空间，开展毕业生影像资料定制服务。服务范围可以包括：

（1）组合人群分类：学友、舍友、恩师、爱情、亲情等；

（2）拍摄形式：照片、视频、短片、纪录片等；

（3）时间轴：周、月、学期、学年等；

（4）最终交付形式：光盘、云盘等；

（5）剧本模板形式：幽默、温情、搞笑等。

在未来的 5 周时间内，你们将在创业导师的帮助下，规划项目的设计思路、推广方式、案例制作等，完成市场调研，设计商业模式，撰写商业计划书，策划和实施项目，完成融资路演等过程。

具体要求见下页。

专创融合学习任务

学习内容

专业知识与技能	1.1 开展毕业生影像资料定制服务。服务范围可以包括： （1）组合人群分类：学友、舍友、恩师、爱情、亲情等； （2）拍摄形式：照片、视频、短片、纪录片等； （3）时间轴：周、月、学期、学年等； （4）最终交付形式：光盘、云盘等； （5）剧本模板形式：幽默、温情、搞笑等	2.1 本项目的技术创新点： （1）自媒体拍摄 + 新媒体制作 + 剧情化校园时光记录 + 时光轴，构建美好的校园时光胶囊； （2）将时光胶囊制作模式形成标准化，向其他高校进行推广，快速形成品牌效应与合作矩阵。 2.2 这些技术创新点怎样形成技术壁垒： （1）作品制作的精良程度； （2）剧情化的设计能力； （3）成本的控制； （4）标准化流程。	3.1 从技术角度，深入讨论： （1）项目技术的可行性：为什么团队可以做这件事，有何技术优势； （2）项目的技术风险。 3.2 技术力量是否足够？不够的话怎样解决？如何保护知识产权？ 3.3 竞品的技术分析：竞争对手的技术有哪些创新
创新创业知识与技能	1.1 市场调查的基本知识； 1.2 制订调研方案，确定调研对象，选择调研形式，编制调研问卷； 1.3 开展调研实践活动： （1）在线问卷调研； （2）线下调研； （3）网络大数据调研； 1.4 调研报告的撰写： （1）调研数据统计分析， （2）编写调研报告； 1.5 调研报告分享： （1）制作分享 PPT （2）分享调研过程与结论	2.1 商业计划书的一般结构。 2.2 商业模式画布的结构与含义： （1）“客户细分”的含义 （2）“价值主张”的含义 （3）“客户关系”的含义 （4）“渠道通路”的含义 （5）“关键业务”的含义 （6）“核心资源”的含义 （7）“重要伙伴”的含义 （8）“成本结构”的含义 （9）“收入来源”的含义 2.3 讨论、绘制并展示商业模式画布。 2.4 编写商业计划书	3.1 从市场的角度，深入讨论： （1）项目在市场方面的可行性；为什么团队可以做这件事，有什么市场优势； （2）项目在市场营销、运营管理等方面存在哪些风险； （3）竞品及其市场分析
 工作环节	工作环节 1 挖掘商机与市场调研（获取信息）	编写商业计划书（制订计划） 工作环节 2	工作环节 3 优化商业计划书（作出决策）
输出成果	1.1 市场调查方案； 1.2 市场调查过程材料（照片 / 录音 / 小视频）； 1.3 市场调查报告； 1.4 市场调查汇报 PPT 文稿	2.1 商业模式画布； 2.2 商业计划书	3.1 定稿版商业计划书

学习任务：校园时光胶囊影像定制

4.1 专业技能包括： （1）图像处理； （2）产品摄影； （3）人像摄影； （4）纪实片摄像； （5）广告片摄像； （6）二维特效制作； （7）三维特效制作； （8）剧本与分镜设计	5.1 如何测试影像定制是否满足毕业生要求； 5.2 如何填写质量检测报告； 5.3 第一位使用者有哪些反馈； 5.4 根据反馈进行哪些调整； 5.5 原来预测的成本，现在有什么变化，确定新的成本预算； 5.6 定价策略是否需要调整，请确定新的定价方案； 5.7 基于成本与定价的调整，确定利润情况； 5.8 基于确定的利润情况，预测未来三年的发展规划	6.1 总结项目有哪些技术创新点； 6.2 分析项目的成本与收益； 6.3 项目亮点在 PPT 和汇报中的体现； 6.4 路演陈述中如何介绍产品技术
4.1 本学习任务包含的创新意识有： （1）创新动机：校园生活是人生经历中最值得回忆与留念的一段时光，每个学生在完成他们的学业后，都强烈地渴望能够有一份纪念品来寄托他们对校园生涯的回忆与怀念，而最有价值、最有意义的纪念品之一当属校园时光影像了，但现在的普通照相馆模式相对落伍，而个人通过手机、相机拍摄的影像也没有故事情节性，很难构成回忆体系，并且缺乏个性，于是“校园时光胶囊”就有了落地的价值； （2）创新情感：让事业结合所学专业，促进创业活动的成功。 4.2 本学习任务包含的创新技能有： （1）学习能力：校园时光胶囊的故事情节设计、产品摄影、人像摄影、纪实片摄像等综合学习能力； （2）创造能力：如何基于创新思维，结合多媒体制作技术为师生留住最美的校园时光。 4.3 本学习任务包含的创业精神有： （1）超越历史的先进性：创业精神的最终体现就是开创前无古人的事业，创业精神本身必然具有超越历史的先进性，想前人之不敢想、做前人之不敢做，我们要做最专业的“校园时光影像记录”产品 （2）鲜明的时代特征：在一个相对传统的多媒体摄影行业中寻求创新创业突破，凸显新时代敢闯、敢拼、敢创新的时代特征，以校园时光胶囊留下最美的印记。 4.4 本学习任务包含的创业技能有： （1）自我学习能力：校园时光胶囊的故事情节设计、产品摄影、人像摄影、纪实片摄像等综合学习能力； （2）数据与信息处理能力：系统化地记录用户的校园时光，并通过数据管理工具进行有效存储； （3）团队建设与管理能力：作为一个多媒体创业项目，需要组建相关的创作与服务人员，并形成管理章程	5.1 产品的质量在创业中有什么影响； 5.2 如何向客户承诺产品质量； 5.3 产品质量报告需要哪些部门认证； 5.4 正确把握质量与广告的关系，避免法务风险； 5.5 成本的核算； 5.6 销售定价的一般依据； 5.7 利润的计算方法； 5.8 未来发展的预测依据	6.1 项目路演评价标准； 6.2 制作路演 PPT，提升逻辑思维能力； 6.3 完成路演环节，提升专业性的口头表达能力； 6.4 完成个人总结，培养归纳能力，反思及持续改善的职业习惯； 6.5 客观评价组员的任务表现
工作环节 4 **产品设计制造 / 服务提供（实施计划）**	**工作环节 5** **产品 / 服务验证（检查控制）**	**工作环节 6** **产品 / 服务发布（评价反馈）**
4.1 每组最少一辑影片； 4.2 实施过程（照片、视频、文档）	5.1 质量检测报告 / 总结报告	6.1 路演资料一套（PPT 及视频）

学习任务：校园时光胶囊影像定制

1 挖掘商机与市场调研（获取信息） → 2 编写商业计划书（制订计划） → 3 优化商业计划书（作出决策） → 4 产品设计制造/服务提供（实施计划） → 5 产品/服务验证（检查控制） → 6 产品/服务发布（评价反馈）

	工作子步骤	教师活动	学生活动	评价
挖掘商机与市场调研（获取信息）	1. 市场调查方案。 2. 市场调查过程材料（照片/录音/小视频）。 3. 市场调查报告。 4. 市场调查汇报PPT文稿。	1. 情景创设：提醒学生阅读工作页上的“情景描述” 校园生活是人生经历中最值得回忆与留念的一段时光，每个学生在完成他们的学业后，面对即将到来的毕业，都强烈地渴望能够有一份纪念品来寄托他们对校园生涯的回忆与怀念，而最有价值、最有意义的纪念品之一当属校园时光影像了。普通照相馆模式相对内容单一，无法制作在校期间的过程性影像记录，而学生本人通过手机、相机拍摄的影像也缺乏整体整理包装再设计，并且缺乏个性，于是“校园时光胶囊”就有了落地的价值。 现在你们组织了一个校园时光胶囊影像定制团队，进驻众创空间，开展毕业生影像资料定制服务。服务范围可以包括： (1) 组合人群分类：学友、舍友、恩师、爱情、亲情等； (2) 拍摄形式：照片、视频、短片、纪录片等； (3) 时间轴：周、月、学期、学年等； (4) 最终交付形式：光盘、云盘等； (5) 剧本模板形式：幽默、温情、搞笑等。	1. 听老师布置任务，阅读工作页上的“情景描述”。 (1) 用荧光笔画出其中的关键词。 (2) 跟组员讨论关键词的含义。 (3) 对学习任务中存疑的地方向老师提问，直至弄清楚任务的情景。	师评： 1. 对专创融合学习任务的理解。 2. 是否清楚创业的方向？表达是否清晰、有条理？ 3. 扮演顾客者是否能清楚全面地提出自己的需求？扮演创业者是否能清楚、全面地提供解决方案？ 4. 组内人员分工是否科学、合理？ 5. 调研问卷的问题是否科学、有效？ 6. 有无开展调研实践？调研报告是否符合要求？
		2. 组织学生讨论这个项目的价值主张和目标定位： 我们提供什么服务？这些服务可以解决哪些问题？谁会需要我们提供的这些服务？各组制作一张海报并安排组员进行说明。	2. 讨论项目的价值主张和服务对象，绘制海报并安排组员上台分享。把价值主张和服务对象记录在工作页。	
		3. 组织学生讨论这个项目的主营业务： 我们具体做什么？涉及哪些技术？需要哪些资源？我们有什么优势？用角色扮演来带入学生思考，提醒各组的角色分工如下： (1) 每两组为一对，A组扮演毕业生，向B组提出自己的需求（2项）；B组扮演影像制作者，向A组解释自己将会怎样满足对方的需求（方案清晰、具体），并尽量使对方满意。 (2) A组和B组角色互换再进行（也是2项）。 (3) 如果还能从顾客角度想出更多需求，回到（1）项。 (4) 创业者的这一组负责安排组员细记录顾客需求和针对性的解决方案。	3. 认真思考、激烈讨论，得出“如果我是即将毕业的学生，我可能需要创业团队给我提供怎样的影像”罗列在纸上，准备向对方提出需求。 (1) 听完对方的解决方案，觉得是否满意？不满意的地方继续发问，直至满意。 (2) 认真听取对方提出的需求，组内讨论，针对这些需求，我们可以怎样解决问题，用关键词列出解决方案，并向对方说明解决方案。 (3) 各组的需求和解决方案汇总到一起，拼凑出创业者要提供的服务内容，记录在工作页。	

工作子步骤	教师活动	学生活动	评价
挖掘商机与市场调研（获取信息）	（5）组织学生汇总、整理记录，得出创业团队的主营业务。		
	4. 组织学生讨论团队的组建与人员分工： （1）创业团队一般需要哪些人员？ （2）谁是项目负责人？ （3）各位组员分别负责什么？ （4）给团队起什么名字？	4. 讨论组内分工，绘制组织架构图海报，并分享给其他各组（介绍团队），把组织架构图绘制到工作页。	
	5. 介绍市场调查在创业过程中的重要性和市场调研的基本方法。	5. 听老师介绍市场调查在创业过程中的重要性和市场调研的基本方法，补充完整工作页。	
	6. 组织学生小组制订调研方案： （1）确定调研对象。 （2）选择调研形式：在线问卷还是纸质问卷？会议调查还是网络大数据调研？ （3）编制调研问卷（10 个问题，含选择题和简答题）。	6. 各组制订调研方案，编制调研问卷。	
	7. 安排开展调研实践活动： （1）课外时间完成，每一组最少回收 20 份有效问卷，各组的调研对象不能出现相同。调研对象为面临毕业的学生。 （2）组织各组分享调研的情况。 （3）收取各组调研报告，并给出该环节的学习评价。	7. 开展调研实践活动： （1）回收 20 份有效问卷。 （2）进行数据统计分析，得出一些结论。 （3）以海报或者 PPT 形式完成调研报告提纲及调研结论，向全班分享。 （4）编写调研报告并提交给老师评价。	

1. 硬资源：一体化课室等。
2. 软资源：工作页、参考教材、授课 PPT 等。

教学活动

学习任务：校园时光胶囊影像定制

1 挖掘商机与市场调研（获取信息） → 2 编写商业计划书（制订计划） → 3 优化商业计划书（作出决策） → 4 产品设计制造/服务提供（实施计划） → 5 产品/服务验证（检查控制） → 6 产品/服务发布（评价反馈）

编写商业计划书（制订计划）

工作子步骤	教师活动	学生活动	评价
1. 商业计划书案例分析。 2. 商业模式画布结构分析。 3. 资料收集。	1. 展示一份商业计划书，介绍商业计划书的一般结构，阐述商业计划书的作用，让学生对商业计划书有一个初步认识。 2. 展示一张完整的商业模式画布，简要说明商业模式画布的结构。 3. 组织学生讨论商业画布各项要素的含义。 (1) 组织各组通过百度等途径，了解商业模式画布中“客户细分”的含义，提醒每组做好说明“客户细分”的准备。抽取某一组来说明“客户细分”的含义，并以本项目为例，说明“客户细分”的对象都有哪些。 (2) 组织各组通过百度等途径，了解商业模式画布中“价值主张”的含义，提醒每组做好说明“价值主张”的准备。抽取某一组来说明“价值主张”的含义，并以本项目为例，说明“价值主张”是什么。 (3) 组织各组通过百度等途径，了解商业模式画布中“客户关系”的含义，提醒每组做好说明“客户关系”的准备。抽取某一组来说明“客户关系”的含义，并以本项目为例，说明“客户关系”有哪些。 (4) 组织各组通过百度等途径，了解商业模式画布中“渠道通路”的含义，提醒每组做好说明“渠道通路”的准备。抽取某一组来说明“渠道通路”的含义，并以本项目为例，说明“渠道通路”有哪些。 (5) 组织各组通过百度等途径，了解商业模式画布中“关键业务”的含义，提醒每组做好说明“关键业务”的准备。抽取某一组来说明“关键业务”的含义，并以本项目为例，说明“关键业务”有哪些。 (6) 组织各组通过百度等途径，了解商业模式画布中“核心资源”的含义，提醒每组做好说明“核心资源”的准备。抽取某一组来说明“核心资源”的含义，并以本项目为例，说明“核心资源”有哪些。	1. 观察一个完整的商业计划书，分析商业计划书的一般结构，听老师讲解商业计划书有存疑的地方要提出来。 2. 观察一个商业模式画布案例，分析商业模式画布的一般结构，听老师讲解商业模式画布，有存疑的地方要提出来。 3. 讨论商业画布各项要素的含义。 (1) 通过百度等途径，了解商业模式画布中“客户细分”的含义，讨论本项目的“客户细分”的对象都有哪些？向其他组分享自己的看法（假如被抽到）。 (2) 了解商业模式画布中“价值主张”的含义，讨论本项目“价值主张”的对象都有哪些？向其他组分享自己的看法（假如被抽到）。 (3) 了解商业模式画布中“客户关系”的含义，讨论本项目“客户关系”的对象都有哪些？向其他组分享自己的看法（假如被抽到）。 (4) 了解商业模式画布中“渠道通路”的含义，讨论本项目“渠道通路”的对象都有哪些？向其他组分享自己的看法（假如被抽到）。 (5) 了解商业模式画布中“关键业务”的含义，讨论本项目“关键业务”的对象都有哪些？向其他组分享自己的看法（假如被抽到）。 (6) 了解商业模式画布中“核心资源”的含义，讨论本项目“核心资源”的对象都有哪些？向其他组分享自己的看法（假如被抽到）。	师评： 1. 商业模式画布是否合理？完整？ 2. 商业计划书是否能清晰描述创业设计？

基准课时：100

①挖掘商机与市场调研（获取信息） ②编写商业计划书（制订计划） ③优化商业计划书（作出决策） ④产品设计制造/服务提供（实施计划） ⑤产品/服务验证（检查控制） ⑥产品/服务发布（评价反馈）

	工作子步骤	教师活动	学生活动	评价
编写商业计划书（制订计划）		(7) 组织各组通过百度等途径，了解商业模式画布中“重要伙伴”的含义，提醒每组做好说明“重要伙伴”的准备。抽取某一组来说明“重要伙伴”的含义，并以本项目为例，说明“重要伙伴”有哪些。 (8) 组织各组通过百度等途径，了解商业模式画布中“成本结构”的含义，提醒每组做好说明“成本结构”的准备。抽取某一组来说明“成本结构”的含义，并以本项目为例，说明“成本结构”有哪些。 (9) 组织各组通过百度等途径，了解商业模式画布中“收入来源”的含义，提醒每组做好说明“收入来源”的准备。抽取某一组来说明“收入来源”的含义，并以本项目为例，说明“收入来源”有哪些。 4. 组织各组根据以上的讨论、绘制并展示分享商业模式画布。 5. 布置课后任务：编写商业计划书。	(7) 了解商业模式画布中“重要伙伴”的含义，讨论本项目“重要伙伴”的对象都有哪些？向其他组分享自己的看法（假如被抽到）。 (8) 了解商业模式画布中“成本结构”的含义，讨论本项目“成本结构”的对象都有哪些？向其他组分享自己的看法（假如被抽到）。 (9) 了解商业模式画布中“收入来源”的含义，讨论本项目“收入来源”的对象都有哪些？向其他组分享自己的看法（假如被抽到）。 4. 各组根据以上的讨论、绘制商业模式画布（海报），安排组员上台展示与分享商业模式画布。 5. 完成商业计划书编写（课后）。	
	1. 硬资源：一体化课室等。 2. 软资源：工作页、参考教材、授课 PPT、商业计划书案例等。			
优化商业计划书（作出决策）	完成定稿版商业计划书。	组织各组学生深入讨论： 1. 项目的可行性怎样？为什么团队可以做这件事？有什么市场优势？抽取一组上台分享他们的观点。 2. 项目在市场营销、运营管理等方面存在哪些风险？抽取一组上台分享他们的观点。 3. 目前市场上有哪些类似的竞品？竞品有哪些特点？我们与之相比有哪些差异？抽取一组上台分享他们的观点。	从市场和技术的角度，深入讨论： 1. 项目的可行性怎样？为什么团队可以做这件事？有什么市场优势？上台分享本组的观点（如果被抽到）。 2. 项目在市场营销、运营管理等方面存在哪些风险？上台分享本组的观点（如果被抽到）。 3. 目前市场上有哪些类似的竞品？竞品有哪些特点？我们与之相比有哪些差异？上台分享本组的观点（如果被抽到）。 4. 结合教师的批改和以上的讨论，修订商业计划书，提交定稿版商业计划书。	师评： 1. 过程评价。 2. 社群运营方案是否有明确的入群规则，是否有清晰的架构，是否有有趣的活动和输出，是否可复制。
	1. 硬资源：一体化课室等。 2. 软资源：工作页、参考教材、授课 PPT 等。			

学习任务：校园时光胶囊影像定制

1 挖掘商机与市场调研（获取信息） 2 编写商业计划书（制订计划） 3 优化商业计划书（作出决策） 4 产品设计制造/服务提供（实施计划） 5 产品/服务验证（检查控制） 6 产品/服务发布（评价反馈）

产品设计制造/服务提供（实施计划）

工作子步骤	教师活动	学生活动	评价
1. 影像资料。 2. 制作影像资料的过程材料（照片、视频、文档）。	1. 讲解“校园时光胶囊影像定制”的功能，它由“校园时光胶囊影像产品方向设计”与“校园时光胶囊作品”两部分组成。 2. 讲解校园时光胶囊影像产品方向设计的要求，通过小组讨论的形式制订校园时光胶囊的设计思路，包括： (1) 组合人群分类：学友、舍友、恩师、爱情、亲情等； (2) 拍摄形式：照片、视频、短片、纪录片等； (3) 时间轴：周、月、学期、学年等； (4) 最终交付形式：光盘、云盘等； (5) 剧本模板形式：幽默、温情、搞笑等。 3. 校园时光胶囊作品的要求包括：提示学生根据具体设计思路，寻找种子用户进行样板设计，作为最终交付作品。 4. 组织各组学生展示本组制作的影像资料，并说明制作思路。	1. 听老师介绍“校园时光胶囊影像定制”的功能和结构框架。 2. 讨论并制订校园时光胶囊的设计思路。以海报或者 PPT 形式向其他小组分享本组的设计思路。 3. 课后时间，寻找一位素材比较丰富（手机里有比较多照片或视频）的准毕业生，并与他商讨“校园时光胶囊影像定制"的实施计划，为其制作一辑影像材料。 4. 向其他组分享本组的作品。	师评： 是否能按时完成影像制作？客户是否满意？

1. 硬资源：一体化课室等。
2. 软资源：工作页、参考教材、授课 PPT 等。

基准课时：100

1 挖掘商机与市场调研（获取信息）	2 编写商业计划书（制订计划）	3 优化商业计划书（作出决策）	4 产品设计制造/服务提供（实施计划）	5 产品/服务验证（检查控制）	6 产品/服务发布（评价反馈）

	工作子步骤	教师活动	学生活动	评价
产品/服务验证（检查控制）	修订影像资料。	引导学生与种子客户进行交流，收集反馈意见，并根据意见修订影像资料。	1. 与目标客户沟通，邀请其发表对影像资料制作过程及成果的看法，提供反馈意见。 2. 根据反馈意见，修改影像资料，并邀请客户再次验收影像资料，收集修改意见，再次修订。 3. 修订商业计划书中的财务分析与未来规划。	
	1. 硬资源：一体化课室等。 2. 软资源：工作页、参考教材、授课 PPT 等。			
产品/服务发布（评价反馈）	完成路演资料一套（PPT 及视频）。	1. 说明项目路演评价标准。 2. 组织各组制作路演 PPT，并进行项目路演。 3. 布置完成个人总结，客观评价组员的任务表现。	1. 听老师介绍项目路演的评审标准，总结项目有哪些技术创新点，分析项目的成本与收益，注意项目亮点在 PPT 和汇报中的体现。 2. 小组制作路演 PPT，从项目背景、市场分析、产品介绍、创新做法、市场定位、营销渠道、财务预测、风险预测、三年规划、团队介绍等方面进行项目路演。 3. 在工作页中填写个人工作总结，客观评价组员的任务表现。	师评： 从项目的创新性、商业价值、财务分析、团队介绍、答辩情况等方面综合评价学生的路演。
	1. 硬资源：一体化课室等。 2. 软资源：工作页、参考教材、授课 PPT、路演 PPT 案例、路演录像、路演技巧讲解教学视频等。			

评价方式与标准

1. 评价方式

评价方式可参照创新创业大赛的形式，或直接参加校级创新创业大赛，通过现场展示进行考核评价，各项目团队制作展示的 PPT、视频等材料，上台介绍项目的基本情况、商业价值、技术创新、商业模式、财务状况、团队分工等情况，现场评分。

2. 评委组成

由任课教师、创新创业指导中心教师、校外创业导师组成。

3. 评审标准

评审内容	评审细则	分值	得分
商业价值	1. 符合国家产业政策和地方产业发展规划及现行法律法规相关要求。 2. 竞品分析充分，对项目的产品或者服务、技术水平、市场需求、行业发展等方面定位准确、调研清晰、分析透彻。 3. 商业模式设计可行，具备盈利能力。 4. 在竞争与合作、技术基础、产品或服务方案、资金及人员需求等方面具有实践基础。	20	
创新水平	1. 具备产教融合、工学结合、校企合作背景。 2. 突出原始创意和创造力，体现工匠技艺，传承创新。 3. 项目设计科学，体现“四新”技术。 4. 体现面向职业、岗位技术创新、工种的创意及创新特点（如加工工艺创新、实用技术创新、产品 / 技术改良、应用性优化、民生类创新和小发明小制作等），具有低碳、环保、节能等特色。	20	
社会效益	1. 服务农民增收、绿色发展等需要。 2. 具有示范作用，可复制可推广。 3. 具备可持续发展潜力，促进社会就业。	20	
团队能力	1. 团队成员的价值观、专业背景和实践经历、能力与专长、业务分工情况。 2. 指导教师、合作企业、项目顾问和其他资源的有关情况和使用计划。 3. 项目或企业的组织架构、股权结构与人员配置。	20	
回答问题	答辩过程中，回答问题准确、有条理。	20	
合计			